交通版 | 高等学校道路与桥梁方向教材

Jichang Daomian Jiegou Sheji

机场道面结构设计

编 著 游庆龙

人民交通出版社

北 京

内 容 提 要

本书主要包括以下章节内容：绪论、飞机对道面的荷载作用、自然因素对机场道面结构的影响、道基土的变形特性、基层材料的工程特性、民用机场沥青道面结构设计、民用机场水泥混凝土道面结构设计、机场道面结构加铺设计等。

本书可作为道路桥梁与渡河工程、土木工程、工程管理等专业的教材或教学参考书，也可供机场工程有关工程技术人员、管理人员和科研人员参考。

图书在版编目(CIP)数据

机场道面结构设计 / 游庆龙编著. — 北京 : 人民交通出版社股份有限公司, 2025. 8. — ISBN 978-7-114-20704-4

Ⅰ. V351.11

中国国家版本馆 CIP 数据核字第 2025D14M45 号

书　　名：机场道面结构设计
著 作 者：游庆龙
责任编辑：李　敏
责任校对：赵媛媛　刘　璇
责任印制：张　凯
出版发行：人民交通出版社
地　　址：(100011)北京市朝阳区安定门外外馆斜街 3 号
网　　址：http://www.ccpcl.com.cn
销售电话：(010)85285911
总 经 销：人民交通出版社发行部
经　　销：各地新华书店
印　　刷：北京交通印务有限公司
开　　本：787 × 1092　1/16
印　　张：12.5
字　　数：300 千
版　　次：2025 年 8 月　第 1 版
印　　次：2025 年 8 月　第 1 次印刷
书　　号：ISBN 978-7-114-20704-4
定　　价：45.00 元
(有印刷、装订质量问题的图书，由本社负责调换)

前言

“机场道面结构设计”是一门运用数学、力学、化学、材料科学、计算机科学等多学科知识,并依托相应工程经验,系统研究、设计、建造和管理机场场道工程设施的理论和技术课程。“机场道面结构设计”是高等学校道路工程领域中土木工程、道路桥梁与渡河工程、工程管理等相关专业的必修课,课程内容主要涉及民用机场沥青道面结构设计和水泥混凝土道面结构设计相关的知识。该课程涉及的大学基础课程包括土质学与土力学、道路建筑材料、工程测量、工程地质、工程水文、弹性力学等。

作者自2011年博士毕业后,一直从事机场道面工程相关的研究工作,给本科生讲授民用机场道面结构设计相关课程。作者结合自身十多年的授课经验,在参考相关文献的基础上,编撰了本书。在编写本书的过程中,对所涉及的相关学科的概念、基本理论,力求叙述清楚,若在学习过程中需更深入地了解,建议读者去学习其他相关的课程。“机场道面结构设计”是一门工程实践性较强的课程,教学方式除课堂教学外,建议辅以道面结构的有关试验、课程设计和实地参观等手段,以提高学生的感性认识和实际运用能力,帮助学生理解基本理论和原理。

本书只针对民用机场道面结构设计理论相关知识进行介绍。全书共分为8章,架构设计和统稿由游庆龙完成。所有章节在参考国内外相关文献资料的基础上，由作者团队研究生与长期从事机场道面建设的行业专家一起协作完成，主要包括吴志心（西部机场集团有限公司机场建设指挥部）、赵志、王刘振、孙董、刘新、王家兴、李兴伟等人，团队其他人员参与了全书的校核、图片和表格的编辑等工作。

书中参阅了大量的国内外文献，引述文献已尽量予以标注，但难免存在疏漏，在此对各文献作者一并致谢！鉴于编者水平有限，书中疏漏、错误和不完善之处在所难免，欢迎批评指正。

游庆龙
2025 年 5 月

目录

第一章　绪论

【本章摘要】 本章简要介绍机场道面结构设计方法的发展历史、民用机场分级和道面分类、机场道面的使用要求、结构设计方法和内容等。

【目的】 通过对本章的学习，了解机场道面分类及设计方法发展历史等主要内容，对机场道面结构设计有初步认识。

【要求】 了解机场道面分类方法、道面使用特点和性能要求；熟悉机场道面结构层次与横断面组成；掌握机场道面结构设计特点、主要内容及设计方法。

机场道面结构的设计和建造是为飞机在地面上的安全运行提供经济、耐久、全天候行驶的结构物。在进行机场道面结构设计时，应考虑飞机荷载、环境、使用者需求等方面，进行综合设计。

第一节　机场道面及设计方法的发展

机场道面是供飞机起飞、着陆、滑行、停放及维修的坪道，如跑道、滑行道、客机坪、维修坪、货机坪、停机坪等。1903 年 12 月，美国莱特兄弟在北卡罗来纳州首次实现载人动力飞行，这是人类在飞机发展的历史上取得的巨大成功。在飞机出现的初期，并没有专门修筑机场道面，而是利用平坦的地面、广场或练兵场进行飞机的起飞和着陆。

最早的飞机起降采用的是草地，一般为圆形草坪，飞机可以在任何角度，顺着有利的风向进行起降。之后开始使用土质场地，有效减小了飞机起降的阻力。然而，土质场地并不适合潮湿的气候，特别是在雨雪天气，土质场地会泥泞不堪。为了实现飞机能够在恶劣天气条件下安全起降，在起降滑行区域实施了道面铺装。

20 世纪 30 年代初期出现了用石料铺筑的机场道面，也有用结合料处治的道面。此后，沥青混凝土和水泥混凝土铺筑的机场道面相继出现，这两种道面在任何天气、任何时间皆适用，具有结构强度高、抗变形能力强、稳定性和耐久性好的特点。随着飞机质量和轮胎压力的不断增大以及对全天候运行的要求，特别是 20 世纪 40 年代喷气式飞机投入使用，这种飞机发动机喷出的高温、高速气流，扩散到道面上的温度可达 150℃左右，速度可达 60m/s 左右，使得原有的简易铺装道面(如土质、草皮和一般的砂石道面)已不能够满足飞机的起降需要，进而被逐渐淘汰，这使得沥青混凝土和水泥混凝土道面的使用迅速增加。从那时起，沥青混凝土和水泥混凝土开始被广泛应用于修建机场跑道、滑行道和停机坪等区域。

第二次世界大战以后，民用飞机得到快速发展。为了满足民用客运和货运的需求，飞机的总质量和轮胎压力不断提高。以空客公司的飞机为例，20 世纪 60 年代 A300 最大起飞质量为 165t，到 20 世纪 80 年代的 A340，其最大起飞质量提高到了 275t，再到目前最大的民用客机 A380，其最大起飞质量高达 548.8t，轮胎胎压也由 1.08MPa 增大到 1.50MPa，具体参数见表 1-1 ~ 表 1-2。

表 1-1　空客主要机型、质量及胎压

机型	最早服役时间(年)	最大起飞质量(t)	主轮胎压(MPa)
A300	1969	165.0	1.08
A310	1978	150.0	1.28
A319	1984	75.0	1.45
A320	1984	78.0	1.45
A321	1984	93.5	1.45
A330	1986	230.0	1.48
A340	1987	275.0	1.52
A380	2007	548.8	1.50

表 1-2　波音主要机型、质量及胎压

机型	最早服役时间(年)	最大起飞质量(t)	主轮胎压(MPa)
B727	1963	79.5	1.52
B737	1964	49.19	1.48
B747	1970	377.842	1.60
B757	1983	115.68	1.52
B767	1982	142.88	1.54
B777	1980	247.21	1.58

高胎压、重荷载飞机的出现，对现有道面提出了更高的要求：不仅要求机场道面具有足够的承载能力，而且要求道面表面平整度良好，滑行平稳舒适，表面粗糙，抗滑性能高，以防止雨天飞机滑行或降落时发生水漂，危及飞行和人员安全。大型机场都修筑了坚固耐用的机场道面，有的机场还修筑了多条跑道，以适应不断增加的航空交通量。如北京大兴国际机场现有 4 条跑道，纽约肯尼迪机场有 4 条跑道，芝加哥奥黑尔机场有 7 条跑道。

机场道面承受着机轮荷载引起的荷载应力、温度变化引起的应力以及湿度变化引起的应力等各种复杂应力的作用。当这些应力的综合作用超过了道面材料的容许应力时，道面将产生开裂破坏，直到完全丧失承载能力。为了设计出能够满足飞机安全运行的道面结构，世界各国开展了大量的研究工作。

机场水泥混凝土道面结构设计方法主要有波兰特水泥协会设计法、美国联邦航空局(Federal Aviation Administration,FAA)方法、美国陆军工程兵设计法以及我国的民航机场设计方法等。这些方法的理论基础是威斯特卡德的弹性地基板的解法。

国际上常用的机场沥青道面结构设计方法有两种:经验法和力学-经验法。经验法以加州承载比(California Bearing Ratio,CBR)作为设计基础,力学-经验法以弹性层状体系理论或有限元作为理论模型,结合加速加载的试验成果,进行结构设计。

加州承载比由美国加州工程师在1929年提出,在第二次世界大战期间,被美国工程兵团采用,形成了机场柔性道面设计的CBR法。后来,FAA也引入CBR,建立了以详细的土质调查为基础的柔性道面设计方法。随着大型飞机的不断出现,飞机起落架的轴轮特性发生了较大的变化,FAA通过分析发现,由CBR经验法确定的道面厚度过于保守,这迫使原来使用经验法的国家开始寻求新的道面结构设计方法和体系。为适应大型飞机的发展,各国开展了大量的道面结构设计方法的研究,近年来,以弹性层状体系为理论基础的力学-经验法得到了快速发展,相应的设计方法和程序也相继推出。比较有代表性的是澳大利亚联邦机场协会的机场道面结构设计系统(Airport Pavement Structural Design System,APSDS)和美国联邦航空局的机场道面结构设计方法(Federal Aviation Administration Rigid and Flexible Iterative Elastic Layer Design,FAARFIELD)。以美国为代表,FAA机场沥青道面结构设计方法的发展如图1-1所示。

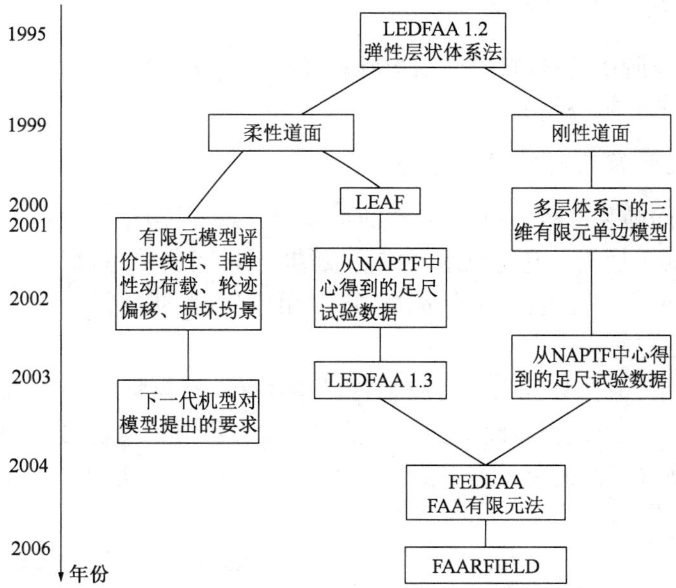

图1-1 FAA机场沥青道面设计方法的发展

第二节 民用机场分级和道面分类

针对所使用飞机的类型和运行需求，对机场进行分级，以便于机场的设计、管理。根据道面修建所用的材料、道面结构所表现出的力学特性、道面的使用品质以及道面施工方式的不同，对道面进行分类，并针对不同类型的道面结构进行分类设计，以充分表现其结构特性。

一、民用机场分级

国际民航组织采用两个指标划分民用机场等级：按飞机基准飞行场长度（飞行区等级指标Ⅰ）将机场划分为1～4四个等级；同时，又按飞机的翼展和主起落架最外侧两个机轮距离（飞行区等级指标Ⅱ）将机场划分为A～F六个等级，具体方法见表1-3。

表1-3 国际民航组织机场等级划分

飞行区等级指标Ⅰ		飞行区等级指标Ⅱ		
等级	基准飞行场长度(m)	等级	翼展(m)	主起落架最外侧两个机轮距离(m)
1	<800	A	<15	<4.5
2	800～1 199	B	15～23.99	4.5～5.99
3	1 200～1 799	C	24～35.99	6～8.99
4	>1 800	D	36～51.99	9～13.99
—	—	E	52～64.99	9～13.99
—	—	F	65～79.99	14～15.99

二、民用机场道面的分类

根据道面修建所用的材料、道面结构所表现出的力学特性、道面施工方式的不同，民用机场道面通常有以下几种分类方式。

1. 按道面表面铺装材料类型分类

按照道面表面铺装材料不同，机场道面可以分成以下几类。

（1）水泥混凝土道面。它是以水泥作为胶结材料，辅以砂、石集料，加水拌和均匀后铺筑而成的道面。这种道面强度高，使用品质好，应用广泛；但初期投资大，完工后需较长的养护期，不能立即开放交通。

（2）沥青道面。它是以沥青作为胶结材料，辅以砂、石集料，在一定温度下拌和均匀，经碾压成型后形成的道面。这类道面平整性好，强度高，飞机滑行平稳舒适，能够满足各种飞机的使用要求；由于沥青道面铺筑后不需要养护期，可以立即投入使用，所以能够满足不停航维护的需求。

（3）砂石类道面。它是在碾压平整的土基上铺筑砂石类材料，经过充分压实后形成的道面。这种道面因其承载能力低、晴天易扬尘、雨天泥泞无法保证飞机顺利起降，目前在民用机场中应用较少。

(4)土道面。它是以平整碾压密实的土质表面作为道面的面层,供飞机起落和滑跑使用。这种道面造价低,施工简便,主要用于轻型飞机的起降。土道面通常种植草皮,以提高其承载能力。大型机场的土道面跑道供紧急情况下飞机迫降使用。

(5)水上机场道面。它是供水上飞机使用的机场道面。飞机利用水面进行起飞、着陆、滑行,以及进行飞行前的准备工作和维护保养。水上机场应具有符合要求的飞行水域、码头和入水坡道。其中,入水坡道是用水泥混凝土修筑的,而其余部分“道面”则是由水面构成的。

(6)冰上机场道面。它是利用表面平整而坚硬的冰层作为机场道面,供飞机起飞、着陆、滑行和维护保养之用。河湖冰上机场通常建在能结成坚固冰层而表面平整的浅水区(水深 2 ~ 4m)。海洋冰上机场应尽量设在利于结成平整冰面的海湾或狭长浅湾内。气温在 -10℃以下情况下,淡水冰层厚 50cm 左右时可供 5t 以下的轻型飞机使用;冰层厚 150cm 时,可供 100t 以下的飞机使用。如果是含盐的冰层,对轻型飞机还应增厚 25%,对重型飞机应增厚 15%。

2. 按道面结构力学特性分类

按照荷载作用下道面结构的力学特性的不同,机场道面可分为 3 种基本类型:刚性道面、柔性道面和复合式道面。

(1)刚性道面。这类道面主要有水泥混凝土道面、配筋水泥混凝土道面、钢筋水泥混凝土道面和预应力钢筋水泥混凝土道面。道面结构的面层采用了一种强度高、整体性好、刚度大的板体,能把飞机的机轮荷载分布到较大的土基面积上。因此,刚性道面结构承载力大部分由道面板本身提供。设计道面时主要考虑水泥混凝土道面板的强度,道面板的强度用水泥混凝土的弯拉强度来表示。对于道面板的弯拉应力计算,广泛采用弹性地基上薄板理论。

(2)柔性道面。这类道面主要是指面层材料采用沥青混凝土,基层采用粒料类材料或沥青稳定类材料修筑的道面结构。柔性道面抵抗弯拉变形的能力弱,各层材料弯曲抗拉强度均较小,在机轮荷载的作用下表现出相当大的形变特性,因此,只能把机轮压力传布到较小的面积上,各层材料主要在受压状态下工作。轮载作用下柔性道面弯沉值(变形)的大小,反映了柔性道面的整体强度。当荷载作用下产生的弯沉值超过容许弯沉值时,柔性道面就会发生损坏。同时,当荷载引起面层的弯拉应力和基层(当基层为整体性基层时)的弯拉应力超过其抗弯拉强度时,同样也会引起道面的损坏。对于机场沥青道面,飞机荷载引起的弯拉应力往往是引起道面损坏的主要原因,因此,在机场沥青道面设计过程中,必须保证基层和面层要有足够的强度来抵抗飞机荷载引起的弯拉应力。

对于柔性道面的弯沉、应力计算,采用的是弹性层状体系理论。柔性道面结构是由不同材料组成的弹性体系,上面各层具有一定的厚度,且各层材料的力学性质可以用不同的弹性模量来表示,最下面一层的土基可视为弹性半空间体。

(3)复合式道面。复合式道面是一种在水泥混凝土结构层上铺筑沥青混凝土的道面结构形式,其沥青混凝土以下的结构仍属于水泥混凝土道面结构。复合式道面以旧水泥混凝土道面作为基层,具有刚度大、承载力强、整体性好的优点,其上部的柔性沥青面层具有平整度好、噪声低、易维护等优点,可以保证在道面运行期间,起主要承重作用的刚性基层不被破坏,而只需要对提供表面功能的柔性面层进行定期维护,具有实现道面结构长寿命目标的可行性。复合式道面结构组成为:基层 + 水泥混凝土板 + 界面层 + 沥青加铺层。沥青加铺层厚度较大时,通常分两层摊铺,层间洒乳化沥青黏层油以加强黏结,或采用玻纤格栅。界面层的材料通常采用的是改性沥青,厚度仅有几毫米,主要起到黏结和防水作用。界面层材料模量小,具有高黏度,弹性恢复性能好,能够很好地吸收水泥混凝土板由于形变而产生的应力,从而有效地抑制反射裂缝的传播。

3.按道面面层施工方式分类

按照机场道面面层施工方式的不同,道面可分为现场铺筑道面和装配式道面。

(1)现场铺筑道面。它是指将拌和均匀的道面材料现场铺筑而成的道面。水泥混凝土道面、沥青道面以及各种砂石道面、结合料处治的土道面,都属于现场铺筑道面。

(2)装配式道面。其面层并非现场施工,而是在工厂预制后运抵现场装配而成的。这类道面包括水泥混凝土砌块道面、预应力钢筋混凝土预制板道面、钢板道面、铝板道面和玻璃钢道面等。

第三节 机场道面的使用要求

机场道面供飞机起飞、着陆、滑行、维修及停放,同时也供一些飞机保障车辆行驶使用。机场道面修建的目的是为飞机安全运行提供一个符合使用要求的表面。由于载运工具的不同,作用在铺面上的荷载特征等存在差异,使得机场道面的要求与道路路面的要求也存在一定的差异,具体见表1-4。

表1-4 机场道面与道路路面的比较

特性	机场道面	道路路面
荷载重复特性	低,通常不超过10万次	高,通常超过10万次
轮迹横向分布	高,飞机荷载在横向分布较为分散	低,道路交通渠化较为厉害
荷载特征	高,每轮最大荷载达到25t	低,一般一个轮子荷载只有3t
轮胎压力	高,通常高达1.7MPa,军用飞机最高可达到2.5MPa	中等,一般不超过0.8MPa
表层集料脱落要求	极高,松散的集料会导致飞机引擎的损坏	低,通常对道路使用者来说只被视作一种不便
耐久性要求	高,特别是在触地区域	中等,特别是在转弯和交叉口处,在直行道路上要求较少

机场道面承受着飞机机轮荷载、高温高速喷气流以及冷热、干湿、冻融等自然因素的作用，为了保证飞机的安全运行，机场道面必须具有良好的使用性能，具体包括以下几个方面的要求。

1. 足够的强度和刚度

(1)强度。强度是指道面结构达到破坏所能够承受的最大荷载。飞机在道面上滑行或停放，不仅会把竖向压力传递给道面，还会把水平荷载传递给道面。此外，道面内的温度变化也会引起温度应力。在这些外力的作用下，道面结构内会产生拉应力、压应力和剪应力。如果道面结构整体或某一组成部分的强度或抗变形能力不足以抵抗这些应力，道面就会出现断裂、沉陷、波浪或车辙等破坏情况，使道面使用性能下降。因此，道面结构整体及其各组成部分应具备同机轮荷载和温度荷载相适应的强度。为此，要正确分析机轮荷载和温度荷载作用下道面结构的应力状况，研究道面结构强度形成的机理，从而设计和修建出经久耐用的机场道面结构。

(2)刚度。刚度是指道面结构抵抗变形的能力。如果道面的整体或某组成部分的刚度不足，此时即便强度足够，也会在机轮荷载作用下产生过大的变形，使道面出现波浪、轮辙、沉陷等不平整现象，影响飞机滑行的平稳性，或者促使道面结构出现断裂现象，缩短道面的使用寿命。因此，不仅要研究道面结构的应力和强度之间的关系，还要分析其荷载和变形的关系，以便将整个道面结构及各个部分的变形量控制在允许范围内。

2. 良好的环境稳定性

沥青道面结构的稳定性包括高温稳定性、低温稳定性和水稳定性。机场道面暴露在自然环境中，受各种自然因素(温度、湿度等)的影响，道面结构的性能会发生变化。例如，在夏季高温季节，沥青道面可能会发软、泛油，出现轮辙和拥包现象；在冬季低温季节，沥青道面又可能因收缩受到约束而出现开裂，这必将影响道面的使用品质和使用寿命。同样，在水的作用下，水泥混凝土道面会出现唧泥或板底脱空现象，进而造成板的断裂，这些都给结构设计和材料组成设计造成困难。为此，在进行机场道面结构设计时，要充分调查和分析机场周围的环境条件(温度和湿度)、水文地质条件，研究建筑材料的性能同温度和湿度的关系，在此基础上选取合适的设计参数和结构组合，设计出在当地气候条件下具有足够稳定性的道面结构。

3. 较好的道面表面平整性

飞机在不平整的道面上滑行时，会产生附加的振动，这不仅会造成飞机的颠簸，影响驾驶的平稳性(严重时会影响仪表的判读)和乘客的舒适度，而且还会反过来对道面施加冲击力，加速道面的损坏。同时，附加振动作用会加剧飞机部件的磨损，危及飞行安全。因此，机场道面表面的平整度应符合相关要求，以保证飞机以一定的速度滑行时，不致产生严重的冲击和振动，保证飞行安全和减少乘客不适感。

机场道面的平整度与整个道面结构与面层材料的强度和抗变形能力有关,这是在道面设计时必须认真考虑的因素。强度和抗变形能力差的道面结构和面层材料,经受不住轮载和自然因素的反复作用,易于出现开裂、沉陷和轮辙等损坏现象,进而致使道面表面不平整。同时,平整的道面要靠先进的施工设备、精细的施工工艺、严格的施工质量控制以及经常和及时的养护来实现。

4. 较好的道面表面抗滑性

机场道面要表面平整,且具有一定的表面粗糙度。光滑的表面会使机轮与道面间缺乏足够的附着力,导致飞机着陆时制动距离过长而有可能冲出跑道。尤其是在湿跑道上滑行时,飞机容易产生水上漂滑而失去控制。1986 年,美国宇航局的统计表明,35% 的飞机操纵事故可能与道面的摩擦系数有关。在这些事故中,28% 的事故发生在冰雪情况下,42% 的事故是发生滑水现象导致的,这两种情况中道面表面的摩擦系数可能都小于 0.1;其余 30% 的事故发生在湿跑道上,其摩擦系数可能在 0.1 ~0.2 之间。该报告指出,飞机在湿跑道上滑跑,道面摩擦系数小于 0.2 时会出现危险情况。

为了保证道面的抗滑性,世界各国都对机场道面的摩擦系数及表面纹理深度作了具体的规定,这些规定要求必须在道面设计和施工中加以保证。

5. 耐久性

机场道面在其使用年限内,会受到轮载和自然气候的长期、反复作用,进而使道面结构的整体或某一组成部分逐渐出现疲劳损坏和塑性变形累积。若道面结构的耐久性不足,道面使用很短的时间就需要进行修复或改建,既干扰飞机正常起飞,又造成经费浪费。为此,设计和修建的机场道面结构,应使其在使用寿命年限内具有较高的抗疲劳和抗塑性变形能力。

6. 表面洁净

机场道面表面应洁净,确保无砂石和混凝土碎块等杂物,以免打坏飞机蒙皮和被吸入发动机而危及飞行安全。这就要求加强对道面的养护,及时清扫道面。

7. 经济性

道面设计时通常要求在满足各种技术要求的前提下,使总经费最低。但若减少初期修建费用,势必要增加后期维修和因维修造成飞行中断而带来的经费损失,因此,要综合考虑初期修建经费、维修经费及使用费用等,选择一个最优方案。这就要求机场道面的设计和施工人员进行充分调查论证和多方案比较,以达到降低工程造价、节省经费的目的。

第四节　机场道面结构设计方法和内容

一、机场道面结构设计方法

1. 经验法

经验法,顾名思义就是以以往的道面修筑和使用经验,以及道面足尺试验为基础,总结分

笔记

析不同地区、不同交通量条件下，不同道面结构的使用状况，据此提出能够适应不同交通量和不同环境条件的道面结构体系。为了适应飞机荷载的需求，美国基于第二次世界大战时期的飞机参数，采用足尺试验对道面的性能进行了大量的研究，以已有机场的调查数据和足尺试验的成果为基础，建立了飞机荷载及作用次数、道面总厚度与土基 CBR 值之间的关系，并把这种关系称为道面厚度设计 CBR 曲线。

CBR 曲线最初仅针对特定的单轮荷载，而随着飞机机型发展，荷载范围逐渐扩大，轮数由单轮拓展成单轴双轮、双轴双轮，并针对一些宽体飞机单独制定了设计曲线，如图 1-2 所示。

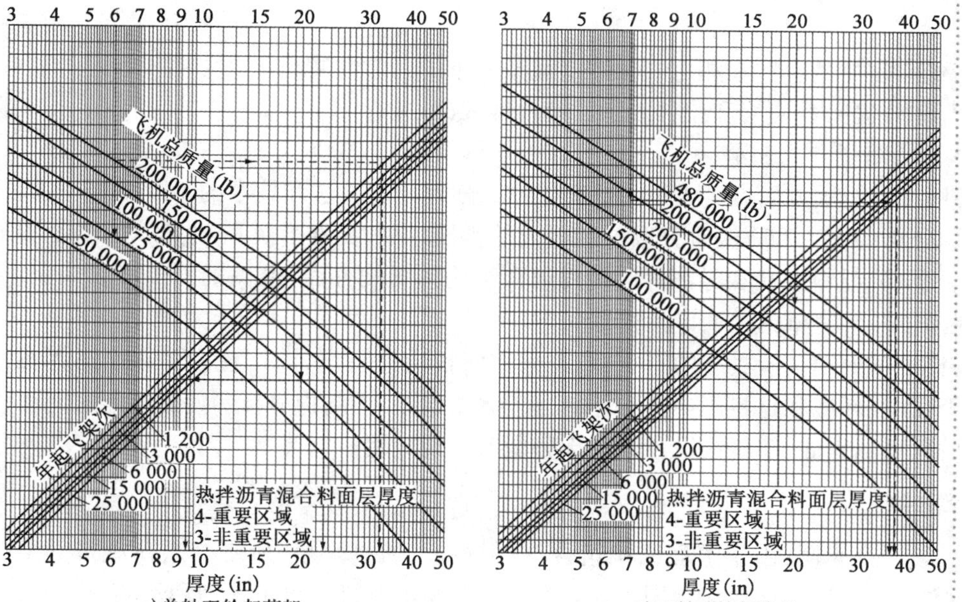

a)单轴双轮起落架　　b)双轴双轮起落架

图 1-2　基于 CBR 法的沥青道面厚度设计曲线

注：3、4 代表沥青表面层的厚度，单位为英寸(1in = 25.4mm)；重要区域是指飞行区中受力较大区域，非重要区域是指基层受力较小区域。

从图 1-2 可知，CBR 法直接建立起荷载(飞机总质量和起飞架次)、CBR 和道面总厚度之间的关系，只要掌握飞机和 CBR 参数，就可以方便地确定道面的总厚度。这种总厚度以粒料的性质体现，当结构层中设置沥青混凝土、无机结合料稳定土等其他类型的结构层时，可按照制定的结构层当量系数，把以粒料表征的厚度转换成其他类型材料的厚度。这种简单的方法被许多国家所接受，以 CBR 法设计的道面占世界柔性道面的 70% 以上。

经验法所获得的结果与所观测道面和足尺试验的材料、环境和受荷条件有关，如果需设计道面的条件与方法制定时所依据的相似，那么可以得到比较满意的使用效果。由于环境条件差异，以及交通荷载快速发展、新材料的不断涌现，以 CBR 法为代表的经验设计法的适用性受到限制。

随着新一代大型飞机的出现，起落架的构型越来越复杂，飞机质量、轮胎数量、轮印形状、轮胎压力都发生了很大的变化，CBR 曲线已经不能满足新一代大型飞机对道面的要求。FAA 的研究结果表明，若在现有的基础上直接进行外延，CBR 法会得到过于保守的结果。

2. 解析法

解析法又称为理论法，是以结构分析为基础，并按设计荷载作用在道面结构上所产生的应力、应变和位移不超过任一结构层中材料所容许的范围，来选择和确定道面结构层的组合及厚度的一种方法。这类方法的特征如下。

(1)选择合适的力学模型来代替现实的道面结构，寻求此模型中应力、应变和位移方程的解。

(2)表征各结构层中的材料在相应气候和加载条件下的力学性质。

(3)定义以基本的应力、应变和位移表示的设计标准(或指标)。

(4)设计体系用简便方式表示。

近年来，各国在解析法方面做了大量的研究工作。随着计算方法和技术的不断发展，人们在机场道面结构分析的理论和方法研究取得了很大的进展。同时，在有关荷载、环境(温度和湿度)、基础支承条件、材料性状和经济等因素对道面结构的影响方面，也积累了丰富的认识。在此基础上，提出了一些完整的道面设计体系。

然而，由于机场道面结构所具有的特点，目前采用解析法进行设计时，在许多方面还存在不足，例如，对于荷载、环境和材料等参数的评价有较大的误差，在结构分析和使用性能之间尚未建立起内在的联系。因此，解析法设计仅在部分国家得到应用。

3. 力学-经验法

国内外的大量研究表明，由于道面结构组合、材料性质、所处环境、所受交通荷载极其复杂，用纯理论的方法设计道面结构非常困难。若在力学分析的基础上再融入使用经验，可使道面设计方法的适应性和合理性得到增强，因此，现有的道面设计方法均朝着力学-经验法的方向发展。

在 20 世纪 70 年代，基于力学-经验概念的道面结构设计方法开始出现，比较有代表性的是美国沥青协会制定的全厚度道面设计方法和美国空军制定的弹性层状体系法。1987 年，美国沥青协会撰写了 *Thickness Design-Asphalt Pavements for Air Carrier Airports*，书中的方法以弹性层状体系为理论基础，分析了飞机荷载作用下的沥青混凝土层底拉应变和土基顶面的竖向压应变，并编制了设计计算程序(CP-3)。

1989 年，美国空军和海军联合发布了“机场柔性道面设计”，在该版本的设计方法中同时提供了 CBR 法和基于弹性层状体系的力学-经验法。在颁布的美国军队统一设计标准(UFC 3-260-02)中，CBR 法和力学-经验法仍然都是可选择的官方柔性道面设计方法。在美国统一设施标准(Unified Facilities Criteria，UFC)规定的力学-经验法中，以弹性层状体系作为力学响应的分析模型，各个结构层以回弹模量和泊松比作为参数。该方法适用于各种类型的柔性道面，考虑了车辙和疲劳开裂两种结构损坏模式，对土基顶面的竖向应变、沥青层的疲劳开裂准则作出了明确的规定，但对于无机结合料稳定类材料，建议进行试验后确定。

20 世纪 90 年代中期,新一代大型飞机 B-777 出现,该飞机设计有 2 个三轴双轮的主起落架,主起落架共 12 个轮子,而且飞机的总质量非常大,充气压力也较高。这是一种在此之前从来没有碰到过的起落架构型,既没有实际跑道的使用经验,也没有相关足尺试验的数据。这就使得原来的 CBR 法无法适应 B-777 的需求,为此,FAA 以原来军方研发的弹性层状体系分析软件(Jacob Uzan Layered Elastic Analysis,JULEA)为基础,建立了包含 B-777 机型的道面结构设计力学-经验法,并编制了相关的设计程序(Layered Elastic Design Federal Aviation Adiministration,LEDFAA)。该方法主要考虑轮辙和沥青面层的疲劳开裂,许多分析结果表明该方法中真正起控制作用的关键因素仅是以土基顶面竖向压应变表征的轮辙损坏。与此同时,FAA 于 1999 年建成世界上最大的能实施 B-777 的 6 轮主起落架足尺试验的国家机场道面试验中心(National Airport Pavement Test Facility,NAPTF),具备了对新一代大型飞机实施室内足尺试验的能力。

目前,FAA 的力学-经验法仍在进一步地发展之中,面对 A380 等机型还需进一步完善。除了 FAA 之外,其他国家和机构也相继建立了一些力学-经验法的道面结构设计方法。其中,以澳大利亚联邦机场协会的 APSDS 和伊利诺伊大学厄巴纳-香槟分校的 ILLI-PAVE 最具代表性,前者以弹性层状体系为理论模型,后者以考虑粒料非线性的二维有限元为基础。

国外现有道面设计方法的研究表明,以 CBR 法为代表的经验法不能适应新一代大型飞机的需求,考虑道面结构力学响应的力学-经验法已经成为新一代道面设计方法发展的趋势。力学-经验法一般都选择一个或多个力学响应量作为设计指标,分别用来控制一个或多个道面损坏的出现,构建力学-经验法的关键是建立交通荷载、设计指标、道面结构与使用性能之间的关系。

二、机场道面结构设计内容

机场道面结构设计主要包括以下 4 个方面的内容。

(1)道面结构组合设计。根据使用要求、当地自然条件、土基支承条件和材料供应情况,提出道面结构层的选择和组合方案。

(2)结构层材料的性质指标和要求。根据选定的材料的性状要求和当地自然条件,进行道面各结构层材料的组合设计。

(3)结构层厚度设计。根据道面结构层的计算方法,确定适应设计交通量条件的各结构层厚度。

(4)结构方案比选。综合考虑投资、施工、养护和使用性能等因素,对可能提供的若干个设计方案进行技术、经济分析和比较,推荐最优方案作为道面结构的设计方案。

新建机场沥青道面结构厚度计算可按图 1-3 所示的流程进行。

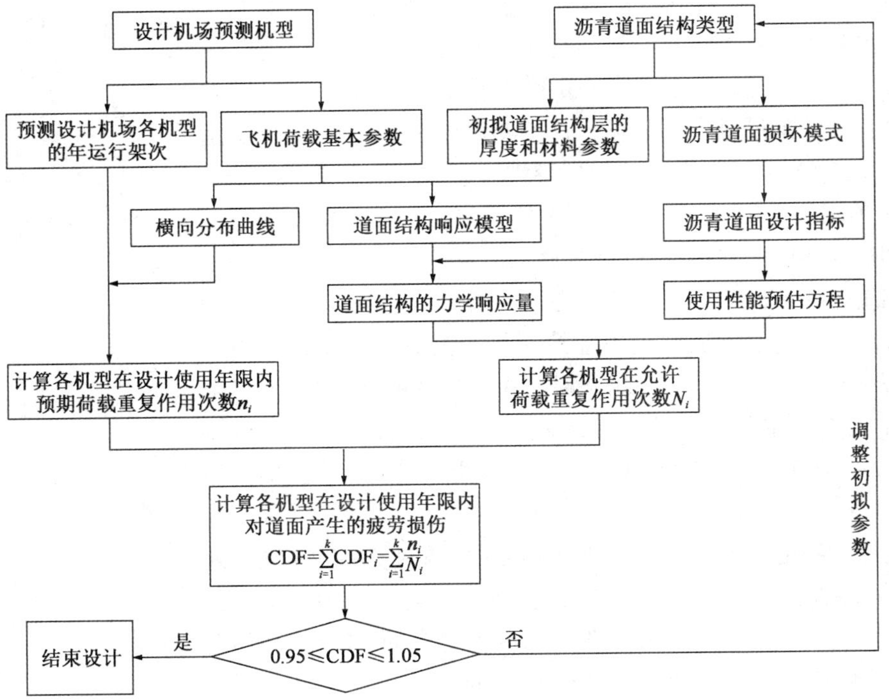

图 1-3　新建机场沥青道面结构厚度计算流程图

本章复习思考题

1. 我国民用机场分为哪几个等级?
2. 简述机场道面分类方法。
3. 按照材料和力学特性的不同,机场道面分别分为哪几类?
4. 道面使用特点是什么?
5. 道面使用性能要求是什么?
6. 机场道面结构层次有哪些?与公路结构层次有何区别?
7. 机场道面横断面包括哪些部分?各部分的主要功能是什么?
8. 机场道面结构设计特点是什么?主要内容有哪些?
9. 机场道面结构设计方法有哪些?

第二章　飞机对道面的荷载作用

【本章摘要】 本章将系统介绍飞机起落架构型、飞机在地面运行时的荷载作用、道面不同区域所受到的荷载以及飞机轮迹横向分布等内容。

【目的】 通过对本章的学习，掌握飞机的起落架构型、荷载特征、不同起落架对道面的作用以及飞机轮迹横向分布，能够在结构设计中分析飞机荷载的作用影响。

【要求】 了解飞机在地面运行时的荷载特点及道面不同区域受力情况；掌握飞机轮迹横向分布，以在结构设计中充分考虑飞机荷载。

机场道面的作用是为飞机的安全运行提供一个平台，如飞机在道面的停放、滑行、起飞、着陆等。随着飞机在道面上运动状态的变化，作用在道面上的荷载也在不断变化，例如，停放时会对道面产生垂直压力；滑行时会对道面产生垂直压力、水平力和冲击力；刹车和转弯时会对道面产生垂直力和水平力。由于飞机在起降的整个过程中对道面的荷载作用不断发生变化，所以，道面设计时在不同的部位采用不同的荷载模式。

第一节　飞机起落架构型简介

起落架是航空器下部用于飞机起降或地面滑行时支撑航空器并用于地面移动的附件装置，是飞机起飞、着陆、滑跑、地面移动和停放所必需的支撑系统。飞机起落架的结构主要包括：减振系统、支力支柱、撑杆、机轮、前轮减摆器、刹车装置、防滑控制系统、电气系统、液压系统、收放运动锁定和位置指示装置、操纵转弯系统及收放系统。

为了描述不同位置起落架在分担飞机质量荷载中所占比例，根据起落架承担荷载大小，通常将承担飞机荷载在 20% ~50% 范围的单支柱称为主起落架，包括机翼、机身主起落架。

一、起落架平面布置基本形式

根据飞机起落架平面布置形式的不同，可以将其分为 4 类：后三点式起落架、前三点式起落架、自行车式起落架、多支柱式起落架。不同平面布置形式的起落架具有不同的特点，且适应不同类型的飞机。

1. 后三点式起落架

后三点式起落架如图 2-1a）所示，在飞机重心前有一对主轮，在远离重心的尾部有一尾轮，常见的飞机类型有安-2、运-5、PT-17 教练机等。

2. 前三点式起落架

前三点式起落架如图 2-1b）所示，在飞机重心后有一对主轮，在远离重心的前面有一前轮。因为重心在主轮之前，当飞机在前进过程中主轮受到扰动时运动是稳定的，因此，这种形式被普遍采用，常见的飞机类型有 J-20、F-22 等。

3. 自行车式起落架

自行车式起落架如图 2-1c）所示，在飞机重心前和后各布置一机轮，为防止侧翻，在翼下设有支承或辅助起落架，常见的飞机类型有 B-52、“海鹞”AV-8 等。

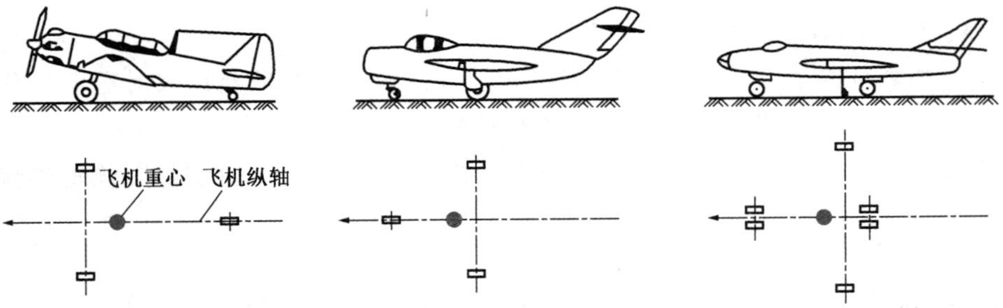

a）后三点式起落架　　b）前三点式起落架　　c）自行车式起落架

图 2-1　起落架布置情况

4. 多支柱式起落架

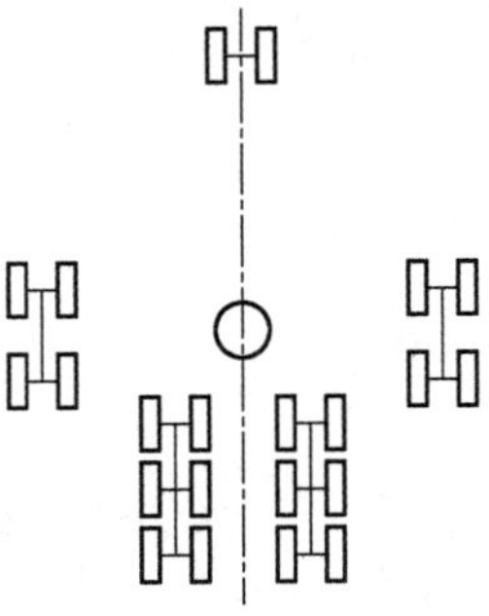

图 2-2　A380 飞机多支柱式起落架形式

多支柱式起落架的形式有多种，如图 2-2 所示，其基本上是前三点式，即有一对或多对主起落架在机身两侧，另一对主起落架在机翼下。

后三点式、前三点式、自行车式属于起落架平面布置的基本形式，多支柱式可视为前三点式的改进形式。后三点式由于形式简单，已经不适用于现代飞机，而前三点式起落架作为现代飞机起落架的主流布置形式，不仅提高了飞机起降的整体性能与安全性，而且增强了飞机地面滑行的稳定性。不同形式起落架的平面布置特点及优点见表 2-1。

笔记

表 2-1　不同形式起落架的平面布置特点及优点

布置形式	平面布置特点	优点
后三点式起落架	由2个主轮起落架与1个尾轮起落架组成，两个主轮在重心稍前处，尾轮在机身尾部离重心较远，质量比前三点式轻，但是飞机在地面转弯时不够灵活	(1)起落架整体构造比较简单，质量也较轻，在螺旋桨飞机上容易配置； (2)在飞机上易于装置尾轮，与前轮相比，尾轮结构简单，尺寸、质量都较小； (3)地面滑跑时具有较大的迎角，可以利用较大的飞机阻力来进行减速，从而减小飞机着陆和滑跑时所需的距离
前三点式起落架	由1个前轮起落架和2个主起落架组成。前轮在机头下面远离飞机重心处。两个主轮左右对称地布置在重心稍后处，左右主轮有一定距离，可保证飞机在地面滑行时不致倾倒	(1)飞机的地面运动方向稳定性好，着陆时安全可靠； (2)无倒立危险，因而允许强烈制动； (3)飞机机身处于水平或接近水平的状态时，向下的视界较好，发动机喷流对跑道损伤小； (4)地面滑行时，操纵转弯较灵活
自行车式起落架	2个主轮位于机身轴线两侧，左右机翼下各安装1个小型辅助轮。飞机重心位于前后主轮之间，飞行时起落架直接收入机身内	解决了部分飞机主起落架的收放问题，前后两个主轮可以收入机身内
多支柱式起落架	由1个前轮起落架和2个以上主起落架组成，主起落架可双轮、可小车式，飞机重心位于前后主起落架支柱之间	(1)分散飞机荷载，减小局部荷载，减小起落架对跑道的压力； (2)起落架生存性能好； (3)制动效能较好（制动机构分散在各机轮上，散热性较好）

二、起落架结构形式

1. 构架式起落架

构架式起落架通过承力构架将机轮与机翼或机身相连，如图 2-3 所示，承力构架中的杆件及减振支柱都是相互铰接的，只承受轴向力（沿各自的轴线方向）而不承受弯矩。

图 2-3　构架式起落架

2. 支柱式起落架

支柱式起落架的减振器与承力支柱合二为一，机轮直接固定在减振器的活塞杆上。减振支柱上端与机翼的连接形式取决于收放要求。对于收放式起落架，撑杆可兼作收放作动筒，扭矩通过扭力臂传递，亦可以通过活塞杆与减振支柱的圆筒内壁采用花键连接来传递。根据受力支柱配备的作动筒的形式，支柱式起落架可分为张臂式起落架和撑杆式起落架，如图 2-4 所示。

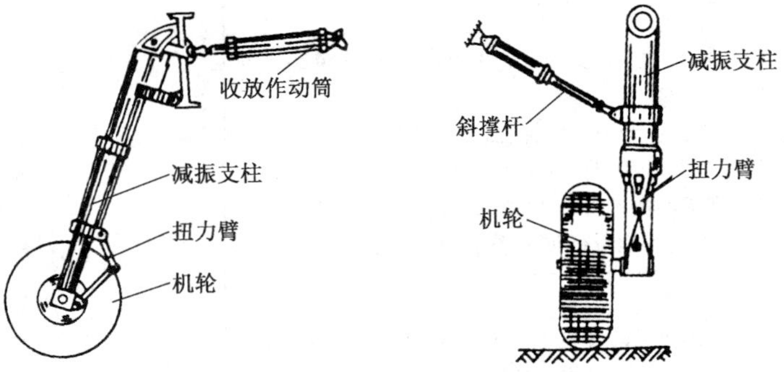

a) 张臂式起落架　　b) 撑杆式起落架

图 2-4　支柱式起落架

3. 摇臂式起落架

摇臂式起落架的活塞只承受轴向力，不承受弯矩，因而密封性能好，可增大减振器的初压力，进而减小减振器的尺寸，同时克服了支柱式起落架的缺点，在现代飞机上得到了广泛应用。摇臂式起落架主要分为摇臂支柱式起落架与半摇臂支柱式起落架两类，如图 2-5 所示。

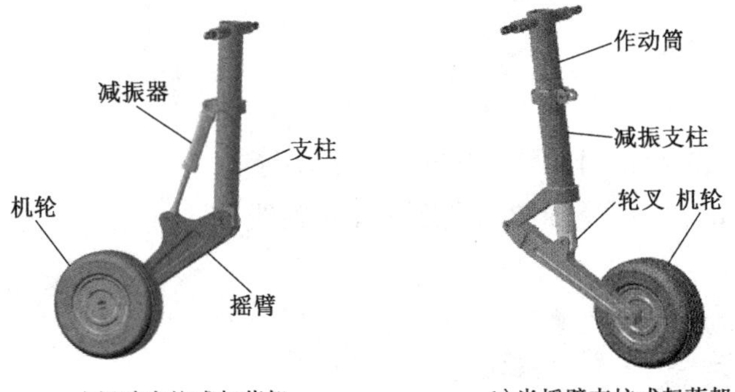

a) 摇臂支柱式起落架　　b) 半摇臂支柱式起落架

图 2-5　摇臂式起落架

4. 多轮式起落架

大型军用运输机与大型客机由于其质量的增加，单柱承担荷载大幅增大，此时通常利用多个机轮串联与并联的方式构成三轮、四轮、六轮甚至八轮形式的起落架，进而有效分散起落架着陆产生的竖向冲击荷载，减小机轮对地面的冲击荷载，扩大竖向应力作用面积。多轮式起落架如图 2-6 所示。

笔记

a) B747 飞机起落架　　b) B777 飞机起落架

图 2-6　多轮式起落架

第二节　飞机在地面运行时的荷载

飞机对道面的荷载作用是进行道面结构设计的重要参数，飞机在地面运行时，由于运动状态的不同，对道面的荷载呈现一定的差异。因此，如何简化考虑飞机对道面的荷载是进行道面结构设计的基础。

一、单轮静荷载

飞机的全部荷载通过机轮传递给道面，飞机停放在道面上时，机轮传给道面的荷载是静荷载，静荷载的大小与飞机总质量及起落架的形式有关。一般情况下，飞机总质量越大，道面承受的静荷载越大。飞机停放在道面上时，其对道面的作用如图 2-7 所示。

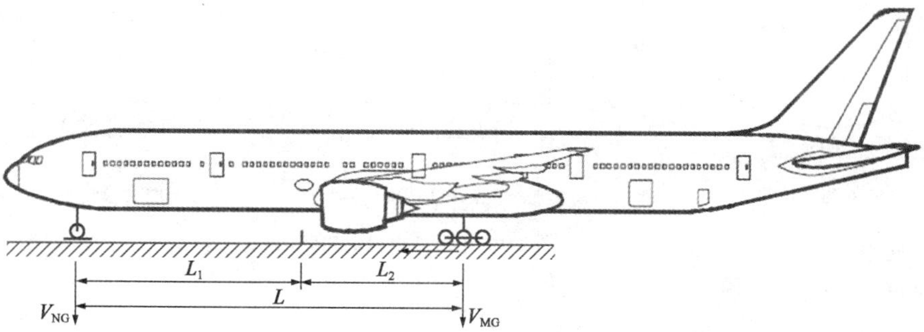

图 2-7　机轮对道面的作用

V_{NG}、V_{MG}-主起落架、前起落架上承担的荷载；L-前起落架与主起落架之间的距离；L_1、L_2-前起落架和主起落架的中心到飞机重心的距离

其荷载在前起落架和主起落架之间的分配，可根据下面关系式求得。

$$V_{MG} = G\frac{L_1}{L_1 + L_2} = K_1 G \tag{2-1}$$

$$V_{NG}=G\frac{L_2}{L_1+L_2}=K_2G \tag{2-2}$$

式中：G——飞机总重力(N)；

V_{MG}——主起落架上承担的荷载(N)；

V_{NG}——前起落架上承担的荷载(N)；

L_1、L_2——分别为前起落架和主起落架的中心到飞机重心的距离(m)；

K_1、K_2——飞机荷载分别在主起落架、前起落架的分配系数。

主起落架荷载分配系数在没有数据的条件下，可以参考选取95%。

由式(2-1)计算出主起落架的荷载后，在进行机场道面结构设计时，还需知道主起落架上每个机轮传递荷载的大小。停放在道面上时每个机轮上飞机的荷载按式(2-3)计算：

$$P_i=\frac{V_{MG}}{MN} \tag{2-3}$$

式中：P_i——主起落架上单个轮胎的静荷载(N)；

M——飞机上主起落架个数；

N——单个主起落架上的轮胎数。

二、飞机单轮轮印接触面积

飞机单轮轮印会随着轮载、充气压力和轮胎类型的不同而呈现出不同的形状。为了便于计算分析，在现有道面设计方法中均对单轮的轮印进行了假定，包括圆形轮印、椭圆形轮印、矩形轮印和组合形轮印(半圆与矩形的组合)，如图2-8和图2-9所示。

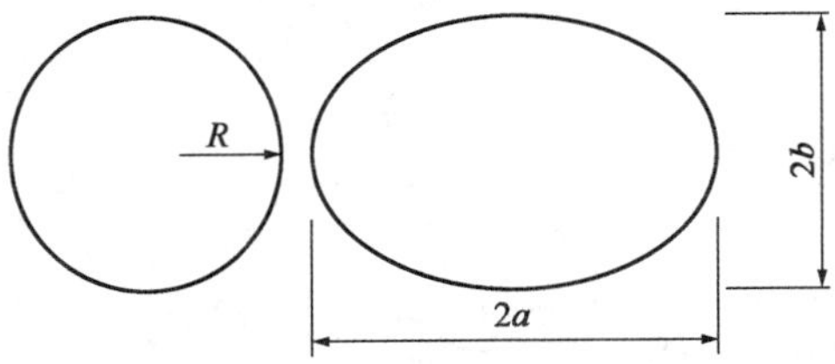

a)圆形轮印　b)椭圆形轮印

图2-8　圆形和椭圆形轮印

R-圆形轮印半径；a、b-椭圆形轮印半长轴、半短轴长度

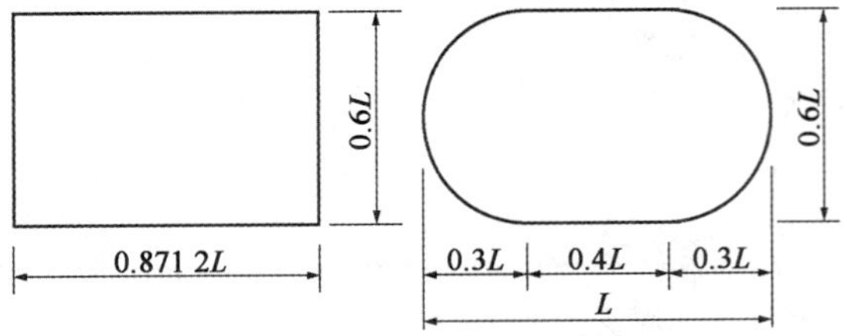

a)矩形轮印　b)组合形轮印

图2-9　矩形和组合形轮印

L-组合形轮印长度

1. 圆形轮印

我国《民用机场沥青道面设计规范》(MH/T 5010—2025)、美国UFC的弹性层状体系法、美国FAA的CBR法等，均采用圆形轮印假定，圆形轮印的接触面积按式(2-4)计算。圆形单轮轮印的半径按式(2-5)计算。

$$A_0=\frac{P_s}{q\cdot 1\ 000} \tag{2-4}$$

笔记

$$r_0 = \sqrt{\frac{A_0}{\pi}} \tag{2-5}$$

式中：A_0——设计飞机单轮轮印面积（m^2）；

P_s——主起落架上每个机轮的荷载（MN）；

q——设计飞机主起落架上单轮接触压力（MPa）；

r_0——设计飞机单轮轮印半径（m）。

2. 椭圆形轮印

美国 FAA 的 LEDFAA 和 COMFAA（Computerized FAA Pavement Evaluation Program，美国联邦航空局计算机辅助刚性跑道评估程序）中计算通行覆盖率时，通常采用椭圆形轮印假定。椭圆形轮印一般假定其面积与圆形均布荷载相等，长边为短边的 1.6 倍，即 $a = 1.6b$，计算公式如式（2-6）～式（2-8）所示。

$$A = ab\pi \tag{2-6}$$

$$m = \frac{b}{a} = 0.625 \tag{2-7}$$

$$b = r\sqrt{m} = 0.79r \tag{2-8}$$

式中：a——椭圆轮印的半长轴长度（m）；

b——椭圆轮印的半短轴长度（m）；

r——当量圆半径（m）；

m——椭圆的短轴与长轴的长度比。

3. 矩形轮印

在有限元分析中，为了使单元划分更为方便，一般都把轮印假定成矩形［图 2-9a）］。简化后矩形轮印的长度和宽度计算方法如式（2-9）所示，其中 L 按照组合形的公式来计算。

$$\left.\begin{aligned} a &= 0.8712L \\ b &= 0.6L \end{aligned}\right\} \tag{2-9}$$

式中：a——矩形轮印的长度（m）；

b——矩形轮印的宽度（m）。

4. 组合形轮印

在许多国家（如中国、美国、加拿大等）的水泥混凝土道面设计中，以及部分国家的沥青混凝土道面设计中，把轮印假定为矩形和两个半圆的组合［图 2-9b）］。假定轮印的长为 L，轮印的宽为 $0.6L$，轮印的面积 A 可按式（2-10）计算：

$$A = \pi \cdot (0.3L)^2 + 0.4L \cdot 0.6L = 0.5227L^2 \tag{2-10}$$

进一步可得：

$$L = \sqrt{\frac{A}{0.5227}} \tag{2-11}$$

式中：L——组合形轮印的长度(m)。

三、作用在道面上的水平荷载

飞机在道面上运动时，机轮与道面之间的摩擦力会引起水平荷载；机轮经过道面不平整处因撞击也会产生水平荷载；飞机着陆时在机轮制动过程中会产生水平荷载；飞机在滑行过程中，如有转弯，也会由于存在侧向摩擦力而产生水平荷载。

在道面上滑行时，飞机机轮不制动，作用在道面上的水平荷载由式(2-12)确定；机轮制动时，水平荷载由式(2-13)确定。

$$T_1 = \mu P_d \tag{2-12}$$

$$T_2 = \varphi P_d \tag{2-13}$$

式中：T_1、T_2——机轮不制动、机轮制动情况下作用在道面上的水平荷载(N)；

μ——滚动摩擦系数；

φ——滑动摩擦系数；

P_d——机轮的垂直荷载(N)。

系数μ和φ的值取决于道面结构形式、道面表面的状态、飞机的运动速度、轮胎花纹及磨损程度，不同的表面种类和表面状态条件下的摩擦系数见表2-2、表2-3。

表2-2　滚动摩擦系数μ值

表面种类	μ
平整的水泥混凝土和沥青混凝土	0.01～0.02
平整的碎石或砾石道面	0.02～0.03
水泥混凝土道面有垂直位移、裂缝开展	0.04～0.05
沥青混凝土道面有轮辙、裂缝	
黏土表面	0.05～0.15
泥泞的土跑道	0.15～0.30

笔记

表 2-3　滑动摩擦系数 φ 值

表面状态	φ	表面状态	φ
干燥、粗糙的道面	0.7～1.0	泥泞道面	0.2
干燥、平滑的道面	0.5	被冰覆盖的道面	0.1
潮湿道面	0.3～0.5	潮湿的草皮道面	0.1

飞机制动时作用在道面上的水平荷载为(0.1～1.0)P_d，并且大大超过机轮不制动时产生的水平荷载，作用在道面表面的水平荷载的时间是很短的，水平荷载引起的水平应力随深度的增大而迅速减小，在机场刚性道面设计中一般不予考虑。对于机场柔性道面，过大的水平应力能够引起道面面层产生波浪、拥包和剪切破坏。因此，当柔性道面上层可能因水平力过大而引起破坏时，应对水平荷载进行验算，必要时设置保护层(磨耗层)，以改善柔性道面上层的受力状态。

四、作用在道面上的动荷载

飞机在道面上的一切活动，包括滑行、起飞、着陆等，都会对道面产生动效应，这种动效应还与道面结构的力学特性有关。飞机在道面上滑行时，通过道面的不平整处时将产生冲击作用，冲击作用增大了飞机荷载对道面的作用效果，其大小与道面平整状况及飞机运动速度有关。

通过对道面平整度的研究，得出道面沿飞机滑行方向的凹陷和拱起值，就可以通过数值计算方法求出道面所承受的随机激励荷载。关于平整度对冲击荷载的影响，常用的计算模型是理想的 1/4 车辆模型，如图 2-10 所示。

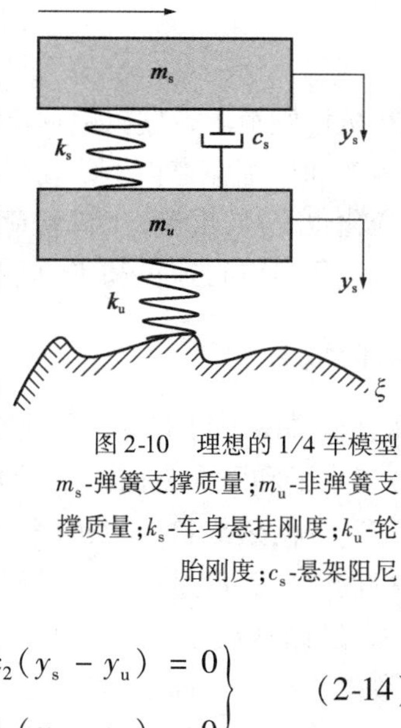

图 2-10　理想的 1/4 车模型
m_s-弹簧支撑质量；m_u-非弹簧支撑质量；k_s-车身悬挂刚度；k_u-轮胎刚度；c_s-悬架阻尼

$$\left.\begin{aligned}\ddot{y}_s + c_1(\dot{y}_s - \dot{y}_u) + k_2(y_s - y_u) &= 0\\ c_2\ddot{y}_u + k_1(y_u - \xi) - c_1(\dot{y}_s - \dot{y}_u) - k_2(y_s - y_u) &= 0\end{aligned}\right\} \tag{2-14}$$

式中：y_s、y_u——弹簧支撑质量和非弹簧支撑质量的垂直绝对位移；

c_1、c_2、k_1、k_2——系数，$c_1 = c_s/m_s$，$c_2 = m_u/m_s$，$k_1 = k_u/m_s$，$k_2 = k_s/m_s$；

ξ——纵断面高程，令 $\xi = e^{i\omega t}$。

由两自由度飞机模型，利用隔离体的概念，得到飞机对路面的作用力为：

$$F(t) = k_u(y_u - Y) \tag{2-15}$$

由以上可知，

$$F(t) = k_u(y_u - Y) = -m_s\ddot{y}_s - m_u\ddot{y}_u \tag{2-16}$$

同理可得：

$$F(t) = -m_s\ddot{y}_s - m_u\ddot{y}_u = m_s\omega^2 y_s + m_u\omega^2 y_u \tag{2-17}$$

将弹簧上质量块与弹簧下质量块的位移值代入式(2-17)，可得：

$$F(t) = m_s\omega^2 K_1 \frac{K_2 + iC\omega}{G + iH} y_0 e^{i\omega t} + m_u\omega^2 K_1 \frac{K_2 - \omega^2 + iC\omega}{G + iH} y_0 e^{i\omega t} \tag{2-18}$$

$$F(t) = K_1\omega^2 y_0 \frac{(m_s K_2 + m_u K_2 - m_u\omega^2) + (m_s + m_u)jC\omega}{G + iH} e^{i\omega t} \tag{2-19}$$

令 $L = m_s K_2 + m_u K_2 - m_u\omega^2$，$N = (m_s + m_u)C\omega$，$M = \dfrac{L + iN}{G + iH} = |M|e^{i\theta_F}$，$\theta_F = \arctan\left(\dfrac{N}{F}\right)$，$|M| = \dfrac{\sqrt{L^2 + N^2}}{\sqrt{G^2 + H^2}}$，则有：

$$F(t) = K_1\omega^2 y_0 \frac{L + iN}{G + iH} e^{i\omega t} = K_1\omega^2 y_0 |M| e^{i\omega t + i\theta_F} \tag{2-20}$$

由于 $F(t)$ 为实数，则：

$$F(t) = K_1\omega^2 y_0 |M| \cos(\omega t + \theta_F) \tag{2-21}$$

所以，当飞机在机场跑道上行驶且路面激励为余弦函数时，可得到飞机动荷载的完整表达式，机轮以一定的频率和振幅在道面上跳动，从而使作用在路面上的荷载有时大于静荷载，有时小于静荷载，其变化也是波动的。飞机动荷载与路面不平整度的幅值成正比，同时，其又是路面不平整度的波长、飞机滑行速度和飞机系统参数的函数。

五、飞机着陆荷载

一般飞机着陆过程如图2-11所示，从图2-11可以看出，飞机在着陆接触道面过程中，飞机的下滑速度可以分为水平和竖向方向。水平方向的速度在机轮接触道面后，由于机轮与道面的摩擦力存在而逐渐下降，最终迫使飞机停止。飞机竖向方向的速度在机轮接触道面后，会出现两种情况：当飞机的飘落高度掌握得比较好时，飞机的竖向速度就比较小，机轮与道面接触后不会出现反弹；当飞机的飘落高度掌握得不好，飞机的竖向速度比较大时，机轮与道面接触后就会出现反弹，致使飞机在道面上出现跳跃，引起较大的竖向荷载。

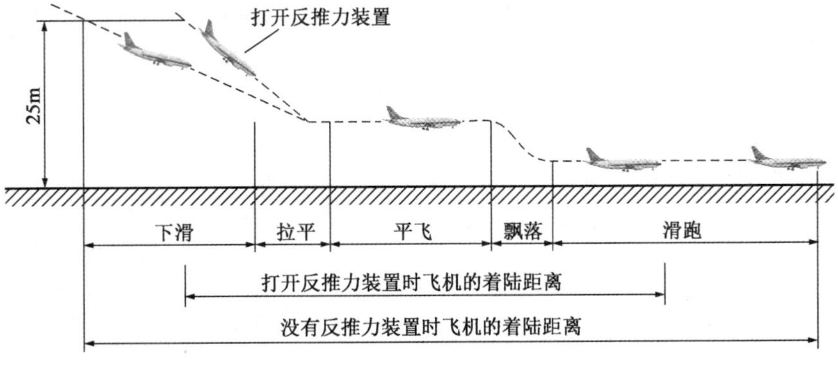

图2-11 飞机着陆过程

笔记

为了分析飞机着陆时对道面的荷载作用，通常采用如图 2-12 所示的分析模型。根据牛顿第二定律可以建立起动力学方程。

在飞机着陆接地过程中，其主起落架先接地（图 2-12）。当机轮与道面接触后，机轮与道面产生摩擦作用。在摩擦力的作用下，机轮由静止状态向滚动状态改变。由于此时飞机的速度很高（50 ~ 80m/s），在机轮刚开始接触道面的短暂时间内，机轮的滚动速度跟不上飞机的滑行速度，导致机轮处于连滚带滑的状态。如图 2-13 所示，在跑道着陆段出现的机轮痕迹就是机轮在道面上滑动造成的。经过一段时间后，机轮的滚动速度与飞机的滑行速度相一致，机轮处于完全滚动状态。从飞机着陆的过程来看，机轮与道面的摩擦系数是由滑动向滚动转变。机轮刚接触道面时，机轮与道面的摩擦系数可以认为是滑动摩擦系数。然后，机轮连滚带滑，此时的摩擦系数在滑动与滚动摩擦系数之间变化，逐渐减少到滚动摩擦系数，并保持到飞机滑行停止为止。

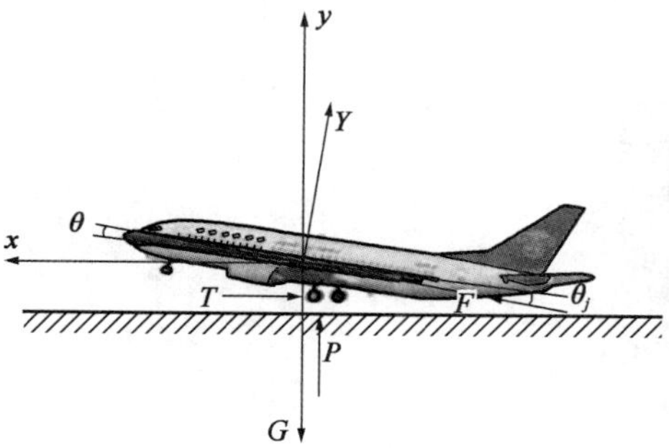

图 2-12　飞机着陆时的受力模型
θ-飞机着陆接地时迎角；θ_j-发动机轴线与飞机轴线斜角；Y-飞机着陆接地时产生的升力；G-飞机重力；F-发动机产生的推力；P-竖向支撑力；T-水平摩擦力

图 2-13　飞机着陆时产生的轮迹

根据运动学方程，在飞机刚接触道面时，可建立运动方程：

$$\left.\begin{aligned} Y\cos\theta - G + F\sin(\theta + \theta_j) + P &= ma_y \\ -Y\sin\theta + F\cos(\theta + \theta_j) - T &= ma_x \end{aligned}\right\} \tag{2-22}$$

式中：a_y——飞机在 y 方向上的加速度；

a_x——飞机在 x 方向上的加速度。

在上述方程中，影响最大的因素是 P，即飞机对道面的冲击力。P 的大小是由飞机的下滑速度决定的。下滑速度取决于飞机的飘落状态，而飞机的飘落状态与飞行员的驾驶水平和天气状况密切相关。

飞机的着陆荷载与飞机的下沉速度 v_y 密切相关。着陆设计质量和最大着陆设计质量下的下沉速度见表 2-4。

表 2-4 使用的下沉速度 v_y（单位：m/s）

机型	着陆设计质量情况下的下沉速度	最大着陆设计质量情况下的下沉速度
陆基教练机	3.6~4.0	2.6
歼击教练机和所有其他类型陆基飞机	3.0	1.8

飞机在着陆接触道面时，飞机的机轮由静止状态向滚动状态转变。假定机轮的竖向荷载是随时间成正弦变化，起转期间机轮与道面之间的滑动摩擦系数为 μ，则最大起转荷载为：

$$\left.\begin{aligned} F_{y.qz} &= F_{y.max}\sin\left(\frac{\pi}{2t_y}t_{qz}\right) \\ F_{x.qz} &= \mu F_{y.max}\sin\left(\frac{\pi}{2t_y}t_{qz}\right) \end{aligned}\right\} \quad (t_{qz} < t_y) \tag{2-23}$$

式中：$F_{x.qz}$——最大起转时的阻力荷载，平行于地面（MN）；

$F_{y.max}$——最大竖向荷载（MN）；

$F_{y.qz}$——在时间 t_{qz} 时的竖向荷载（MN）；

t_{qz}——机轮圆周线速度达到飞机地面速度所需的时间（s）；

t_y——从触地瞬间达到最大竖向反力所需的时间（s）。

t_y 和 t_{qz} 可用下式求得：

$$t_y = \frac{v_y - (v_y^2 - 9.08d_y n_y)^{0.5}}{4.54n_y} \tag{2-24}$$

式中：d_y——在时间 t_y 时的总压缩量（m），$d_y = x_1 + 0.5x_h$，其中，x_1 为机轮轮胎压缩量（m），x_h 为起落架缓冲器的总行程（m）；

n_y——地面竖向过载系数，即地面对起落架总反力的竖向分量与该起落架静反力竖向分量的比值；

v_y——飞机下沉速度（m/s）。

$$t_{qz} = \frac{2t_y}{\pi}\arccos\left(1 - \frac{v_x I_1 \pi}{1.1t_y F_{y.max} r_j^2}\right) \quad (t_{qz} < t_y) \tag{2-25}$$

$$t_{qz} = \frac{v_x I_1}{0.55r_j^2 F_{y.max}} + 0.363t_y \quad (t_{qz} > t_y) \tag{2-26}$$

式中：r_j——机轮滚动半径（m）；

I_1——机轮转动组件质量的转动惯量（kg·m^2）；

v_x——所研究状态飞机着陆水平速度（m/s）。

从上述分析中可以看出，飞机着陆瞬间的荷载是由飞机的竖向荷载确定的，根据已知的竖向荷载就可以计算出起转荷载。由于飞机着陆瞬间竖向荷载与飞机的飘落高度、飞行员的驾驶水平、天气状态等因素密切相关，其波动范围是相当大的，见表 2-5。

笔记

表 2-5　飞机最大起飞质量与最大着陆质量

机型	最大起飞质量(kg)	最大着陆质量(kg)	最大着陆质量/最大起飞质量(%)
B707-320B	148 778	64 764	43.5
B727-200	84 277	44 270	52.6
B737-200	58 332	29 138	50.0
B747-200B	352 893	172 886	49.0
B747-300	379 200	174 850	46.1
B767-200	143 800	79 800	55.5
MD82	68 266	35 629	52.2

由式(2-23)可知，飞机着陆时沿着滑行方向的水平荷载直接与机轮和道面之间的滑动摩擦系数 μ 有关。英国工程索引提供的资料表明(图 2-14 和图 2-15)，滑动摩擦系数 μ 是滑动速度、道面状态、轮胎花纹、轮胎压力的函数。当轮胎压力增至 1.1MPa 以上，最大滑动摩擦系数都在 0.55 以下或更小一点。最大摩擦系数取 0.55 对应的是飞机滑行速度为零的情况，实际上飞机着陆起转速度至少在 200km/h(55.6m/s)以上，其真正滑动摩擦系数 μ 远小于 0.55。有关文献规定了着陆起转水平荷载的滑动摩擦系数为 0.55。该值可作为进行道面结构设计时，计算飞机着陆沿航向所产生水平荷载的滑动摩擦系数。

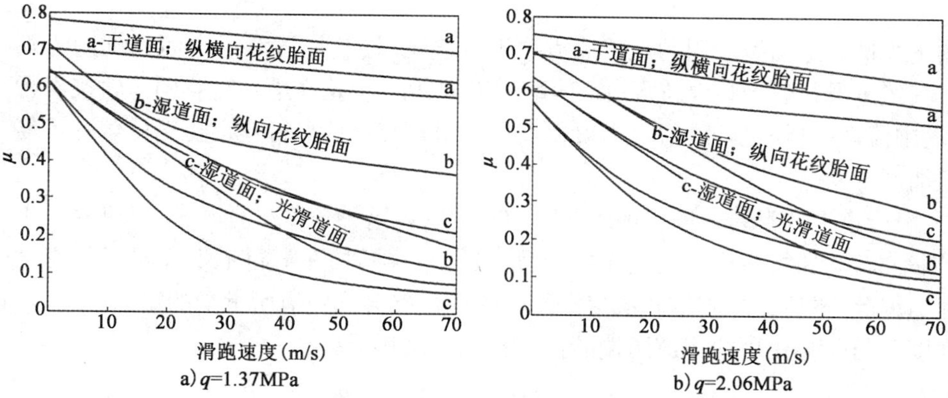

图 2-14　机轮滑动摩擦系数实验曲线(较光滑水泥混凝土道面和少量沥青混凝土道面)

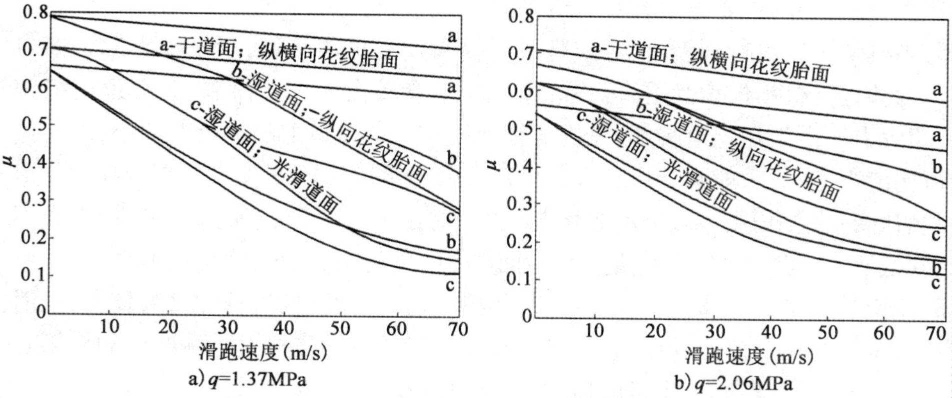

图 2-15　机轮滑动摩擦系数试验曲线(浅纹道面刻痕和少量沥青混凝土道面)

飞机着陆时对道面所产生的动力荷载是短历程的冲击荷载。飞机着陆时的峰值荷载过程不到0.1s。由于沥青道面结构在动力荷载作用下表现为黏弹性性质，在飞机的冲击荷载作用下，只对道面表面层产生较大的应力。由此可以认为，飞机着陆时对道面所产生的动力荷载只对道面表面产生作用，而对道面结构内部基本不产生作用。

对于水泥混凝土道面，虽然其黏弹性性质不如沥青道面，但是，由于飞机着陆时作用在道面某点的应力时间是短暂性的，同样，其载荷作用产生的影响主要表现在道面的表面层上。

第三节　道面不同区域受到的飞机荷载

在飞机-道面相互作用系统中，飞机通过起落架与道面接触，将荷载传递给跑道，使其产生相应的力学响应。

飞机在停放、滑行、起飞、降落等运动过程中，由于自身燃料的消耗及运行过程中操纵的模式不同，使得飞机在道面上各地段存在不同的运动状态。飞机从滑行道开始滑行至跑道这一过程中，最大滑行质量大于最大起飞质量；在起飞过程中，由于升力不断增大，飞机对道面的荷载不断减小；在着陆时，由于机轮与道面的接触，使得飞机对道面的荷载从零逐渐增加，所以，机场道面不同位置受到的飞机荷载是存在差异的。

1. 滑行道

滑行道是供飞机进行地面滑行用的规定通道。飞机起飞时，其经过滑行道而达到跑道端部；飞机着陆时，其经过滑行道到达停机坪，由于滑行道宽度小，机轮几乎是沿着同一轨迹滑行的，如同水在渠道中流动一样，这种滑行称为渠化交通。渠化交通使滑行道上机轮荷载的重复作用次数大大增加。

另外，飞机在滑行道上的滑行速度一般为20～30km/h，以这种速度滑行时，飞机机翼产生的升力很小，特别是在起飞时，飞机以全重作用在滑行道上。同时，在滑行道上飞机运行密度通常要高于跑道。因此，飞机的总质量和低速滑行时的压强就会比跑道所承受的略高。所以，滑行道的道面强度要与配套使用的跑道两端的强度相等或比其更高。

2. 跑道

跑道是飞机起飞和着陆的主要通道。在跑道纵向上，其端部和中部的受载情况不同。

在跑道端部，飞机从慢速滑行到停止，对准跑道后提高发动机的转速，以发挥它的全推力并进入起飞状态。此时，飞机不仅承受垂直荷载，而且还承受较大的水平荷载，会在道面结构中产生较大的剪切应力。由于在跑道端部，飞机滑行速度比在滑行道上的滑行速度小，冲击作用也小，并且跑道比滑行道宽，一般不会形成渠化交通。因此，跑道端部的受载情况要比滑行道好一些。对于飞机着陆的冲击作用，一般按正常着陆重力考虑，此时，由于飞机的速度很高，机翼产生的升力也很大，它抵消了飞机大部分重力，使其对道面产生的荷载较小，冲击力是较小的。

在跑道中部，无论是起飞或着陆，飞机都以较高的速度通过。此时，机翼的升力较大，抵消了飞机部分重力，减少了机轮对道面的作用。同时，高速滑行通过的飞机对某一断面的作用是短暂的，道面还来不及产生完全变形，飞机就通过了。

笔记

3. 停机坪

停机坪是供飞机停放、维护保养、加油、装卸货物等的场所，通常设置于邻近跑道端部。由于飞机长时间的停放和满载起飞的滑进、滑出，停机坪的受载条件与跑道端部相近，因此，其道面厚度也应与跑道端部的相等。

综上所述，滑行道受载条件最差，所要求的道面厚度最大；跑道中部受载条件最好，所要求的道面厚度最小；跑道端部和停机坪介于上述两者之间，道面厚度中等。

对于某一具体机场，应根据飞机在道面上的运行特点，综合考虑以确定道面各地段的受载条件，进而科学设计道面结构，针对不同受载条件的道面地段采用不同的道面结构，降低道面的修建费用。

第四节　飞机轮迹横向分布

一、轮迹横向分布规律

飞机在跑道上起飞、降落时，在跑道的横向上并不是严格地按照直线行驶，而是存在一定的偏移和摆动，这种偏离的轨迹或范围称为轮迹。影响轮迹横向分布规律的主要因素有飞机的类型、主起落架的数量、主起落架的间距及机轮数量、轮胎宽度等，因此轮迹的分布各不相同。

在 20 世纪 70 年代，美国的 Hosang 等采用红外线测试仪对轮迹的横向分布进行了大量的调查，并对飞机轮迹的横向分布作了详细的分析。调查的范围涵盖 9 个机场的跑道、滑行道、联络道，其中在跑道上共测得 4 359 组起飞数据和 5 200 组降落数据，在滑行道上共测得 590 组数据，在高速联络道出口共测得 697 组数据。根据测定的结果，飞机的中心线会偏离道面的中心线（中心导线），其偏离的程度呈正态分布，具体偏离量见表 2-6。

表 2-6　飞机轮迹横向偏移

道面类型		道面宽度(m)	横向分布特征	
			平均偏移量(m)	标准差(m)
跑道	起飞	46	0.27 右 ~ 0.46 左	2.13 ~ 3.14
		61	0.24 右 ~ 0.70 左	2.74 ~ 3.41
	降落	46	0.15 右 ~ 0.37 左	1.82 ~ 2.53
		61	0.70 右 ~ 0.76 左	2.29 ~ 2.50
滑行道(直线段)		23	0.64 右	0.76 ~ 1.22
		46	0.98 右	1.83
快速出口滑行道		变化	见注②	2.44 ~ 3.20

注：①平均偏移量是通过量测飞机中心线到跑道中心线或中心导向标志的距离得到。

②偏左还是偏右取决于飞机的滑行方向和联络道构型。

通过对数据的详细分析，Hosang 认为跑道上的轮迹符合正态分布，规律如图 2-16 所示。

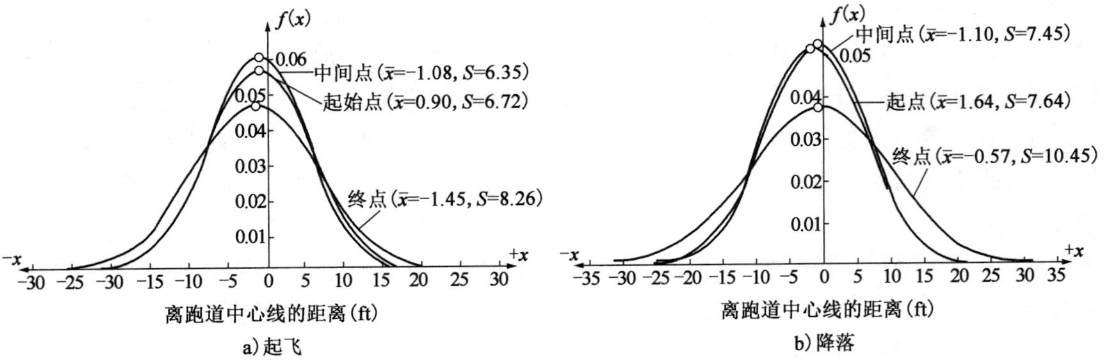

图 2-16　道面上轮迹偏离正态分布示意图

注：图中 S 表示方差。

二、轮迹横向分布及参数分析

在已有调查数据的基础上，各个道面设计方法均对轮迹横向分布作了明确假定。

1. 美国 UFC 的轮迹假定

美国 UFC 的弹性层状体系算法中对飞机的通行宽度（偏移宽度）进行了假定：通行宽度（偏移宽度）指包含 75% 交通量的宽度，在滑行道和跑道的端部头 305m 处的通行宽度为 1.778m，在跑道中部的通行宽度为 3.556m。

美国 UFC 的 CBR 法中假定轮迹服从正态分布，也把通行宽度定义为 75% 的飞机交通量作用的道面宽度，标准差的取值按照下式进行：

$$\sigma = \frac{w_w}{2 \times 1.15} \tag{2-27}$$

式中：w_w——通行宽度（m）。

通过调查分析，一般认为跑道的通行宽度为 3.556m，滑行道的通行宽度为 1.778m，因此对应的轮迹横向正态分布的标准差分别为 1.546m（跑道）和 0.773m（滑行道）。

2. 美国 FAA 的轮迹假定

根据美国 FAA 的咨询通报 150/5320-6D，以及美国的轮迹调查结果，假定轮迹服从正态分布，FAA 的 LEDFAA 在道面设计时假定正态分布的标准差为 0.763m，FAA 的 COMFAA 在计算 PCN 时也假定轮迹横向服从正态分布，当飞机的通行宽度为 1.778m 时标准差取 0.773m，当飞机的通行宽度为 1.016m 时标准差取 0.442m。

3. 荷兰 PAVER 的轮迹假定

荷兰道路工程中的路面评估车系统（Pavement Assessment Vehicle for Evaluation of Roads，PAVER）的轮迹横向分布见表 2-7。

笔记

表 2-7　PAVER 轮迹横向偏移

道面类型		道面宽度(m)	标准差(m)	推荐值(m)
跑道	起飞	45	1.8～2.5	2.4
		60	2.3～2.5	2.4
	降落	45	2.1～3.1	2.6
		60	2.7～3.4	3.0
滑行道	起飞	30.5	1.8	1.8
	降落	22.8	0.76～1.2	1.0

PAVER 根据美国调查的结果,认为轮迹横向分布系数服从标准化的 Beta 分布,函数为:

$$f(x) = \frac{\Gamma(\alpha+\beta)}{\Gamma(\alpha)\cdot\Gamma(\beta)}x^{\alpha-1}(1-x)^{\beta-1} \qquad (0 < x < 1) \qquad (2\text{-}28)$$

4. 澳大利亚 APSDS 的轮迹假定

在 APSDS 中也假定轮迹服从正态分布,用户可以指定所设计道面的轮迹横向分布参数。通常情况下,根据 Hosang 的分析结果,滑行道的标准差为 0.773m,跑道的标准差为 1.546m,这两个标准差对应于通行宽度为 1.778mm 和3.556m。APSDS 中也认为轮迹横向正态分布的标准差可按公式(2-27)计算。

5. 我国的轮迹假定

我国《民用机场沥青道面设计规范》(MH/T 5010—2025)中,在飞机计算交通量时,以运行架次乘以一个荷载横向作用分布系数进行修正。修正系数采用不同宽度对应不同值,横向作用分布系数见表 2-8。

表 2-8　横向作用分布系数 δ

道面宽度(m)	δ
18	0.05
23	0.04
30	0.03
45	0.02(单轴双轴),0.03(双轮双轴)
60	0.01(单轴双轴),0.03(双轮双轴)

国外将通行宽度定义为 75% 的飞机交通量作用的道面宽度,即飞机的运行中心线(或一个轮胎的中心线)两侧范围内轮迹分布概率为 75% 的宽度,这与我国道面设计规范中的通行宽度基本相似,以美国机场道面的通行宽度数据为例,并对比我国的机场道面通行宽度,结果见表 2-9。

表 2-9 机场道面的通行宽度

参数	美国(民航)				中国(民航)	
	跑道		滑行道		跑道	滑行道
	端部	中部	端部	中部		
通行宽度(m)	1.778	3.556	1.778	3.556	11.4	2.3
通行率(%)	75	75	75	75	75	75

从表 2-9 中可以看到,我国采用的通行宽度 11.4m 比国外跑道采用的通行宽度 3.556m 要宽得多。根据通行宽度和通行百分率计算美国和我国飞机轮迹正态分布的标准差,结果见表 2-10。

表 2-10 美国和我国飞机轮迹分布标准差 σ

参数	美国(民航)				中国(民航)	
	跑道		滑行道		跑道	滑行道
	端部	中部	端部	中部		
标准差 σ(m)	0.773	1.546	0.773	1.546	4.954	0.999

比较表 2-10 中美国和我国轮迹分布的标准差可以看出,我国飞机轮迹的标准差 σ 比美国的要大一些,反映出我国飞行员的技术水平可能要低一些,导致飞机轮迹分布分散性较大。

本章复习思考题

1. 飞机主起落架的形式可划分为哪几类?请绘制示意图。
2. 机场道面的各地段可划分为哪几类?简述其作用及对比其条件的优劣。
3. 飞机着陆时,跑道端部的道面会受到机轮的撞击,这种撞击作用与飞机的飘落高度有关,飞机在离地面 0.5~1.0m 时开始飘落是正常着陆。如果飘落高度超过规定,就是粗暴着陆。分析粗暴着陆的危害及原因。
4. 在机场道面结构设计中,各类飞机的运行次数如何计算?运行次数的换算定义及其原则是什么?
5. 滑行道不利受载条件产生的原因是什么?
6. 分别分析跑道纵向端部和中部的受载情况。
7. 分析跑道横向上飞机轮迹情况。

第三章　自然因素对机场道面结构的影响

【本章摘要】 本章主要介绍道面结构的温度场、湿度状况，以及不同的自然因素对道面结构设计的影响。

【目的】 通过对本章的学习，理解自然环境对道面的影响，熟悉温度、湿度对沥青道面和水泥混凝土道面的影响。

【要求】 通过学习环境对道面的影响，了解温度和湿度各自对道面的具体影响，学会如何在道面结构设计中考虑温度、湿度的影响。

机场道面结构直接暴露在大气环境中，长期经受不断变化的自然环境的影响，加速了道面的损伤和破坏。自然因素对道面结构的影响，主要表现为温度和湿度或两者共同作用，道面结构材料力学性质随温度和湿度的变化而变化，使得道面结构设计时材料计算参数的选取复杂化。各种材料随温度、湿度而产生的物理状态的不断变化，会对道面结构产生损伤；或在机轮荷载叠加下，加快道面损坏速度。

进行道面结构分析和设计时要考虑自然因素的影响，重点关注道面体系内温度和湿度的状况变化，温度状况主要考虑道面面层结构内的变化，湿度状况则以土基为主。

第一节　道面结构温度场

一、道面温度场变化规律

气温和太阳辐射强度在一天和一年内均发生周期性变化，日变化过程在晴天条件下有一定规律可循，日气温一般在 12:00 至 14:00 之间达到最高，在凌晨 4:00 至 6:00 之间达到最低。从最低气温上升到最高气温需要不足 10h，从最高气温降至最低气温却需要 14h 以上。在日出后 2 ~ 4h 气温上升最快，而在日落前 1h 左右气温下降最快。太阳辐射强度通常在正午前后达到最大值，上午上升的过程和下午下降的过程基本对称。在其他条件下，气温和太阳辐射强度的日变化过程因受到其他众多自然因素的影响而比较复杂。

如图 3-1 和图 3-2 所示显示了夏季晴天情况下，沥青面层和水泥混凝土面层内温度的日变化观测曲线。由图可知，道面温度呈现出来的周期性规律，几乎与大气温度同步，其中，由于部分太阳辐射热被道面吸收，所以，道面温度要比大气温度高；水泥混凝土面层的温度高出了大气温度 14℃，沥青面层的温度则高出了 23℃。

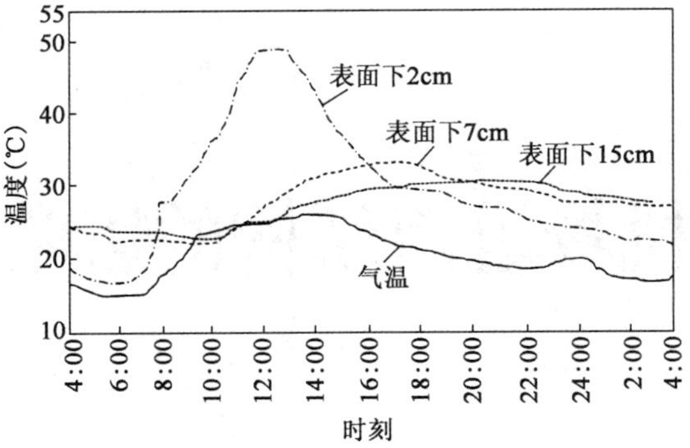

图 3-1　沥青面层温度日变化曲线图

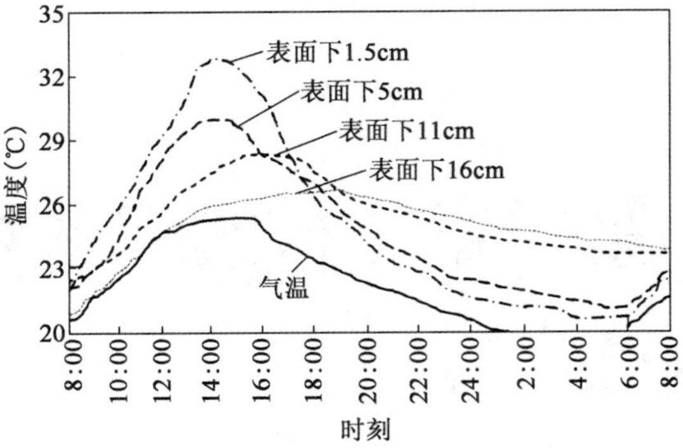

图 3-2　水泥混凝土面层温度日变化曲线图

在多数情况下，道面温度的变化规律都与气温和太阳辐射强度的规律十分接近。气温和太阳辐射的变化可以对道面表面的温度产生即时的影响。在接近表面处，道面的温度变化与气温几乎同步。但热量沿深度方向的传导需要一定的时间，环境的影响并不能马上作用在道面结构层上。随深度增加，道面温度的变化滞后于气温和太阳辐射强度，环境因素对于结构下层温度的影响具有滞后性特点；对于道面结构各层温度的影响则表现出积累性的特点，即前一段的热量将会在道面中形成累积，影响道面当前甚至下一时段的温度，所以，道面表面的温度一般高于气温，尤其是在夏季，可能高出气温 20 ~ 25℃，甚至更高。

道面结构内部的温度与道面表面温度或气温、太阳辐射的变化步调相比呈现出滞后性，这种滞后现象随着深度的增加而愈发显著。如图 3-3 所示为夏季水泥混凝土道面温度场沿深度分布的示例，可以看出，道面温度随深度分布比较复杂。不同深度的温度不同，将对道面结构造成复杂的影响。将道面顶面和底面的温度坡差，即单位深度（或单位厚度）的温度变化量（温度差与厚度的比值）定义为温度梯度，则该梯度在一天内经历了由负（顶温低于底温）到正（顶温高于低温）再到负的循环变化，具有同气温变化近乎同步的周期性特点，通常在早晨某一时刻(8:00)梯度接近于零，午后某一时刻(13:00—14:00)达到最大值，而在凌晨某一时刻(3:00—5:00)达到最小值。

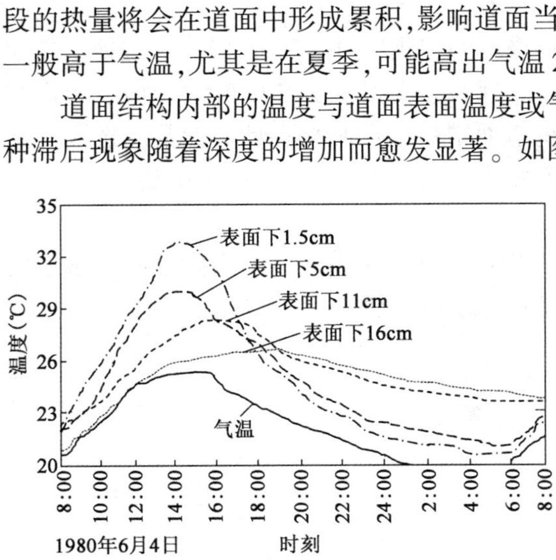

图 3-3　夏季水泥混凝土道面温度场沿深度分布

云和雨对道面的温度状况也有很大影响,特别是在接近道面表面处。云层遮住太阳时道面受到的辐射热减少。多云天气时面层温度日变化曲线将呈现波动,出现许多小的峰值;雨天时日气温变动很小,面层内各深度处的温度变化波动也较小,如图 3-4 所示。

除了日变化之外,道面不同深度处的温度还随着月份的变化而经历着年变化,如图 3-5 所示为沥青道面不同深度处的月平均温度变化曲线,可以看出,在平均气温最高的 7 月和平均气温最低的 1 月,面层的平均温度也相应是最高和最低的。

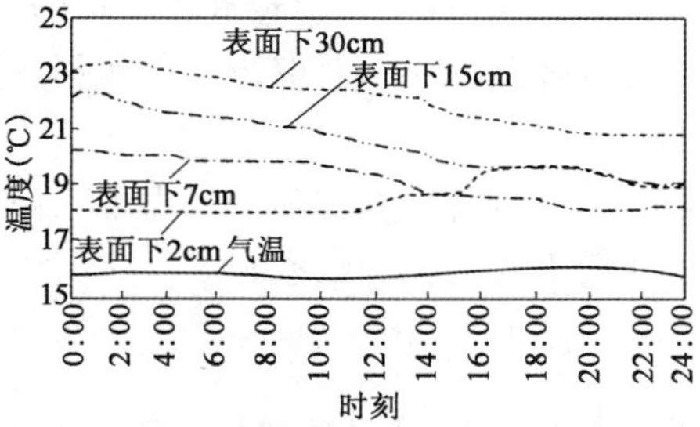

图 3-4　雨天沥青道面温度变化曲线

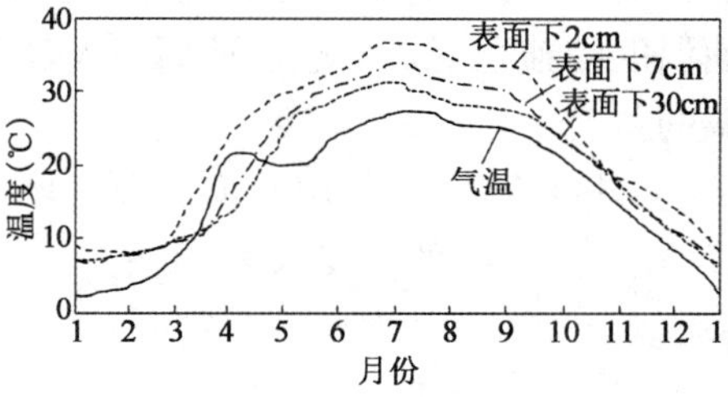

图 3-5　沥青道面月平均温度的年变化曲线

二、影响道面结构内部温度的因素

影响道面结构内部温度的因素可分为外部因素和内部因素。

1. 外部因素

外部因素指道面结构持续经受周期性变化的各种外部环境的综合作用。影响道面结构温度的外部变量主要是气候条件,如太阳辐射(日照和云量)、气温、风速、降雨量和蒸发量等,如图 3-6 所示。

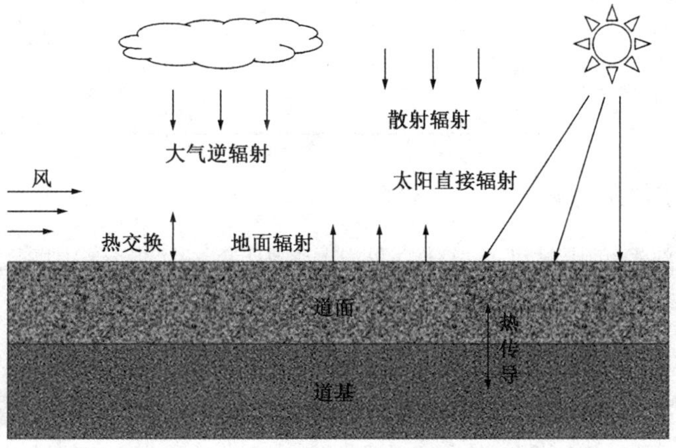

图 3-6　外部因素对沥青道面温度场的影响

太阳直接辐射和大气散射辐射到道面的天空辐射的总和称为太阳总辐射,这是一种短波的热辐射。太阳总辐射到达道面表面时,大部分被结构所吸收并转变为热量;其余部分则通过道面表面的反射或散射而被射回到大气中。太阳总辐射被道面结构吸收和反射的比例受云层状况、道面的表面特征、降雨、降雪等因素的影响。道面辐射与大气逆辐射之差称为道面的有效辐射,这是一种长波的热辐射,若道面温度高于气温,则道面辐射要比大气逆辐射强,道面有效辐射为负值,表示通过道面和大气之间的长波辐射交换,道面是损失热量的。反之,若道面有效辐射为正值,则表示通过道面和大气之间的长波辐射交换,道面是获得热量的。道面有效辐射主要取决于道面表面和大气的温度状况,也与大气的相对湿度和云层状况有关。

气温受多种因素的影响,与道面温度的变化具有很强的相关性。由于气温是直接测定的,常常作为影响道面温度的独立变量考虑。道面与大气之间的这种热交换主要取决于风速和道面表面温度与气温的差值。

分析表明,在众多外部变化中,气温对道面温度场的影响最为显著。太阳辐射仅出现在白天,是促使道面温度在白天升高的重要因素,也是除气温之外最主要的影响因素。

2. 内部因素

内部因素是指结构层材料的热特性参数。道面材料的热特性是指材料的热传导率、热容量(比热)和对辐射热的吸收能力等。道面结构表面和大气之间的复杂热量交换,使道面表面产生复杂的温度变化,从而造成道面表面与其他部分的温度差异。道面结构中的这种温度差异促使热量沿深度方向由温度较高处向温度较低处传导,传导的速率以及温差的高低则取决于道面结构的内部因素,即道面材料的热特性。热传导率是单位长度的材料在单位温度下(即单位温度梯度条件下)、单位时间内垂直通过单位面积断面的热量,与材料的结构、孔隙率和湿度有关。热容量是指使单位质量的物质产生单位温度变化时所需要的热量。材料的热传导率或热容量越高,则出现的温度梯度越低。沥青混合料和水泥混凝土的热特性参数见表 3-1。

表 3-1 道面材料的热特性参数

材料	辐射热吸收 b(%)	热传导率 λ[W/(m·℃)]	热容量 S[J/(kg·℃)]
沥青混合料	88 ~ 95	1.241 ~ 3.099	837 ~ 921
水泥混凝土	60 ~ 65	0.921 ~ 3.475	921 ~ 1 046
水泥稳定土		0.544 ~ 1.172	837

三、道面温度场预测

道面结构内部温度状况可通过建立外部影响因素与内部影响因素之间的关系来预测。通常预估方法有两种:统计法与理论法。

1. 统计法

统计法是在道面结构层不同深度处埋设测温元件,连续观测收集道面内不同深度处不同时刻的温度变化,同时收集当地的气象资料,包括对应的气温和辐射热等。把记录的道面温度和气象因素进行回归分析,选择符合显著性检验要求的因素,建立不同深度处各种道面温度指标的回归方程式,如式(3-1)所示。

笔记

$$T_{max} = a + bT_{\alpha \cdot max} + cQ \tag{3-1}$$

式中：T_{max}——道面某一深度处的最高温度(℃)；

$T_{\alpha \cdot max}$——相应的日最高温度(℃)；

Q——相应的太阳日辐射热度(J/m^2)；

a、b、c——回归常数。

统计法得到的预估公式应用在预估条件与观测站相似的地区时可靠性较大，但由于不同的地区，其内外部影响因素存在差异，所以其普适性较差。

2. 理论法

道面内部温度状况，可根据气象资料采用热传导方程来计算。从大气进入道面表面的热流会向道面结构内部传导；对于长度和宽度方向均尺度有限的道面结构来说，可以近似认为道面表面各处受到的气候影响是一致的，故可将其假设为热流仅向道面结构深处传导的一维热传导。由于道面各结构层材料导热性能相差不大，可近似地将道面结构简化为均质半无限体。按此假设，道面温度场可用均质半无限体一维热传导方程来表示：

$$\frac{\partial T(z,t)}{\partial t} = \frac{\lambda}{\gamma S} \cdot \frac{\partial^2 T(z,t)}{\partial z^2} \tag{3-2}$$

式中：$T(z,t)$——道面的温度场；

z——距离道面表面深度(m)；

t——时间(h)；

λ——道面材料的热传导率[W/(m·℃)]；

γ——道面材料的密度(kg/m^3)；

S——道面材料的热容量[J/(kg·℃)]。

美国 E S Barber 假定，道面结构为半无限体，且满足如下边界条件：

$$z \to +\infty \text{ 时}, T(\infty, t) \neq \infty \tag{3-3}$$

把影响道面温度的气象因素，即气温和太阳辐射，综合成一种当量的有效温度 T_e，假设它随时间呈正弦周期变化：

$$T_e = T_m + T_v \sin\frac{\pi t}{12} \tag{3-4}$$

$$T_m = T_a + R \tag{3-5}$$

式中：T_m——平均有效温度(℃)；

T_a——平均温度(℃)；

t——从温度周期起点算起的时间(h)；

R——辐射热使气温增高为有效气温的平均增量(℃)。

估计长波再辐射(有效辐射)的净损失平均约为1/3，则：

$$R = \frac{0.67bQ}{24 \times 3\,600 \times h_c} \tag{3-6}$$

式中：b——道面对辐射热的吸收能力(%)，见表3-1；

Q——太阳的日辐射热(J/m^2)；

h_c——考虑对流和再辐射的表面系数(对流系数)[$W/(m^2 \cdot ℃)$]。

可近似按下式计算 h_c：

$$h_c = 7.73 + 2.46v^{0.75} \tag{3-7}$$

式中：v——平均风速（km/h）。

T_v——相对于平均有效温度的半波幅（℃）。

可近似按下式计算 T_v：

$$T_v = 0.75T + 3R \tag{3-8}$$

式中：T——气温的日变化幅度（℃）。

根据这些条件求解式(3-2)，可得道面结构内温度场为：

$$T(z,t) = T_m + T_v \cdot \frac{H}{\sqrt{(C+H)^2 + C^2}} \cdot e^{-ZC} \cdot \sin\left(\frac{\pi t}{12} - ZC - \arctan\frac{C}{C+H}\right) \tag{3-9}$$

式中：H——对流系数与面层材料热传导率的比值，即 $H = h_c/\lambda$；

C——道面材料热特性综合参数，某取值计算公式如下：

$$C = \sqrt{\frac{\pi s\gamma}{24\lambda}} \tag{3-10}$$

根据式(3-9)、气象资料和道面材料的热特性参数，就可以确定单一道面层内部温度状况。计算道面表面最大温度时，以 $z=0$ 代入式(3-9)，并取正弦函数的最大值，可得：

$$T_{max} = T_a + R + \frac{H}{\sqrt{(C+H)^2 + C^2}}(0.5T_R + 3R) \tag{3-11}$$

Barber 公式主要适用于估算道面表面的温度变化，但由于面层以下各结构层的热传递性能变化对面层上部的温度状况影响很小，此公式也可以用于估算面层内接近面层范围内的温度状况。对于多层体系，可以采用有限元法或差分法来求解。

第二节　道面的湿度状况

一、湿度的来源与影响因素

1. 湿度的来源

机场道面受湿度变化影响最大的是道基，道基因受到各种外界因素的作用而导致其湿度不断发生变化。湿度是影响道基强度、模量及稳定性的重要因素。道基运营过程中会受到各种外界因素影响，从而使湿度发生变化。如图3-7所示，道基湿度来源主要包括以下几个方面。

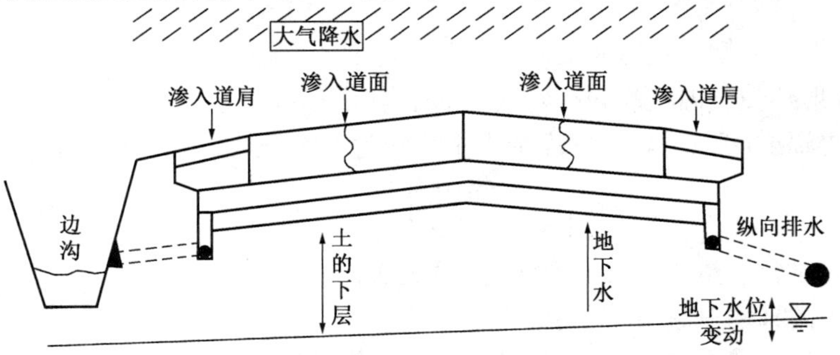

图3-7　道基的湿度来源

(1)大气降水。一方面,大气降水可以通过机场土面区渗透进入道基,并通过毛细作用向道基中部迁移;另一方面,大气降水可以浸湿透水的道面,并下渗而湿润铺面下的道基,或者沿着接缝和裂缝渗入道基。

(2)地表水。机场土面区地势低洼、排水不良时,积滞在邻侧沟渠内的流水或较高处土层内的水分可通过毛细管润湿或渗流作用进入道基。

(3)地下水。地下水可以通过渗流或水位升高渗入道基,也可通过毛细管作用浸湿道基。

(4)水蒸气及其凝结水。在道基土孔隙中流动的水蒸气,遇冷凝结成水。

(5)薄膜移动水。土结构中的薄膜水从含水量较高处向较低处流动,或者由温度较高处向冻结中心迁移。

2. 道基湿度的影响因素

根据道基所处自然环境条件不同,对道基湿度的影响起主导作用的因素也不同。例如,在季节性冰冻地区,在道基内出现负温度梯度时,温度因素将在道基内引起湿度积聚,严重影响道基的湿度状况;这种温度、湿度共同作用对道基状况的影响称为道基的水温状况。在非冰冻地区,水分的积聚(以气态为主)不会成为影响道基湿度的重要因素。

道面结构层采用不透水材料时,将减少降水和蒸发对道基湿度的影响。通常,道面下的湿度变化在道面修建好以后2~3年的时间里将逐步趋于一个稳定的湿度范围,这个湿度范围称为平衡湿度,此时道基的湿度主要受地下水位影响。如果地下水位较高(离地面较近),则道基湿度主要受地下水位控制,并随地下水位升降而围绕平衡湿度波动。根据世界上不同地区的野外观测资料,湿度受地下水位控制的水位临界深度因土质而异,黏土约为6m,砂质黏土或粉土约为3m,砂土约为0.9m。地下水位在此深度范围内时,道基的平均湿度可根据地下水位的高度和土的吸湿能力来确定。对于地下水位深度大于上述范围而降雨量较高(年降雨量大于250mm)的地区,土基平衡湿度主要受气候因素(降雨量和蒸发量)和排水条件的影响。据观测,其值大致等于当地无覆盖土,位于湿度波动区下面的土层湿度。对于干旱区,不透水面层下道基的平衡湿度主要受空气相对湿度和道基内气态凝结冰的影响,其值略大于当地无覆盖土在相同深度处的湿度。

当道面结构为透水性结构时,上层道基的湿度状况还将受到降水和蒸发的影响,其湿度值和波动范围均比道面结构为不透水结构时大。

在道肩透水的情况下,不透水面层边缘下道基的湿度会因受到透水道肩处湿度渗透和蒸发影响而经历较大的季节变化,并容易造成道面边缘的开裂。通常,道基的湿度及其波动的幅度从离道面边缘1m处开始增大,到道面边缘或道肩下达到最大。当道肩为不透水材料时,则面层边缘下路基的湿度同道面中心区下的湿度类似。

二、道基干湿类型

在机场道面结构设计中，道基的干湿类型以潮湿状态不同分为干燥、中湿、潮湿和过湿 4 类。道基干湿类型应根据实测不利季节土基顶面以下 0.8m 深度内土的平均稠度 B_m 确定见表 3-2，或根据自然区划分、土质类型、排水条件以及土基顶面距地下水位或地表积水水位的高度按《民用机场水泥混凝土道面设计规范》(MH/T 5004—2025)附录 C 确定。

土的平均稠度 B_m 按下式计算。

$$B_m = (\omega_L - \omega_m)/(\omega_L - \omega_p) \tag{3-12}$$

式中：ω_L——土的液限含水率(用液塑限联合测定仪测定)(%)；

ω_p——土的塑限含水率(用液塑限联合测定仪测定)(%)；

ω_m——道床范围内土的平均含水率(%)。

表 3-2 道基干湿类型

道基干湿类型	砂质土	黏质土	粉质土
干燥	$B_m \geq 1.20$	$B_m \geq 1.10$	$B_m \geq 1.05$
中湿	$1.20 > B_m \geq 1.00$	$1.10 > B_m \geq 0.95$	$1.05 > B_m \geq 0.90$
潮湿	$1.00 > B_m \geq 0.85$	$0.95 > B_m \geq 0.80$	$0.90 > B_m \geq 0.75$
过湿	$B_m < 0.85$	$B_m < 0.80$	$B_m < 0.75$

土的平均稠度较准确地表示了土的各种形态与湿度的关系，综合了土的塑性特性，包括液限与塑限，全面直观地反映了土的硬软程度。

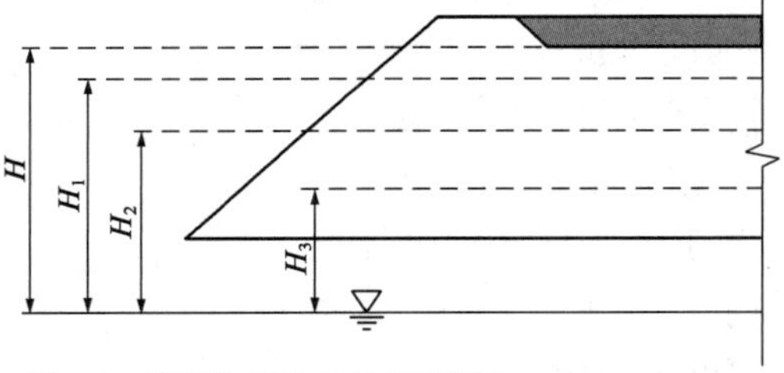

图 3-8 道槽底地下水高度示意图

对于新建道面，道基尚未建成，无法按上述方法现场勘测道基的干湿类型，可以用道基临界高度作为判断标准。在道基的地下水位或地表水水位一定的情况下，道基的湿度由下而上逐渐减小。如图 3-8 所示，与分界稠度相对应的土基离地下水位或地表积水水位的高度称为土基临界高度 H，即 H_1 为干燥和中湿状态的分界标准，H_2 为中湿和潮湿状态的分界标准，H_3 为潮湿和过湿状态的分界标准。

为保证道基的强度和稳定性不受地下水及地表积水影响，在设计道基时，要求道基保持干燥或中湿状态，底面距地下水或地表积水的距离要大于或等于干燥、中湿状态所对应的临界高度。土基干燥、中湿和潮湿状态的水位临界高度，可根据当地资料及经验确定。在缺乏当地资料时，可按《民用机场水泥混凝土道面设计规范》(MH/T 5004—2025)规范附录 C 确定。

第三节 道面结构的冰冻深度

我国华北、东北、西北以及其他某些地区属于季节性冰冻地区，季节性冻土地区冬季因温度低、温度积聚等因素，造成土基冻胀，严重时会导致道面产生隆起或开裂，影响机场道面结构的耐久性。一些国家如美国、加拿大、日本及俄罗斯等于 20 世纪初就进行了相关研究，尤其是 20 世纪 70 年代苏联崔托维奇撰写的《冻土力学》专著，使冻土研究进入了新的阶段，对我国产生了很大影响。

我国对土基冻胀的研究从 20 世纪 50 年代末开始，如今已在土基抗冻研究方面取得了一定

笔记

的成果，为道面的抗冻设计提供了理论基础。

气温降至0℃以下，道面和土基结构内的温度也随之由上而下地逐渐降至0℃以下，整个结构呈现上部温度低、深处温度高的状况。在负温度区内，自由水、毛细水和弱黏结水随温度降低而相继冻结成冰，于是土粒周围的水膜减薄，剩余了许多自由表面能，土的吸湿能力增大，并促使水分由高温处（深处）向低温处（浅处）移动，以补充低温处因冻结失去的水分。经过试验可知，当温度下降到-3℃以下时，土中的水分实际已经不可能在负温差的作用下向更低的区域移动，如图3-9所示。所以，负温度区的水分迁移一般发生在0～-3℃等温线所划出的区域内，因0℃等温线附近土中自由水和毛细水的冻结，形成了同较深土层的湿度坡差，造成下面的水分向0℃等温线附近迁移；而这部分上移的水分便又成为负温度区水分移动的补给源，造成了上层土基湿度的大量积聚。实际上，在道面冻深不断增加的过程中，0～-3℃等温线所划出的区域也在不断地下移。

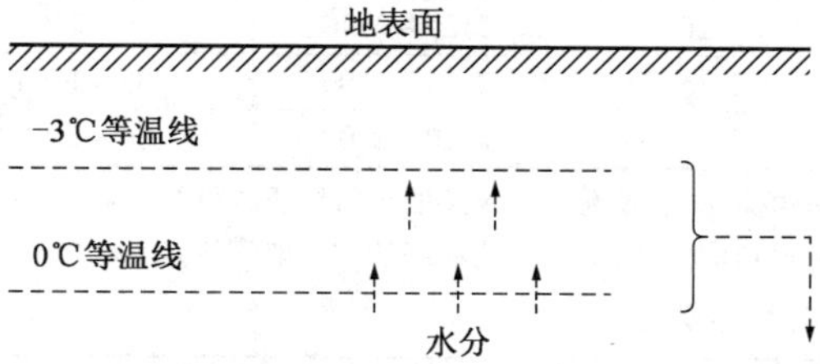

图3-9　季节性冰冻地区水分在温差作用下的移动示意

积聚的水分冻结后体积增大，造成土基隆起使道面开裂，产生冻胀现象。春暖冰融时，道面和道面结构内的温度将由上而下逐渐升高，积聚在土基上层的冰融解后，水分难以迅速排除，致使土基上层的湿度很大，进而使道面结构的承载力大大降低。在机轮荷载作用下，整个道面结构将产生较大的变形，湿度很大的路基土甚至会以泥浆的形式从冻胀开裂后的道面裂缝中冒出，这种现象称为翻浆。冻胀和翻浆的出现，使道面结构受到严重破坏，道面的行驶质量、承载能力和耐久性都将迅速下降。

在估计道面冰冻深度时，早期皆以当地地面冻深作为主要依据，结合道基潮湿类型及图纸情况来确定道面的抗冻厚度。但地面的冻深受很多因素的影响，如植被情况、积雪程度、地形特征及潮湿状况等，因而在同一地区地面的冻深差异很大。实际上，由于道面结构层的铺设，改变了地面的热传导特性，而使其与地面冻结深度有较大的差异，需要考虑道面材料等因素的影响。

日本在计算道路冰冻深度J时采用了一种简化公式：

$$J = C\sqrt{f} \tag{3-13}$$

式中：f——冻结指数；

C——常数，对于一般冰冻情况，$C=3$；对于中等冰冻情况，$C=4$；对于严重冰冻的情况，$C=5$。

日本冻深计算公式中的C值，受诸如道路结构、路面结构层材料组成、路基横断面填挖状态、路基的潮湿状态、气候条件，以及土的导热率、颗粒组成、密实度、土层构造等因素的影响，是一个综合数值。研究表明，在上述诸多因素中，道面结构层材料构成、道基填挖状态和土基潮湿状态的影响程度是最显著的，将上述3个主要影响因素分别用a、b、c表示，式(3-13)可表示为：

$$h_{\mathrm{d}} = abc\sqrt{f} \tag{3-14}$$

式中：h_{d}——从路表面至道路冻结线的深度(cm)；

a——道面结构层材料的热物性系数，见表3-3；

b——道基横断面填挖系数，见表3-4；

c——道基潮湿类型系数，见表3-5；

f——最近20年冻结指数平均值，即冬天负温度的累计值(负温度与持续天数的乘积之和)，见表3-6。

表3-3 道面结构层材料热物性系数 *a*

地区	隔温材料厚度(m)				
	0～0.10	0.10～0.20	0.20～0.30	0.30～0.40	>0.40
东北	2.20	2.20～2.10	2.10～2.00	2.00～1.90	1.90～1.80
华北	2.15	2.15～2.05	2.05～1.95	1.95～1.85	1.85～1.75
西北	2.10	2.10～2.00	2.00～1.90	1.90～1.80	1.80～1.70

注：①隔温材料指由煤渣、矿渣及粉煤灰等工业废料组成的材料。

②隔温性能好的材料取低值，隔温性能不好的材料取高值。

表3-4 道基横断面填挖系数 *b*

地区	填挖高度(m)					
	填方			挖方		
	0～0.50	0.50～2.0	>2.0	0～0.50	0.50～2.0	>2.0
东北	1.80～2.00	2.00～2.20	2.25	1.80～1.70	1.70～1.55	1.50
华北	1.85～2.05	2.05～2.25	2.30	1.85～1.75	1.75～1.60	1.55
西北	1.90～2.10	2.10～2.30	2.35	1.90～1.80	1.80～1.65	1.60

注：填方高者取大值；挖方深者取小值。

表3-5 道基潮湿类型系数 *c*

地区	道基潮湿类型		
	过湿	潮湿	中湿
东北	1.00～1.05	1.05～1.07	1.07～1.10
华北	1.01～1.06	1.06～1.08	1.08～1.10
西北	1.02～1.07	1.07～1.09	1.09～1.11

注：路基湿度偏低时取大值。

表3-6 1960—2000年各省气候统计资料

站名	省/直辖市	纬度(°)	气温(℃)				最高气温(℃)	最低气温(℃)	冻结指数(℃·d)	
			最低气温		最高气温					
			多年平均值	标准差	最热7d多年平均值	标准差	98%保证率		多年平均值	极大值
北京	北京	39.93	-16	3	34	2	38	-22	178	308
广东	广东	23.13	3	2	35	1	37	-1	—	—
厦门	福建	24.48	4	1	34	1	36	2	—	—
兰州	甘肃	36.05	-17	2	33	2	37	-21	276	338
郑州	河南	34.72	-12	2	35	2	39	-16	48	91
哈尔滨	黑龙江	45.75	-34	3	31	1	33	-40	1 623	2 140
武汉	湖北	30.62	-9	3	36	1	38	-15	5	19
南京	江苏	32	-10	2	35	1	37	-14	15	33

笔记

影响冻胀和翻浆的主要因素如下。

(1)土质条件。各类土的毛细特性和渗透特性不同,在温度和湿度坡差作用下水分积聚的程度必然不同。粉砂土和极细砂具有较高的毛细力以提高水分含量,又有较强的通过孔隙输送水分的能力,属于容易积聚水分进而造成冻胀、翻浆现象的土类,通常称作冻胀土。砂性土具有较高的渗透性,但缺乏吸收水分的能力;黏性土虽具有很大的毛细提升能力,但渗透性差,水分移动过慢,因而,这两类土都不会出现严重的水分积聚现象。

(2)水文条件。在地表排水困难或地下水位较高的路段上,道基潮湿,为水分积聚提供了充沛的水源;反之,在水文条件好的路段,土基干燥,水分积聚量因水源不足而减少,不易出现冻胀和翻浆现象。

(3)气候条件。在多雨的秋天,一般冻前土基的湿度较大;在温暖和寒冷反复交替的冬天,土基冻结缓慢,冻结线长时间徘徊在土基某深度处,使水分有充足的时间向该处积聚,并形成冰晶体;在骤热的晚春或春融期降雨期间,土基上层中融解了的过量水分来不及排出道基。这些因素都将加剧湿度积聚和形成冻胀、翻浆现象。

(4)交通条件。春融期间,在强度已经大大下降了的路段上,繁重的交通会使唧泥和翻浆现象立即爆发,因此,在春融期间限制交通是必要的。

(5)养护条件。不及时养护会促成或加剧翻浆现象的出现。例如,若地表积水,将沿裂隙浸湿道面和土基的上层,造成翻浆。

本章复习思考题

1. 温度对道面的影响有哪些?
2. 请简述道面结构温度应力的计算方法。
3. 湿度对道面的影响有哪些?
4. 请简述冰冻深度的确定方法及步骤。
5. 运营阶段的道基湿度状态与新建时期有什么区别?原因是什么?

第四章　道基土的变形特性

【本章摘要】　本章将系统地阐述道基土的变形特性，包括变形的类型、影响因素、变形规律以及相应的分析方法等。

【目的】　通过对本章的学习，要求掌握土的工程分类方法、荷载作用下土的力学特性，理解土基强度的评价指标与标准，并运用所学知识，对实际工程中的道基土变形问题进行分析和预测，为道面设计、施工和维护提供科学依据。

【要求】　通过对道基土变形特性的研究，了解道基土变形的基本类型和特点；掌握道基土变形的影响因素及其作用机制；熟悉道基土变形的分析方法和计算模型。

道基是道面结构的最下层，承受着由道面传递下来的飞机荷载和上部结构的自重。坚实、均匀、稳定的道基，能够为道面结构提供稳定的支撑，提升道面结构的耐久性。实际工程中，道面结构出现的损坏现象，大部分都是由道基强度不足、稳定性变差、在外荷载作用下产生过量变形所致。

道基的变形包括弹性变形和塑性变形两类。过大的塑性变形将导致各种柔性道面和半刚性基层沥青道面结构产生轮辙、拥包等道面不平整现象；对于刚性道面，将会使板块，特别是板边和板角产生局部脱空而引起断裂；在弹性阶段，反复荷载作用下将使沥青面层或水泥混凝土板产生疲劳开裂。因此，设计和修建坚实、均匀、稳定的道基，提高道基抗变形能力，是保证机场道面结构耐久性的根本措施。

笔记

第一节　土的工程分类

土是修筑道基的基本材料，由固、液、气三相组成。固体颗粒包括原生矿物、不溶于水的次生矿物、可溶盐类、易分解的矿物及有机质等；液体主要包括土体颗粒之间的自由水、毛细管水、结合水、结构水等；气体为存在于土颗粒之间的空气。

在工程实际中，为了能大致判断土的基本性质，便于在科学技术交流中有统一的描述语言，对土进行了分类。根据工程用途不同，各国土的工程分类方法不尽相同，但所依据的原则总体相近，主要是根据土颗粒的粒径组成与矿物成分、其余物质的含量以及土的塑性指标进行划分，不同国家分类方法如下。

一、我国路基土分类方法

我国幅员辽阔，各地域土的性质差别很大，铁路、公路、水利、工业与民用建筑等各行业在土分类方面都有各自侧重点及特点。土的工程分类是工程勘测与设计的重要依据，一个合理的工程设计必须建立在对土正确评价的基础上。我国公路路基用土依据土的颗粒组成特征、土的塑性指标和土中有机质存在情况，分为巨粒土、粗粒土、细粒土和特殊土 4 类，并进一步细分为 12 种土，其分类总体系如图 4-1 所示。

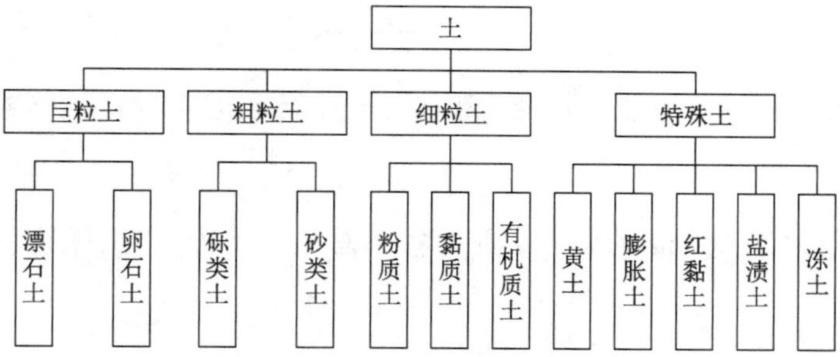

图 4-1　公路用土分类总体系

土颗粒组成特征用不同粒径组在土中百分含量表示，不同粒组的划分界限与范围见表 4-1。

表 4-1　土颗粒粒组划分

粒径(mm)	200	60	20	5	2	0.5	0.25	0.075	0.005	
粒组	巨粒土		粗粒土						细粒土	
粒名	漂石(块石)	卵石(小块石)	砾(角砾)			砂			粉粒	黏粒
			粗	中	细	粗	中	细		

土的成分代号、级配代号、液限高低代号以及特殊土代号见表4-2。

表4-2　土的基本代号表

<table>
<tr><th rowspan="2">特性</th><th colspan="3">土类</th></tr>
<tr><th>巨粒土</th><th>粗粒土</th><th>细粒土</th></tr>
<tr><td>成分代号</td><td>漂石 B
块石 B_a
卵石 Cb
小块石 Cb_a</td><td>砾 G
角砾 G_a
砂 S</td><td>粉土 M
黏土 C
有机质土 O
细粒土(C 和 M 合称)F
混合土(粗、细粒土合称)Sl</td></tr>
<tr><td>级配代号</td><td>级配良好 W</td><td colspan="2">级配不良 P</td></tr>
<tr><td>液限高低代号</td><td>高液限 H</td><td colspan="2">低液限 L</td></tr>
</table>

注:①土的名称可用一个基本代号表示。当由两个基本代号构成时,第一个代号代表土的主成分,第二个代号表示副成分(土的液限或级配);当由3个基本代号构成时,第一个代号表示土的主要成分,第二个代号表示土的液限高低(或土的级配好坏),第三个代号表示土中所含的次要成分。

②液限的高低以50划分。土颗粒组成特征应以土的级配指标的不均匀系数 C_μ 和曲率系数 C_c 表示。

③其他特殊土代号:黄土-Y,膨胀土-E,红黏土-R,盐渍土-St。

不均匀系数 C_μ 反映粒径分布曲线上土粒分布范围,计算公式为:

$$C_\mu = \frac{d_{60}}{d_{10}} \tag{4-1}$$

曲率系数 C_c 反映粒径分布曲线上土粒分布形状,计算公式为:

$$C_c = \frac{d_{30}^2}{d_{10} \times d_{60}} \tag{4-2}$$

式中:d_{10}、d_{30}和 d_{60}——分布为土的粒径分布曲线上对应通过率10%、30%和60%的粒径(mm)。

1. 巨粒土

巨粒组(粒径大于60mm 的颗粒)质量多于总质量50%的土称为巨粒土,其分类体系见表4-3。

表4-3　巨粒土分类表

<table>
<tr><th colspan="2">土组</th><th>土组代号</th><th>漂石类(粒径 >200mm 颗粒)含量(%)</th></tr>
<tr><td rowspan="2">漂(卵)石
(粒径大于60mm 颗粒含量 >75%)</td><td>漂石</td><td>B</td><td>>50</td></tr>
<tr><td>卵石</td><td>Cb</td><td>≤50</td></tr>
<tr><td rowspan="2">漂(卵)石夹土
(粒径大于60mm 颗粒含量为75% ~50%)</td><td>漂石夹土</td><td>BSl</td><td>>50</td></tr>
<tr><td>卵石夹土</td><td>CbSl</td><td>≤50</td></tr>
<tr><td rowspan="2">漂(卵)石质土
(粒径大于60mm 颗粒含量为50% ~15%)</td><td>漂石质土</td><td>SlB</td><td>卵石粒含量</td></tr>
<tr><td>卵石质土</td><td>SlCb</td><td>卵石粒含量</td></tr>
</table>

笔记

2. 粗粒土

粗粒组(粒径大于0.075mm的颗粒)质量多于总质量50%的土称为粗粒土,粗粒土分砾类土和砂类土两种。砾粒组(粒径为2~60mm的颗粒)质量多于总质量50%的土称为砾类土。砾类土根据其中细粒含量和类别以及粗粒组的级配进行分类,见表4-4。砾类土中细粒组质量少于总质量5%的土称为砾,并按下列级配指标进行定名:

(1)当$C_\mu \geqslant 5$,$C_c = 1\sim3$时,称为级配良好砾,记为GW;

(2)不满足(1)条件时,称为级配不良砾,记为GP。

表4-4　砾类土分类

土组		土组代号	细粒组(粒径<0.075mm颗粒)含量(%)
砾	级配良好砾	GW	<5
	级配不良砾	GP	
含细粒土砾		GF	5~15
细粒土砾	粉土质砾	GM	15~50
	黏土质砾	GC	

砾粒组(粒径为2~60mm的颗粒)质量小于或等于总质量50%的土称为砂类土,砂类土根据其中细粒含量和类别以及粗粒组级配进行分类,见表4-5。砂类土中细粒组质量少于总质量5%的土称为砂,并按下列级配指标进行定名:

(1)当$C_\mu \geqslant 5$,$C_c = 1\sim3$时,称为级配良好砂,记为SW;

(2)不满足(1)条件时,称为级配不良砂,记为SP。

表4-5　砂类土分类

土组		土组代号	细粒组(粒径<0.075mm颗粒)含量(%)
砂	级配良好砂	SW	<5
	级配不良砂	SP	
含细粒土砂		SF	5~15
细粒土砂	粉土质砂	SM	15~50
	黏土质砂	SC	

3. 细粒土

细粒组(粒径小于0.075mm的颗粒)质量多于总质量50%的土称为细粒土,分类体系如图4-2所示。粗粒组(粒径为2~60mm颗粒)质量少于总质量25%的土称为细粒土,粗粒组质量为总质量25%~50%的土称为含粗粒的细粒土,含有机质的细粒土称为有机质土。

细粒土的分类及性质很大程度上与土的塑性指标相关。如图4-3所示为土的塑性图,表明土的塑性指数(I_P)与液限(w_L)的相关关系,图中以A线[$I_P = 0.73(w_L - 20)$]和B线($w_L = 50\%$)将坐标空间划分为4个区域,大致区分了细粒土的塑性性质。

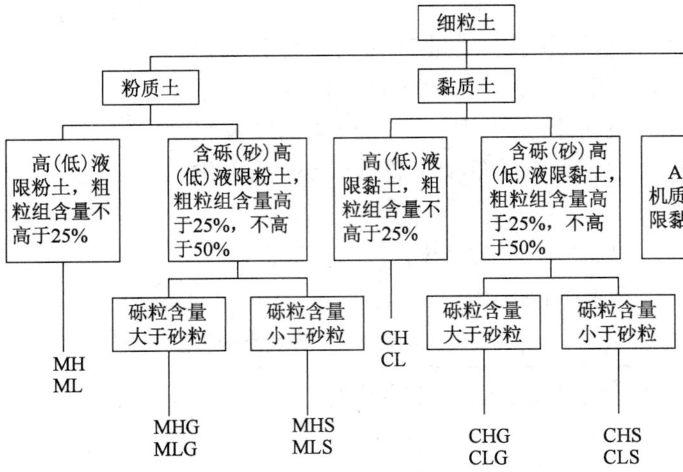

图 4-2　细粒土分类体系

4. 特殊土

特殊土主要包括黄土、膨胀土、冻土、红黏土和盐渍土。黄土、膨胀土和红黏土如图 4-4 所示为特殊土塑性图。黄土属低液限黏土(CLY)，分布范围大部分在 A 线以上，$w_L < 40\%$；膨胀土属高液限黏土(CHE)，分布范围大部分在 A 线以上，$w_L > 50\%$；红黏土属高液限粉土(MHR)，分布范围大部分在 A 线以下，$w_L > 55\%$。

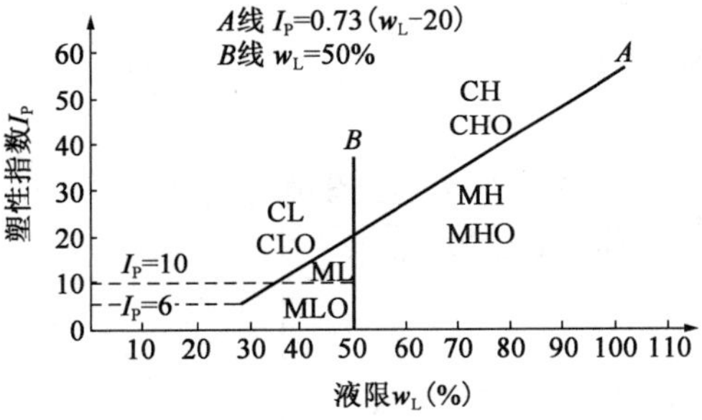

图 4-3　塑性图

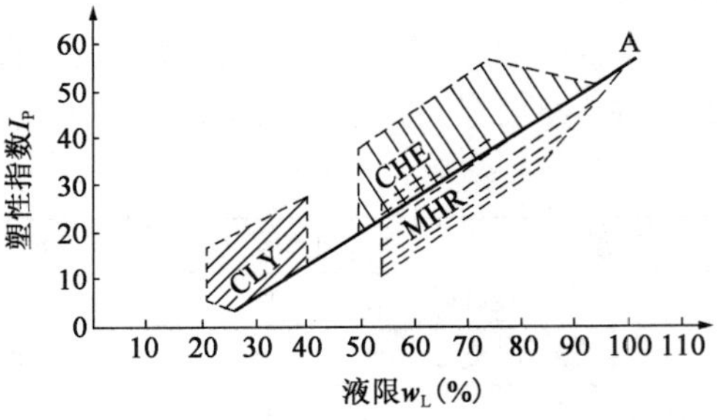

图 4-4　特殊土塑性图

盐渍土按照土层中所含盐种类和质量百分率进行分类，见表 4-6。

表 4-6　盐渍土分类

名称	被利用的土层中平均总盐量(以质量百分比计)	
	氯化物和硫酸盐氯化物	氯化物硫酸盐和硫酸盐
弱盐渍土	0.3 ~ 1.0	0.3 ~ 0.5
中盐渍土	1.0 ~ 5.0	0.5 ~ 2.0
强盐渍土	5.0 ~ 8.0	2.0 ~ 5.0
过盐渍土	>8.0	>5.0

注：表中所含盐种类的定性区分标准为：氯化物 $Cl^-/SO_4^{2-} > 2\%$；硫酸盐氯化物 $Cl^-/SO_4^{2-} = 2\% \sim 1\%$；氯化物硫酸盐 $Cl^-/SO_4^{2-} = 1\% \sim 0.3\%$；硫酸盐 $Cl^-/SO_4^{2-} < 0.3\%$。

这些土由于其历史成因特殊，土中含有不同矿物成分，形成了不同的土体结构，表现出特殊的工程性质。

(1)膨胀土。膨胀土是颗粒高分散、成分以黏土矿物为主、对环境的湿热变化敏感的高塑性黏土。它的主要特征是：

①粒度组成中黏粒(粒径 <2μm)含量大于 30%；

②黏土矿物成分中，伊利石、蒙脱石等强亲水性矿物占主导地位；

③土体湿度增高时，体积膨胀并形成膨胀压力；土体干燥失水时，体积收缩并形成收缩裂缝；

④膨胀、收缩变形可随环境变化往复发生，会导致土的强度衰减；

⑤属液限大于 40% 的高塑性土；

⑥属超固结性黏土。

(2)黄土。黄土的孔隙比一般在 1.0 左右或更大，并且具有肉眼可见的大孔隙，但由于在颗粒间具有较大的结构强度，故在天然干燥状态下，黄土仍可承受一定荷载，其承载力可达 200kPa，且变形量较小。黄土在自重或一定荷重作用下，受水浸湿后，黄土结构迅速破坏而发生显著的附加下沉，以致在其上的建筑物遭到破坏，这是黄土具有的特殊工程性质，具有这种性质的黄土称为湿陷性黄土。

(3)红黏土。红黏土是热带、亚热带湿热特定气候条件下，岩石经历了不同程度的红土化作用而形成的一种含较多黏粒、富含铁铝氧化物胶结的红色黏性土、粉土。其工程特性是孔隙比较大、变化范围大，液限较大、含水率较高，强度较高、浸水后强度降低，压缩性偏低、膨胀性极弱，具有一定收缩性。

(4)冻土。凡具有负温或零温且其中含有冰的各类土都称为冻土。只有负温或零温，但不含冰的各种土，则称为寒土。冬季冻结、夏季融化的土层称为季节性冻土。冻结状态持续 3 年以上的土层称为多年冻土或永冻土。

在季节性冻土地区，造成机场道面变形破坏的主要因素是冻胀，冻胀会使道面向上隆起，破坏道面结构，进而影响使用。春季来临，冰冻土基开始融化，易出现翻浆冒泥(唧泥)造成局部塌陷，会使土基失去承载力，导致道面损坏。

(5)盐渍土。盐渍土是指所含的易溶盐超过一定量的土。它的三相体与常规土不同，其固体部分除土颗粒外，还有较稳定的难溶结晶盐和不稳定的易溶结晶盐。最大的不同是它在液相状态下是盐溶液，而不是纯水。当土中的水分发生变化时，盐渍土的三相会发生明显的变化。如当有足够多的水浸入盐渍土时，结晶的易溶盐将会溶解变成液体；当水分蒸发，易溶盐逐渐结晶。前者称为溶陷，后者称为盐胀，这些都会造成土体结构破坏和体积变化，给工程带来严重危害。由于盐的溶解度是随温度变化的，因此温度的变化也会使易溶盐溶解或结晶。

对于特殊土质，必须先了解其工程性质，再在工程上采取相应的处理措施。

二、国外的土的分类方法

1. 美国的土的分类方法

美国的土的分类方法主要包括 AASHTO 土的分类方法和美国统一土壤分类系统。

AASHTO M 145-91(2017)中详细描述了土的分类体系。依据特定筛孔的筛余百分率、液限和塑性指数,粗粒土分为三大组(A-1、A-2 和 A-3)和 7 个亚组(A-1-a、A-1-b、A-3、A-2-4、A-2-5、A-2-6 和 A-2-7)。细粒土分为四大组(A-4、A-5、A-6 和 A-7),只有 A-7 进一步分为 2 个亚组(A-7-5 和 A-7-6)。A-4 和 A-5 组指粉土,而 A-6 和 A-7 组指黏土。

要实现土的分类,必须知道土的特定筛孔通过百分率、液限和塑性指数。在某些情况下,还会确定群组指数,群组指数在分组结束时便会知道。土的群组指数(Group Index,GI)间接表示了土的承载力,其数值大于零。0 ~ 4 的低值表示土具有良好的承载力,而值大于 8 则表示土的承载力从低变差。在任何情况下,确定了群组指数后,仍需通过室内或原位试验来确定土的承载力。土的分组指数取决于液限、塑性指数和 0.075mm 筛孔的通过百分率。GI 按下式计算:

$$\mathrm{GI}=(F-35)\times[0.2+0.005\times(\mathrm{LL}-40)+0.01\times(F-15)\times(\mathrm{PI}-10)] \tag{4-3}$$

式中:F——0.075mm 筛孔的通过百分率(以整数表示);

LL——液限;

PI——塑性指数。

群组指数的值以整数表示;若值为负数,则 GI 取 0。

美国统一土壤分类系统(Unified Soil Classification System,USCS)中,土分为以下几类:粗粒土、细粒土(粉土和黏土)和高有机质土(泥炭)。粗粒土是指 0.075mm 筛的筛余大于总质量 50% 的土,细粒土是指通过 0.075mm 筛的质量≥50% 的土。

粗粒土(砾石和砂)进一步分为 8 个亚组,细粒土分为 6 个亚组。根据公布的分类标准,高有机质细粒土和泥炭被归为一类。

2. 英国的土的分类方法

英国初期土的分类系统是基于 USCS 建立的,并且与之非常相似。英国公路局已经开发了另一种公路用土的分类方法,除了土,该方法还包括稳定土或任何材料组合。已提出的英国公路局土的分类方法提供了材料典型用途、性能要求、可接受限度和压实要求。

用于公路土方工程的土、稳定土或任何其他材料或材料组合分为九大类,以数字 1 ~ 9 表示。每个数字对应一种土的类别,表现出不同的工程性质:

(1)1 表示一般颗粒填料的类别;

(2)2 表示一般黏性填料的类别;

(3)3 表示一般白垩填料的类别;

(4)4 表示景观填料类别;

(5)5 表示表土材料类别;

(6)6 表示选定颗粒填料的类别;

(7)7 表示选定黏性填料的类别;

笔记

(8)8 表示杂填料的材料类别；
(9)9 表示稳定材料类别。

第二节　土的应力-应变关系及影响

一、土的应力-应变关系

道基是整个道面结构支撑体，飞机荷载通过道面结构传递到道基，使之产生应变和变形，道基土应力-应变特性是影响道面结构性能的重要因素。

道基土应力-应变关系可通过室内重复加载三轴压缩试验得到，如图 4-5 所示为多次加-卸载偏应力($\sigma_1-\sigma_3$)与轴向应变(ε_1)的关系曲线。道基土与水泥混凝土、钢材等在一定的应力或者应变范围内为理想的线弹性体材料不同，其应力-应变关系呈线性关系，且在应力卸除后，没有永久变形。道基土应力-应变关系曲线几乎无直线段，应力卸除后仍残余不可恢复的永久变形，表现为非线性弹-塑性特性。

通常采用弹性模量表征弹性材料的应力-应变关系。对于道基土，应力-应变关系呈现曲线形状，弹性模量不再是准确表征其应力-应变关系特征的参数。另一方面，现行道面结构分析主要基于弹性理论，对道基来说考虑重点还是其弹性特性。尽管道基土应力-应变关系如此复杂，但习惯上仍沿用模量公式来反映其应力-应变关系，如式(4-4)所示。

$$E=\frac{\sigma_1-\sigma_3}{\varepsilon_1} \tag{4-4}$$

式中：σ_1——竖向主应力(MPa)；
σ_3——侧限应力(MPa)；
ε_1——σ_1 方向上(轴向)的应变。

根据应力-应变关系曲线上所取应力不同(图 4-6)，可以给出不同模量定义。

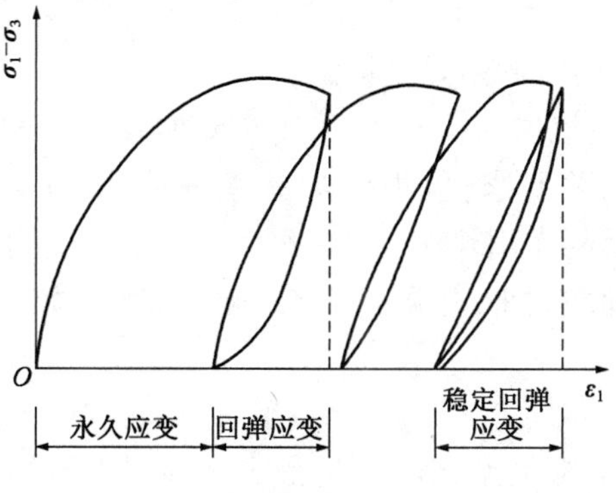

图 4-5　三轴条件下道基土的应力-应变关系

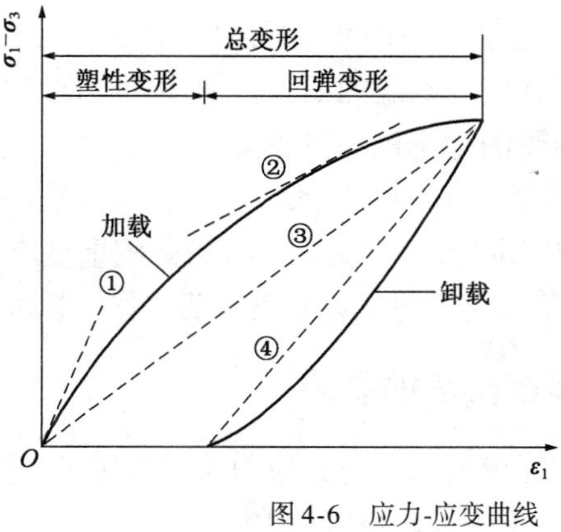

图 4-6　应力-应变曲线

(1)初始切线模量:应力值为零时应力-应变曲线斜率,代表加荷开始时应力-应变状况,如图4-6中①所示。

(2)切线模量:某一应力级位处应力-应变曲线斜率,反映该级位应力-应变变化关系,如图4-6中②所示。

(3)割线模量:应力-应变曲线上某一应力级位点与原点之间割线斜率,反映土在某一工作应力范围内应力-应变关系平均状况,如图4-6中③所示。

(4)回弹模量:应力卸除阶段应力-应变曲线割线模量,如图4-6中④所示。

前三种模量中应变值包括了回弹应变和塑性应变的总应变,常用于道基变形分析,特别是割线模量。回弹模量仅包括可恢复回弹应变,在一定程度上反映了土的弹性性质,在以弹性理论为基础的道面结构分析与设计中,道基回弹模量是一项极其重要的参数。

二、应力重复作用的影响

道基土在荷载重复作用下产生的总应变包括回弹应变和塑性应变,且每一次加 - 卸载循环作用都会产生新的塑性应变。随着荷载作用次数增加,总应变不断增长,但其发展快慢取决于重复应力水平的高低。当重复应力值较低时(相对于其静载抗压强度),道基土在荷载应力重复作用下逐渐被压实,土颗粒之间进一步靠拢,道基土被压密而稳定,每次循环新产生的塑性应变逐渐减小,总应变趋于稳定;当重复应力值较高时,总应变增长速率随荷载重复作用不断增大,直至发生剪切破坏。

决定总应变是否趋于稳定的重复应力临界值与荷载作用性质(持续时间、加载速度和重复频率)、道基土类型湿度和密实度状态等有关。对于较干的土,其值为静载抗压强度的0.45~0.55倍。当重复应力低于此临界值时,总应变随应力重复作用的累积规律在半对数坐标上一般呈线性关系,可表示为:

$$\varepsilon_1 = a + b\lg N \quad (4\text{-}5)$$

式中:ε_1——总应变;

a——应力一次作用下的初始应变;

b——应变增长回归系数;

N——应力重复作用系数。

重复应力水平一定时,道基土回弹应变在应力重复作用过程中会略有变化,但并没有特定的规律。随着重复应力水平的提高,回弹应变值明显增大。由于道基土应变软化特性,按多次重复作用后的回弹应变确定的回弹模量要比初次作用下确定的回弹模量低。

道基实际承受的是飞机动态轮载的重复作用,为了模拟这一状况,宜采用重复加载三轴压缩试验来确定道基土的回弹模量值。参考公路工程相关要求,应力施加频率一般为20~30次/min,每次作用持续时间为0.2~0.1s,按重复应力反复作用600~1000次后的回弹应变确定回弹模量E_r值,实际应准确确定飞机荷载作用频率及荷载大小,并确定与之匹配的实验参数。

三、湿度和密实度的影响

道基土的回弹模量除了与其应力状况有关外,还与土组类型、含水率、密实度等因素密切相关。一般而言,土颗粒越细,回弹模量值越低。黏土回弹模量通常为20~30MPa,砂类土的

笔记

回弹模量为 150～200MPa。

通常情况下，道基土回弹模量随含水率 w 增大而减小，随密实度增加而增大。含水率对道基土回弹模量影响非常显著，尤其是黏质土和粉质土。部分黏质土压实含水率从最佳含水率增大到饱和含水率，其回弹模量可下降百分之八九十，如图 4-7 所示。由于含水率的显著影响，使得道基回弹模量值在一年内将因降水、地下水位和冻胀等而出现较大波动。

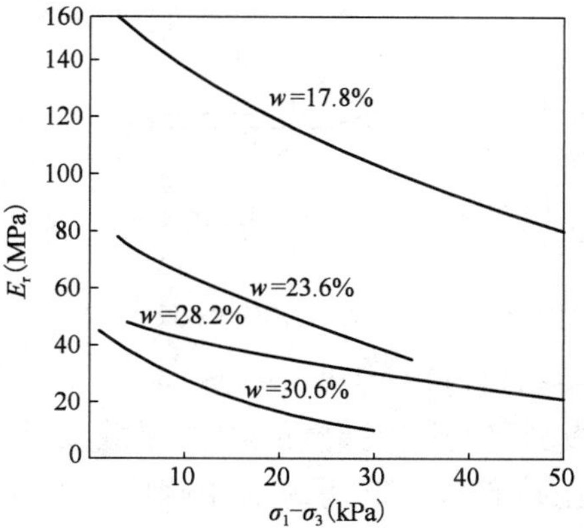

图 4-7　道基回弹模量随含水率 w 的变化

由于道基土回弹模量具有强烈的应力依赖性，且受到湿密状态的显著影响，因此，在进行道面结构分析时，应按道基土实际受到的应力级位和实际湿度条件与密实状态确定回弹模量。在室内测定回弹模量时，应按道基土实际湿度和密实度制备试件，或在最佳含水率条件下将试件压实到最大密实度，然后吸水到实际湿度状态后进行回弹模量试验。

第三节　土基强度指标

一、土基回弹模量

回弹模量能较好地反映土基所具有的弹性性质，即反映土基在瞬时荷载作用下可恢复变形性质，因而可以应用弹性理论公式描述荷载与变形之间的关系。以回弹模量作为表征土基强度的参数，可以在以弹性理论为基本体系的各种设计方法中得到应用。

我国民用机场沥青道面结构设计方法都是以回弹模量作为土基的强度指标。为了模拟机轮的荷载作用，通常都以圆形承载板压入土基的方法测定回弹模量。用于测定土基回弹模量的承载板可分为柔性和刚性两种。用柔性承载板测定土基回弹模量时，土基与承载板之间的接触压力 $p(r)$ 为常量，如图 4-8所示，即：

$$p(r)=\frac{P}{\pi a^2} \tag{4-6}$$

承载板挠度 $l(r)$ 与坐标 r 有关，在承载板中心处（$r=0$），其挠度可用式(4-7)计算：

$$l(r)_{r=0}=\frac{2pa(1-\mu_0^2)}{E_0} \tag{4-7}$$

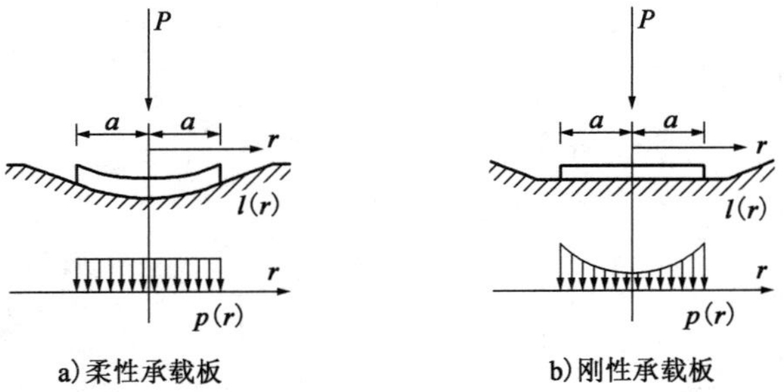

图 4-8　土基在圆形荷载作用下的压力与挠度分布图

在柔性承载板边缘处（$r=a$），其挠度可用式（4-8）计算：

$$l(r)_{r=a}=\frac{4pa(1-\mu_0^2)}{\pi E_0} \tag{4-8}$$

当测得承载板中心或边缘处挠度时，一般情况下土基的泊松比 μ_0 变化不大，可认为是已知值，此时即可通过式（4-6）和式（4-7）反算得到土基回弹模量值。

用刚性承载板测定土基回弹模量值时，承载板上挠度是相同的，不随坐标 r 变化。板底接触压力随 r 值变化，成鞍形分布，承载板上挠度值 l 和承载板下接触压力 $p(r)$ 值可按式（4-9）和式（4-10）计算。

$$l=\frac{2pa(1-\mu_0^2)}{E_0}\cdot\frac{\pi}{4} \tag{4-9}$$

$$p(r)=\frac{1}{2}\cdot\frac{pa}{\sqrt{a^2-r^2}} \tag{4-10}$$

测得刚性承载板挠度之后，即可按式（4-9）计算土基回弹模量值 E_0。

式中：l——承载板挠度（m）；

$p(r)$——承载板与土基接触压力（MPa）；

r——计算点距承载板中心的距离（m）；

p——承载板与土基的平均单位接触压力（MPa）；

a——承载板半径（m）。

在实际测定中，刚性承载板用得比较多，因为它的挠度比较容易测定，压力较易控制。测定时宜采用逐级加载-卸载法，每一级荷载经过几次循环加载和卸载，取得稳定的回弹弯沉之后，再加下一级荷载，如此施加 n 级荷载后，即可点绘出荷载-回弹弯沉曲线。在确定回弹模量值时，可根据土基实际受到的压力范围或可能产生的弯沉范围在曲线上取值。

二、土基反应模量

对于弹性半无限体地基模型，常采用回弹模量表征道基的荷载-回弹弯沉关系；而对于Winkler 地基模型，则采用地基反应模量作为表征参数。按照 Winkler 地基假定，道基是由许多紧密排列且互不关联的线性弹簧组成的；道基顶面任一点弯沉量 W 仅与作用于该点的垂直压力 p 成正比，而与其相邻点处压力无关（图 4-9）。

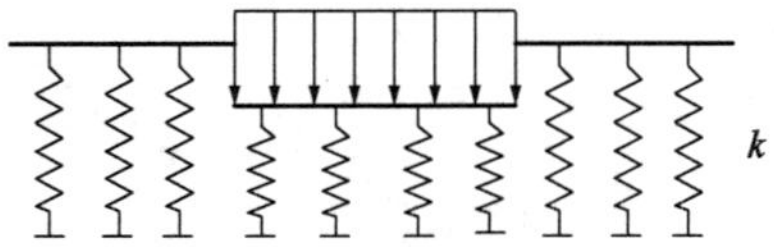

图 4-9　荷载-回弹弯沉曲线

压力与弯沉的比例系数 k 称作地基反应模量，单位为 MN/m^3。

$$k=\frac{p}{W} \tag{4-11}$$

Winkler 地基又称为稠密液体地基,地基反应模量相当于该液体的密度,路面板受到的地基反力相当于液体对它的浮力。实际上这种道基是不存在的,这样的模型假定是出于求解弹性地基板挠曲面微分方程的方便。

地基反应模量 k 值用承载板法试验确定,测定方法与回弹模量现场测定方法类似,通过逐级加载但中间无卸载过程,测定相应的总弯沉量,得到荷载-回弹弯沉曲线。由于荷载与总弯沉量的关系为曲线,所以 k 值随着所取压力值(或弯沉值)的不同而不同。根据水泥混凝土板下道基的弯沉量或压力水平,通常规定:按弯沉量 $W=1.27$mm(道基较弱时)或压力 $p=70$kPa(道基较强时)确定地基反应模量 k 值。

承载板试验测定地基反应模量时,承载板直径对测试结果有较大影响。对绝大多数道基而言,承载板直径越小,k 值越大;当直径超过 76cm 以后,对 k 的取值影响较小,因而规定采用 76cm 直径的承载板测定 k 值。如果采用 30cm 直径承载板进行测定,则 k 值可按下式换算:

$$k_{76}=0.4k_{30} \tag{4-12}$$

按上述方法确定的 k 值反映的是道基在一定荷载或弯沉条件下荷载与总弯沉量(包括回弹弯沉和残余弯沉)的关系。如改用回弹弯沉值,则可得到地基回弹反应模量 k_r,k_r 与 k 值之间的统计关系如下:

$$k_r=1.77k \tag{4-13}$$

三、加州承载比

加州承载比(CBR)是一种评定道基及道面材料承载能力的试验方法和指标。以材料抵抗局部荷载压入变形能力表征承载能力,并以标准碎石承载能力为标准,两者相对比值称作 CBR。CBR 试验有室内和现场两种,由于其试验方法简单,设备价格低廉,在许多国家得到广泛应用,室内 CBR 试验装置如图 4-10 所示。试验时,在一个内径 152mm、高 170mm 的金属圆筒内,用直径 50mm 的标准贯入杆以 1~1.25mm/min 的速度压入试件,同时由百分表测记贯入量。测试完成后,以单位压力 p 为横坐标,贯入量 l 为纵坐标,绘制 p-l 关系曲线,CBR 按下式计算:

$$\mathrm{CBR}=\frac{p}{p_s}\times 100\% \tag{4-14}$$

式中:CBR——加州承载比(%);

p_s——标准碎石在某贯入量时的标准压力(kPa),贯入量为 2.5mm 时,$p_s=7\,000$kPa;贯入量为 5.0mm 时,$p_s=10\,500$kPa;

p——测试材料在对应贯入量时的单位压力(kPa)。

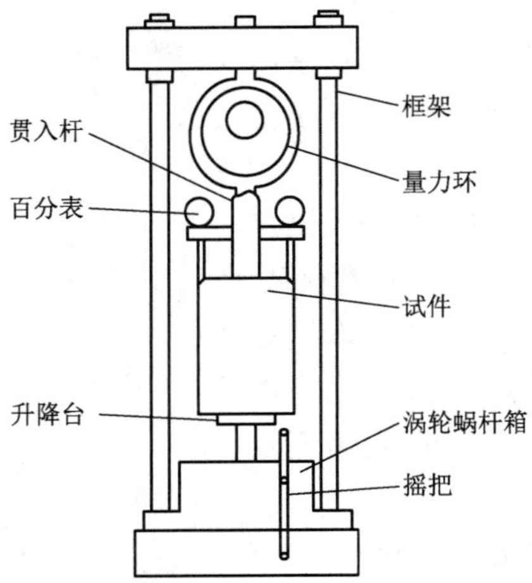

图 4-10　CBR 室内试验装置

CBR 值一般取贯入量为 2.5mm 进行计算，当贯入量为 2.5mm 对应的 CBR 值小于贯入量为 5.0mm 对应的 CBR 值时，应取后者。

室内 CBR 试件应按施工时含水率和压实度要求在试筒内制备。为模拟道面对道基的附加压力和约束条件，应在试件顶面附加相当于道面结构荷载的环形荷载板，并在加载前将试件在水中浸泡 4 昼夜，模拟道基最不利湿度状况。对于干旱、半干旱地区，可通过论证，适当改变试件的饱水方法和饱水时间，使 CBR 试验更符合实际状况。

现场 CBR 试验方法与室内 CBR 试验相近，但其压入试验直接在道基顶面进行。现场试验所得 CBR 值与室内试验值往往不一致，这与两者的侧限条件不同、道基土含水率和密实度存在差异等有关，应用时应对其合理性加以分析。

虽然 CBR 是一项表征材料性能的指标，但与道基回弹模量和地基反应模量有一定的相关性。CBR 与回弹模量 M_R 的回归关系如式(4-15)、式(4-16)所示，常用道基土的地基反应模量 k 值和 CBR 值的大致范围见表 4-7。

$$M_R = 17.6\text{CBR}^{0.64} \qquad (2\% < \text{CBR} \leq 12\%) \tag{4-15}$$

$$M_R = 22.1\text{CBR}^{0.55} \qquad (12\% < \text{CBR} < 80\%) \tag{4-16}$$

表 4-7　常用道基土的地基反应模量 *k* 和 CBR 值

土类	k(MN/m^3)	CBR(%)
级配良好的砾石，砾石-砂混合料	≥81.4	60～80
级配差的砾石，砾石-砂混合料		35～60
均匀颗粒的砾石或砂质砾石，粉质砾石，砾石-砂-粉土混合料		40～80
黏土质砾石，砾石-砂-黏土混合料；级配良好的砂，砾石质砂；粉质砂，砂-粉土混合料	55.3～81.4	20～40
级配差的砂或砾石质砂		15～25
黏土质砂，石砂-黏土混合料		10～20
粉土，砂质粉土，砾石质粉土；贫黏土，砂质黏土，砾石质黏土，粉质黏土	27.1～55.3	5～15
无机质粉土，贫有机质黏土，云母质黏土或硅藻土		4～8
有机质黏土，肥黏土，有机质粉土	13.6～27.1	3～5

笔记

第四节　道基压实及工程性能

道基压实是道面施工重要步骤之一，是保障土基各项使用性能的关键。充分压实土基可提高土基回弹模量，增强土基水稳性、强度稳定性，改善渗透性及降低毛细水上升高度，减少土基和道面在机轮荷载作用下产生的变形，有效延长道面使用寿命。

一、土基压实原理

天然土体结构较为松散，当采用某种工具或机械对土基进行压实时，在压实机具短时荷载或振动荷载作用下，土颗粒会重新排列和互相靠拢，小颗粒进入大颗粒的孔隙中，使孔隙率减小，单位体积内固体颗粒含量增加，增加粗土颗粒间的摩擦和咬合及细土颗粒之间的分子引力，提高土基的强度和稳定性。

黏性细粒土的压实是通过压实机具将土孔隙中空气挤出，碾压越密实，土中空气越少。在某一含水量状态下，土理论最大密实度就是土中空气被完全挤出，土体接近于两相体状态时的密度，但在实际操作中无法通过压实完全消除土中空气。

砂性土压实过程中，砂颗粒组成的均匀程度对所能达到的密实度影响很大。由相同颗粒组成的均匀砂的密实度与互相接触的砂粒排列位置有关。假定相同粒径的砂粒都是球状颗粒，颗粒排列最疏松时，每个颗粒与其相邻颗粒有 6 个接触点，此时孔隙占比 48%，如图 4-11a）所示；排列最紧密时，每个颗粒与其相邻颗粒有 12 个接触点，此时仅有 26% 的孔隙，如图 4-11c）所示。

图 4-11　砂性土颗粒不同接触排列

实际上砂粒无法像示意图 4-11 呈现的那样为完全同一粒径，也不可能是完全球状。该假定仅用来说明单一尺寸的均匀砂在压实过程中可能发生的物理过程。天然砂由具有不同粒径的砂粒组成，在压实过程中，细颗粒填入粗颗粒间的孔隙中，增加了砂的密实度，如图 4-12 所示，该物理过程的存在使单一尺寸砂密实度通常是最小的，而由各种不同粒径颗粒组成的砂密实度常常大于单一尺寸砂密实度，最佳级配砂可能达到的密实度最大。

二、影响土基压实效果的因素

土基的压实效果受多种因素影响,在室内对细粒土进行击实试验时,影响土密实度的主要因素有含水率、土颗粒的组成和击实功能。在施工现场碾压细粒土道基时,影响土基压实度的主要因素有土的含水率、土的类型、压实层厚度、压实机械类型和功能及碾压遍数等。

1. 土质对压实效果的影响

土质对压实效果具有较大影响,不同土类最佳含水率和最大干密度有较大差异,但击实曲线趋势基本相同,如图 4-13 所示,分散性较高的土(黏土),最佳含水率值较高,最大干密度值较低,此类土颗粒较细,比面积较大,需更多水分包裹土颗粒形成水膜。亚砂土和亚黏土最佳含水率小于黏土,但压实后最大干密度高于黏土,因此,在相同压实功下,亚砂土和亚黏土压实性能优于黏土。

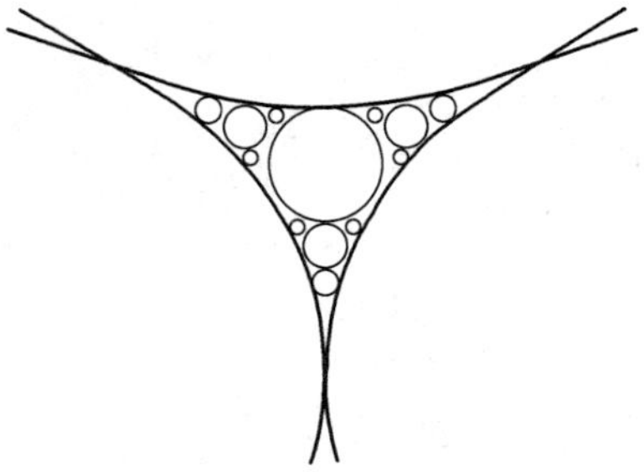

图 4-12　不同粒径颗粒的排列示意图

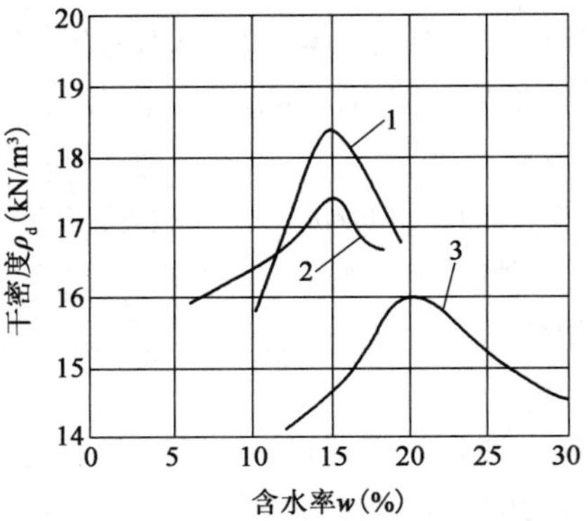

图 4-13　不同土质的压实效果
1-亚砂土;2-亚黏土;3-黏土

2. 含水率对压实效果的影响

土的含水率影响土所能达到的最大压实度。由室内试验得到的含水率与干密度关系曲线可知:影响干密度的含水率存在一个最佳值。当土含水率小于最佳含水率时,土干密度随含水率的增加而增大;在达到最佳含水率时干密度达到最大值;当含水率超过最佳含水率时,干密度随含水率的增加而减小,这表明只有将含水率控制在最佳含水率附近,才有可能达到最大干密度。产生这一现象的原因为:在最佳含水率范围内,包裹于土颗粒表面的水膜能够降低土颗粒之间吸引力,减小土的内摩擦角,土颗粒在外力作用下更易发生相对位移,重新排列成紧密结构;当含水率超过最佳含水率并继续增加时,土颗粒间孔隙几乎全部被水充满,由于水具有不可压缩性,单位体积内土颗粒含量不再增加,在相同压实功下,土干密度反而逐渐减小,压实效果变差。

3. 压实功对压实效果的影响

压实功与压实工具的质量、碾压次数或锤落高度、作用时间等密切相关,是影响压实效果的另一重要因素。同一种土的最佳含水率随压实功增大而减小,而其最大干密度随压实功增大而提高;在相同含水率条件下,压实功越大,土体密实程度就越高(图 4-14)。工程实践中可以通过增加压实功(选用重碾,增加碾压次数或延长时间等),以提高道基强度或降低最佳含水率。

笔记

但用增加压实功的办法提高土基强度的效果有一定限度，因为功增加到一定限度以上时，压实效果提高得愈发缓慢，在经济效益和施工组织上不尽合理，甚至功过大时易导致土基结构发生破坏，会使压实效果适得其反。相比之下，严格控制最佳含水率，要比增加压实功收效大得多。当含水率不足，洒水有困难时，可适当增大压实功，保证压实效果。但若土的含水率过大，增加压实功后可能会出现“弹簧”现象。

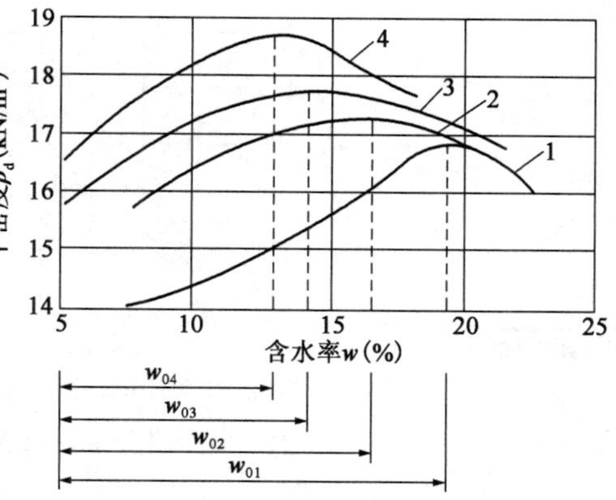

图 4-14　不同压实功的压实曲线对照图

1-600kN · m；2-1 150kN · m；3-2 300kN · m；4-3 400kN · m

4. 压实厚度对压实效果的影响

压实厚度对压实效果同样具有显著影响。在相同压实条件下（土质、含水率与压实功相同），通过实测土层不同深度密实度可知，密实度随深度递减，表层下 5cm 压实度最高。不同压实工具的有效压实深度有所差异，根据压实工具类型、土质及土基压实的基本要求，道基分层压实的厚度有具体规定数值，一般情况下，对于 12 ～ 15t 光面压路机，不宜超过 25cm；对于振动压路机或夯击机，宜以 50cm 为限，实际施工时的压实厚度应通过现场试验确定合适的摊铺厚度。

三、压实土基的作用

1. 提高土基的强度

在相同土质及含水率条件下，采用不同击实工具制备试件，将试件击实到不同干密度。试验表明，试件的干密度越大，强度越高，如图 4-15 和图 4-16 所示。级配砂砾压实度对其强度有明显影响，当压实度由 95% 提高到 100% 时，弹性模量值提高 60%。对于粉质亚黏土，当其干密度由 1 720kg/m^3 提高到 1 930kg/m^3 时，土弹性模量增加近一倍。

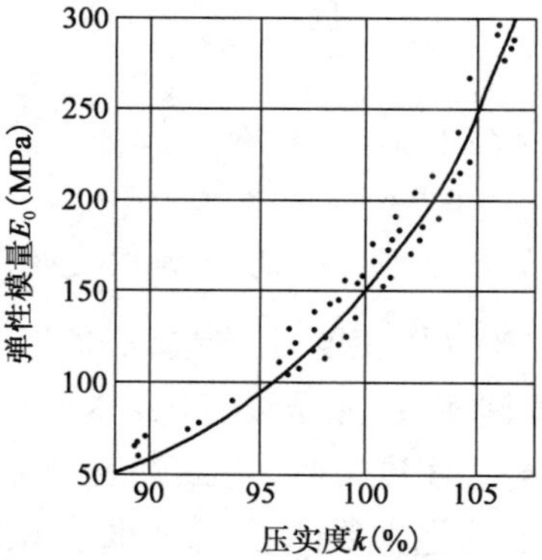

图 4-15　级配砂砾的压实度对其强度的影响

2. 提高土基的水稳性

土基在最佳含水率时击实到最大密实度，此时土基水稳性最好。如图 4-17 所示为在室内条件下对黏性土进行的击实试验，在最佳含水率时击实试样，水饱和后其强度和密实度最高。

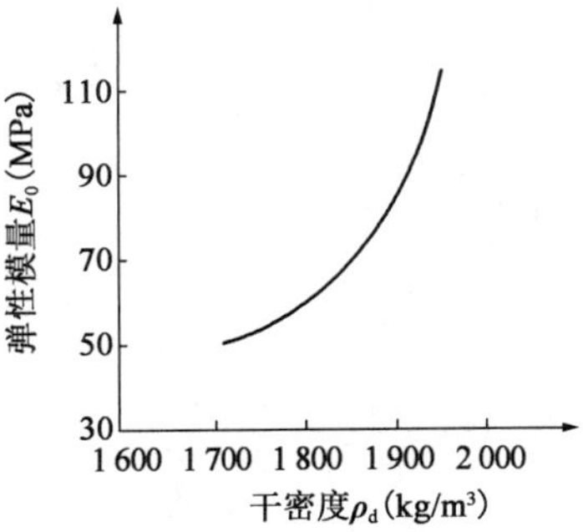

图 4-16 粉质亚黏土的干密度对强度的影响

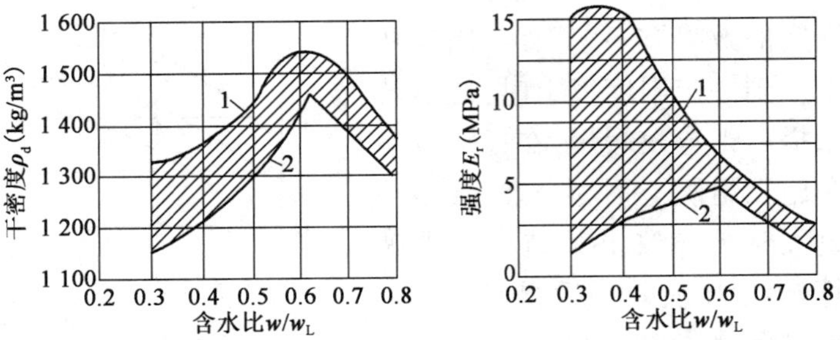

a)击实土样水饱和前后干密度变化

b)击实土样水饱和前后强度变化

图 4-17 击实土样水饱和前后变化情况

3. 降低土的渗透性和毛细作用

研究表明,在最佳含水率下将土基击实到最大密实度,此时土中不再发生水分的毛细移动。这是因为土基压实越趋于紧密,土中孔隙越小,相邻土颗粒接触点水膜交叠,此时水膜黏滞度大于普通水膜黏滞度,使水分渗透和毛细移动受到阻碍。通过粉质亚黏土击实试验可知,随着压实度的增加,土的渗透系数明显降低,如图 4-18 所示。

4. 减少土基的塑性变形

土基压实度不足,在荷载作用下会产生沉陷,压实度越小,可能产生的沉陷就越大。用同一集料制备不同密实度试件,在同一荷载下进行反复荷载试验,结果如图 4-19 所示,95% 压实度试件塑性变形积累较 100% 压实度试件快得多,表明压实度较小的土基更易沉陷。

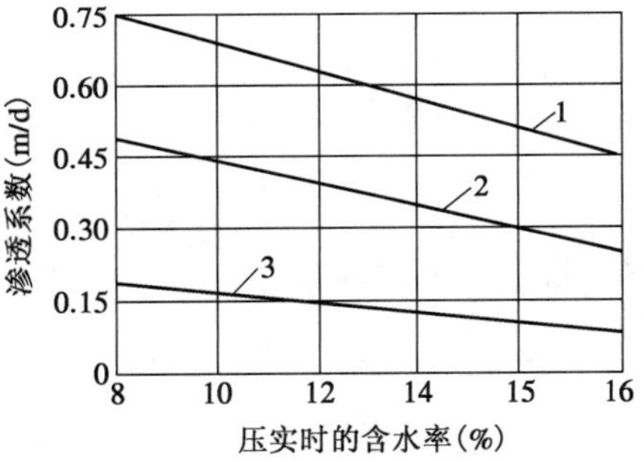

图 4-18 粉质亚黏土的压实情况与渗透系数

1-ρ_d = 1 600kg/m³;2-ρ_d = 1 700kg/m³;3-ρ_d = 1 800kg/m³

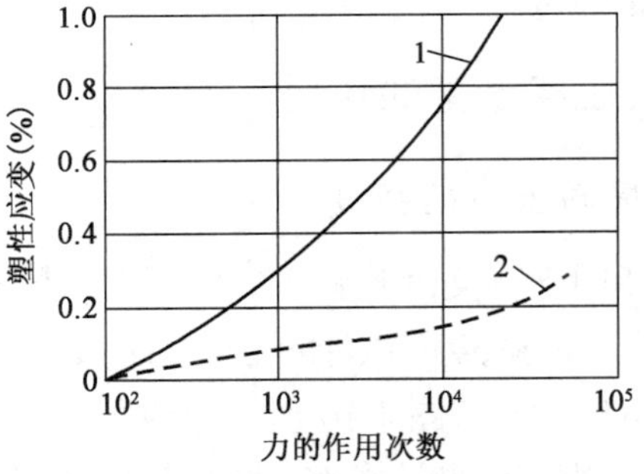

图 4-19 压实度对累积变形的影响

1-95% AASHO T-180;2-100% AASHO T-180

5. 减少土基的冻胀量,提高冻融稳定性

通过冰冻试验探究压实度对土基冻胀的影响,具体操作为:在室内制备不同土质试件,分别在底部加水使其饱和,在无压或有压(水头等于试件高度)两种条件下对试件进行冰冻试验,得到土冻胀值与压实度关系曲线。结果如图 4-20 所示。在有水压条件下,冻胀随密实度增加而减少;在无水压饱水条件下,冻胀曲线有最高点,冻胀最大值位于压实度 91% ~94% 范围内,当压实度达到 100% 时,相对冻胀值较最大减少 2 ~4 倍。

试验结果和工程实践还表明,土基冻胀前密实度越大,融冻后其强度降低越小。因此,在季节性冰冻地区,采用提高土基压实度来增强其冻融稳定性,是经济而有效的措施。

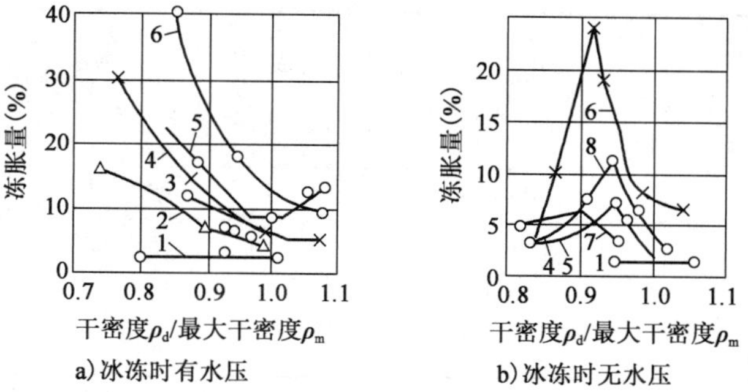

图 4-20　土的冻胀与土的压实度的关系

1-砂;2-重亚黏土;3-细亚黏土;4-黏土;5-亚砂土;6-黏土;7-亚黏土;8-粉质亚黏土

四、道基压实标准

为了保证土基的强度和稳定性,对土基工作区范围内,特别是土基上部,要进行适当处理。压实土基是提高土基强度和稳定性经济有效的措施。

土基压实标准采用压实度 k 作为控制标准。压实度是指压实后土的干密度与该种土在室内标准条件下求得的最大干密度之比,以百分数表示。

$$k=\frac{\rho_d}{\rho_m}\times 100\% \tag{4-17}$$

式中:ρ_d——现场测得的土基压实后的干密度(kg/m^3);

ρ_m——与现场相同土质在室内标准条件下测得的最大干密度(kg/m^3)。

土基压实标准的选择应依据道面结构类型和要求、土基所处的自然环境对土基的影响程度、土基的挖填情况和不同层位等因素综合考虑。《民用机场水泥混凝土道面设计规范》(MH/T 5004—2025)规定了各种条件下土基的压实标准,见表 4-8。

表 4-8　土基填方压实度标准

土基顶面以下深度(m)	压实度(%)	
	飞行区指标Ⅱ	
	A、B	C、D、E、F
0.8～2.0	94	95
4.0 以下	92	93

注:①表中压实度系按《公路土工试验规程》(JTG 3430—2020)重型击实试验法求得的最大干密度的百分数。

②在多雨潮湿地区,当土基为高液限黏土及特殊土质的土基,应根据土基处理要求,通过现场试验分析确定压实标准,根据现场实际情况表内压实度可降低 1%。

《民用机场水泥混凝土道面设计规范》(MH/T 5004—2025)同时对土基顶面以下采用不同填挖方式及深度的道床区域内压实度也提出了更为具体的要求,见表 4-9。

表 4-9 道床最小压实度要求

填挖类型	土基顶面以下深度（m）	压实度（%）	
		飞行区指标Ⅱ	
		A、B	C、D、E、F
填方	0～0.3	95	96
	0.3～0.8	95	96
挖方及零填	0～0.3	94	96
	0.3～0.8	—	94

注：①表中压实度系按《公路土工试验规程》（JTG 3430—2020）重型击实试验法求得的最大干密度的百分数。
②挖方区及零填部位，如碾压后或者处理后（采用掺结合料、表层换填、强夯、冲击碾压等方法进行改善）的道床顶面回弹模量达到 30MPa 以上，则下道床压实度可不作要求。

对于沥青道面，《民用机场沥青道面设计规范》（MH/T 5010—2025）规定了不同条件下土基压实标准，见表 4-10。

表 4-10 道床压实度要求

填挖类型	道基顶面以下深度（m）	压实度（%）	
		飞行区指标Ⅱ	
		A、B	C、D、E、F
填方	0～0.3	≥95	≥96
	0.3～1.2（0.8）	≥95	≥96
挖方及零方	0～0.3	≥94	≥96
	0.3～1.2（0.8）	—	≥94

注：①表中压实度是按现行《公路土工试验规程》（JTG 3430—2020）重型击试验法求得的最大干密度的百分数。
②挖方区及零填部位，如碾压后或者处理后（采用掺结合料、表层换填、强夯、冲击碾压等方法进行改善）的道床顶面回弹模量达到 30MPa 以上，则下道床压实度可不作要求。
③括号内的深度适用于飞行区指标Ⅱ为 A、B、C、D 的机场。

本章复习思考题

1. 土基的强度指标有哪些？

2. 使用切线法和割线法对土的应力-应变曲线进行处理可以得到 4 个不同的斜率，对应着 4 个土基的模量。在机场道面结构设计方法中，哪一个被视为土的弹性模量，并作为机场道面结构设计中的重要参数被使用？这个模量对应着应力-应变曲线中的哪个斜率？

3. 在我国，土的工程分类有哪些？

4. 为什么要对土基进行压实？

5. 机场工程中常用的土基处理方法有哪些？

6. 一般使用什么试验方法测定土基弹性模量？这种试验有什么好处？

7. 土基的变形包括塑性变形和弹性变形两种，过大的塑性变形和弹性变形分别会给面层带来什么样的不良影响？

8. 在卵石、砾石质土、砂土、砂性土、粉性土、黏性土及重黏土几种土中，哪种最适合修筑土基？哪种修筑土基最容易引起道面结构的病害？为什么？

9. 提高土基土坡稳定性的措施有哪些？

第五章　基层材料的工程特性

【本章摘要】　本章将系统阐述道面基层的分类方法，以及无机结合料、沥青结合料、粒料、综合稳定土材料的工程特性等内容。

【目的】　通过对本章的学习，掌握基层材料的类型，学会不同基层材料的设计方法，能够运用所学知识，针对实际工程开展基层类型选用和设计，为基层的施工提供科学依据。

【要求】　通过对基层材料工程特性的研究，要求能够：了解基层的基本类型和特点；掌握无机结合料稳定类基层、沥青稳定类基层的力学特性和工程特性；熟悉粒料类基层、综合稳定土基层的工程特性。

道面基层位于道基和道面面层之间，是机场道面体系中的重要组成部分，在道面结构中起着"承上启下"的作用，如图 5-1 所示。道面基层直接位于沥青面层或水泥混凝土面层之下，作为主要的承重层或下承层，道面基层一般是由不同材料组成的多层结构体系。基层材料按照材料组成差异可分为 4 类：无机结合料稳定类、粒料类、沥青结合料类和水泥混凝土类。

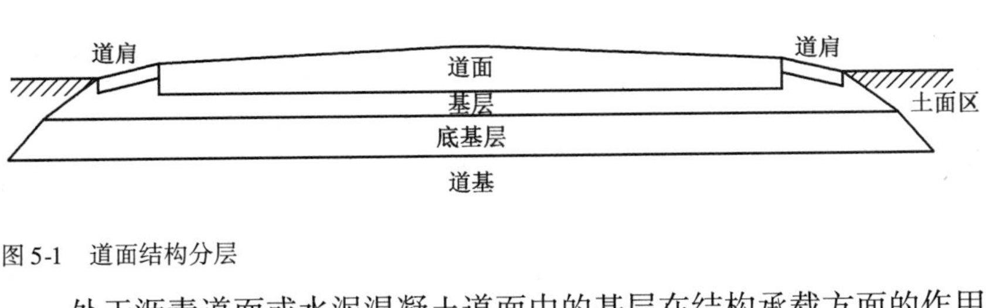

图 5-1　道面结构分层

处于沥青道面或水泥混凝土道面中的基层在结构承载方面的作用有所不同。沥青道面基层在承载方面起主要作用，而水泥混凝土道面基层的承载作用相对次要，主要提供稳定、耐久

笔记

的下部支撑作用。从材料的强度角度来看，沥青道面的刚度相对较小，在荷载作用下，基层的变形占总变形的比例较高；而水泥混凝土面层的刚度很大，其应变能占总应变能的比例很高，基层内应力应变水平相对较低，对其刚度方面的要求也相对较低。

基层、底基层应具有足够的强度、刚度和稳定性，在冰冻地区应具有良好的抗冻性。基层宜采用沥青碎石、水泥稳定集料、碾压混凝土、级配碎石等材料。底基层宜就地取材，可采用无机结合料稳定细粒土类或粒料类等。飞行区指标Ⅱ为A、B时，基层厚度应不小于150mm。飞行区指标Ⅱ为C、D、E、F时，基层、底基层总厚度应不小于300mm，并且基层应采用沥青碎石、水泥稳定集料、碾压混凝土、贫混凝土等材料。对于沥青碎石和粒料类材料，其每一压实层的最小厚度应不小于100mm；对于无机结合料稳定类材料、碾压混凝土或贫混凝土，每层最小厚度应不小于150mm。

第一节　无机结合料稳定类基层

在粉碎的或原状松散的土中掺入一定量的无机结合料（包括水泥、石灰或工业废渣等）和水，将拌和得到的混合料经摊铺、碾压、养护后形成铺面结构层，铺面结构层的物理力学特性符合规范要求，这样的结构层称为无机结合料稳定类材料，铺筑而成的基层则称为无机结合料稳定类基层。

无机结合料稳定类材料的特点是：整体性强、承载能力大，强度和刚度介于刚性水泥混凝土和柔性粒料之间，且强度和刚度随时间推移而增长，亦称之为半刚性材料。

粉碎的或原状松散的土按照土中单个颗粒（指碎石、砾石、砂和土颗粒）粒径的大小和组成，将土分成细粒土、中粒土和粗粒土。不同的土与无机结合料拌和得到不同的稳定材料，如石灰土、水泥土、水泥砂砾、石灰粉煤灰碎石等。

按照所用结合料品种不同，这类稳定混合料可分为石灰稳定类、水泥稳定类、水泥石灰稳定类、石灰工业废渣稳定类以及土壤固化类。

一、无机结合料稳定材料的物理力学特性

无机结合料稳定材料的物理力学特性包括应力-应变关系、疲劳特性、收缩（温缩和干缩）特性。

1. 无机结合料稳定材料的应力-应变特性

无机结合料稳定材料的重要特点之一是强度和模量随龄期的增长而不断增长，逐渐具有一定的刚性性质。无机结合料稳定材料应力-应变特性试验方法有顶面法、侧面法、夹具法和承载板法等。试件有圆柱体试件和梁式（分大、中、小梁，根据被稳定材料的粒径大小确定）试件。试验内容有抗压强度和抗压回弹模量、劈裂强度和劈裂模量、弯拉强度和弯拉模量等。

无机结合料稳定材料的回弹模量和弯拉强度试验中，水泥稳定类、水泥-粉煤灰稳定类材料的试件龄期为90d，石灰稳定类、石灰-粉煤灰稳定类材料的试件龄期为180d。弯拉强度测试参照《公路工程无机结合料稳定材料试验规程》(JTG 3441—2024)的规定。

由于材料的变异性和试验过程的不稳定性，同一种材料采用不同的试验方法、同一种试验方法采用不同的材料及同一种试验方法试件在不同龄期试验结果存在差异性。

2. 无机结合料稳定材料的疲劳特性

材料抗压强度是材料组成设计的主要依据，由于无机结合料稳定材料抗拉强度远小于其抗压强度，所以材料抗拉强度是路面结构设计的控制指标。

材料承受重复应力作用时，会在低于静载一次作用下的极限应力值时出现破坏，材料强度的这种降低现象称为疲劳。疲劳的出现是由于内部存在着局部缺陷或不均质，在荷载作用下该处发生应力集中而出现微裂缝；应力重复作用使微裂缝逐渐扩展，从而使承受应力的有效面积不断减少，最终在反复作用一定次数后导致破坏，这种破坏现象称为疲劳破坏，破坏时重复应力的大小称为疲劳强度，而此时的应力作用次数即为疲劳寿命。无机结合料稳定材料的疲劳寿命主要取决于应力与极限应力之比。在一定的应力条件下，材料的疲劳寿命取决于材料的强度和刚度。强度越大且刚度越小，其疲劳寿命就越长。

水泥稳定砂砾、二灰稳定砂砾按劈裂疲劳试验获得的疲劳寿命与应力比之间存在良好的双对数关系。将10种半刚性材料的21个疲劳方程按二灰稳定粒料类、水泥稳定粒料类、稳定土类分别进行整理，统计回归得如下疲劳方程：

二灰稳定粒料类：

$$\lg N_t = 1.741 - 15.786\lg\left(\frac{\sigma}{s}\right) \tag{5-1}$$

水泥稳定粒料类：

$$\lg N_t = 1.921 - 14.344\lg\left(\frac{\sigma}{s}\right) \tag{5-2}$$

稳定土类：

$$\lg N_t = 1.546 - 12.6\lg\left(\frac{\sigma}{s}\right) \tag{5-3}$$

式中：N_t——重复应力作用次数；

σ——重复应力；

s——材料的极限劈裂强度。

3. 无机结合料稳定材料的收缩特性

(1)干缩特性。

无机结合料稳定材料经拌和压实后，由于水分蒸发和混合料内部的水化作用，混合料的含水量会不断减少，由此引发毛细管作用、吸附作用、分子间力作用，再结合材料矿物晶体或凝胶体间层间水作用和碳化收缩作用等，会引起无机结合料稳定材料体积收缩。

描述材料干缩特性的指标主要有干缩应变、干缩系数、干缩量、失水量、失水率和平均干缩系数。干缩应变 ε_d 是水分损失引起的试件单位长度的收缩量(10^{-6});干缩系数是某一失水量条件下,试件单位失水率的干缩应变(10^{-6});干缩量是水分损失时试件的收缩量(10^{-3}mm);失水量是试件失去水分的质量(g);失水率是试件单位质量的失水量(%);干缩系数 α_d 是某失水量条件下,试件的干缩应变与试件的失水率之比(10^{-6})。

$$\left.\begin{aligned}\varepsilon_d &= \frac{\Delta l}{l}\\ \alpha_d &= \frac{\varepsilon_d}{\Delta w}\end{aligned}\right\} \tag{5-4}$$

式中:Δl——含水率损失 Δw 时,试件的整体收缩量;

l——试件的长度;

ε_d——混合料的干缩应变(10^{-6});

α_d——混合料的干缩系数(10^{-6});

Δw——试件失水率(%)。

无机结合料稳定材料干缩特性(最大干缩应变和平均干缩系数)大小与结合料类型、剂量、被稳定材料类别、粒料含量、小于0.6mm细集料含量、试件含水率和龄期等有关。对于稳定粒料类,三类无机结合料稳定材料干缩特性大小次序为:石灰稳定类 > 水泥稳定类 > 石灰粉煤灰稳定类。对于稳定细粒土,三类无机结合料稳定材料收缩特性大小排列为:石灰土 > 水泥土和水泥石灰土 > 石灰粉煤灰土。

(2)温缩特性。

无机结合料稳定材料由固相(组成其空间骨架的原材料颗粒和其间的胶结物)、液相(存在于固相表面与孔隙中的水和水溶液)和气相(存在于孔隙中的气体)组成,所以无机结合料稳定材料的外观胀缩性是三相不同温度收缩综合效应的结果。原材料中砂粒以上颗粒的温度收缩性较小,粉粒以下颗粒的温度收缩性较大。一般气相在综合效应中影响较小,可以忽略。

无机结合料稳定材料温度收缩与结合料类型和剂量、被稳定材料的类别、粒料含量、龄期、日温差以及季节性温差等有关。无机结合料稳定材料基层在成型初期其内部含水率大,且尚未被沥青面层封闭,基层内部的水分必然要蒸发,从而发生由表及里的干燥收缩。同时,环境温度也存在昼夜温度差,因此,修建初期无机结合料稳定材料基层同时受到干燥收缩和温度收缩综合作用,必须注意养护。经验表明,在季节性温差较大地区,春秋两季修建的无机结合料稳定材料基层,其温缩导致的开裂现象明显少于夏季修建的基层。

经过一定龄期养护,无机结合料稳定材料基层上铺筑沥青面层后,基层内相对湿度略有增大,使材料含水率趋于平衡,这时无机结合料稳定材料基层的变形以温度收缩为主。

二、石灰稳定类基层

石灰稳定土是石灰稳定混合料的简称,它包括石灰土和石灰稳定集料。石灰土是用石灰稳定细粒土得到的混合料的简称。石灰稳定集料包括:用石灰稳定中粒土或粗粒土得到的混合料,视原材料为天然砂砾土和天然碎石土,分别简称石灰砂砾土和石灰碎石土;用石灰土稳定级配砂砾(无土)和级配碎石(包括未筛分碎石)得到的混合料,也分别简称石灰砂砾土和石灰碎石土。

1. 石灰稳定土的强度

(1)石灰稳定土的强度形成机理。

石灰稳定土强度形成与发展是通过机械压实、离子交换反应、氢氧化钙结晶和碳酸化反应,以及火山灰反应等一系列复杂、交织的物理-化学作用过程完成。

离子交换反应是指石灰浆中的游离钙离子、氢氧根离子与细粒土黏土矿物中的钠离子、氢离子发生离子交换,从而减薄黏土颗粒吸附水膜厚度,促使土粒凝集和凝聚,并形成稳定团粒结构。离子交换反应是石灰土获得初期强度的主要原因。在石灰硬化过程中得到的氢氧化钙和碳酸钙晶体相互结合,并把土粒结成整体,从而使石灰土的稳定性得到提高。黏土颗粒表面少量的活性氧化硅、氧化铝在石灰的碱性激发作用下,与氢氧化钙发生火山灰反应,生成不溶于水的水化硅酸钙和水化铝酸钙等,这些物质遍布于黏土颗粒之间,形成黏胶、棒状及纤维状晶体结构,将土粒胶结成整体。随着时间的推移,棒状和纤维状晶体不断增多,致使石灰土的刚度不断增大,强度与水稳性也不断提高。由于火山灰反应是在不断吸收水分的情况下逐渐发生的,速度较慢,石灰中氢氧化钙的碳酸化反应缓慢且过程较长,所以石灰硬化及火山灰反应是石灰稳定土后期强度增长的主要原因。

综上所述,石灰稳定土的强度形成取决于石灰与细粒土中黏土矿物的相互作用,从而使土的工程性质产生变化。初期表现为土的结团、塑性降低,后期则主要表现为水化物晶体和凝胶结构的形成,从而提高土的强度和稳定性。

在石灰稳定集料中,粒状集料颗粒与石灰或石灰土构成一种复合材料,其强度主要取决于集料颗粒间的内摩阻力和嵌锁作用。经压实成型后,集料颗粒相互靠拢、相互嵌锁,形成骨架结构。石灰和细料起填充骨架孔隙、包裹并黏结集料颗粒的作用。在石灰稳定集料中,由于石灰土的黏结能力比较弱,要特别注意发挥集料的骨料嵌锁作用。

(2)石灰稳定土强度的影响因素。

①石灰细度。

石灰细度越大,在相同剂量下与土粒作用越充分,反应进行得越快,稳定效果越好。可直接使用磨细生石灰粉,以利用其在消解时放出的热能,促进石灰与土之间物理-化学反应的进行,有利于与土中黏性矿物发生离子交换及火山灰反应,加速石灰稳定土硬化。

由于石灰起稳定作用,可使土的塑性、膨胀性和吸水性降低,因而随着石灰剂量的增加,石灰稳定土的强度和稳定性可有效提高,但超过一定剂量后,强度的增长就不明显了。如图 5-2 所示给出了几种土用 10% 石灰剂量稳定后强度与土质的关系。

笔记

②土与集料。

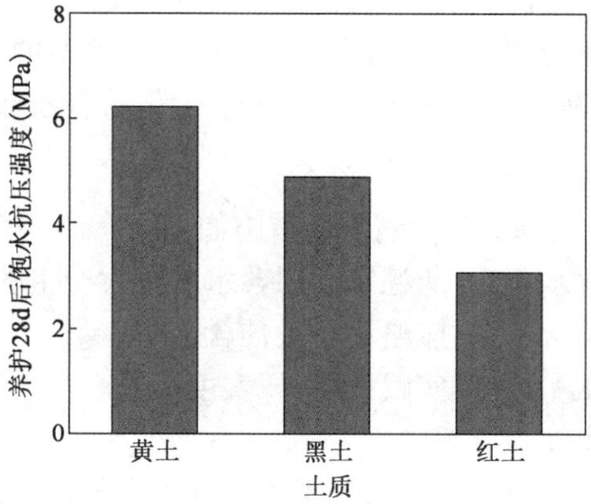

图 5-2　土质对石灰稳定土抗压强度的影响

粒径较大的漂石、卵石、砾石等岩石碎屑矿物成分与母岩相同，而砂粒大部分是母岩中的单体矿物颗粒，如石英、长石和云母等；粉粒中矿物主要是石英和一些难溶盐的颗粒；黏粒矿物成分主要是次生矿物，其中以黏土矿物居多。由上述石灰稳定土强度形成机理分析可知，石灰稳定效果与土中黏土矿物成分及含量有显著关系。一般来说，黏土矿物化学活性强，比表面积大，当掺入石灰等活性材料后，所形成离子交换、碳酸化作用、结晶作用和火山灰反应都比较活跃，稳定效果好。所以石灰稳定土强度随土中黏土矿物含量增多和塑性指数增大而提高。

工程实践表明：塑性指数为 15～20 的黏土，易于粉碎和搅拌，便于碾压成型，施工和使用效果都较好。塑性指数更大的重黏土虽然含黏土矿物较多，但由于不易破碎拌和，稳定效果反而不佳。塑性指数小于 12 的土则不宜用石灰稳定，最好用水泥来稳定。对于无黏性或无塑性指数的集料，单纯用石灰稳定效果远不如用石灰土稳定效果。

③含水率。

水是石灰稳定土的重要组成部分。它促使石灰和土发生物理-化学作用，形成强度；便于土粉碎、拌和与压实，并且有利于养护。不同土质石灰土有不同最佳含水率，需通过标准击实试验确定，用来控制施工中实际加水量。为了保证施工质量，石灰稳定土含水率应在略大于最佳含水率时进行碾压，以弥补碾压过程中水分损失。含水率过大，不仅会影响其可能达到的密实度和强度，而且会明显增大石灰稳定土的干缩性，易导致结构层干缩裂缝。

④密实度。

石灰稳定土强度随密实度的增加而增长。实践证明，石灰稳定土密实度每增减 1%，强度约增减 4%。密实石灰稳定土，其抗冻性、水稳定性较好，缩裂现象也少。

⑤养护条件和龄期。

石灰稳定土强度是在一系列复杂的物理-化学反应过程中逐渐形成的，而这些反应需要一定温度和湿度条件。当养护温度较高时，可使各种反应过程加快，对石灰稳定土的强度形成是有利的。适当的湿度为火山灰反应提供了必要的结晶水，但湿度过大会影响石灰中氢氧化钙的结晶硬化，从而影响石灰稳定土强度的形成。

石灰稳定土中火山灰反应的进程缓慢,其强度随着龄期的增大而增长,甚至到180d时,石灰稳定土的强度还会继续增长。所以,7d或28d龄期的强度试验结果,并不能代表石灰稳定土的最终强度,石灰土的强度随龄期的增长大体符合指数规律。

2. *石灰稳定土基层的缩裂防治*

(1)石灰稳定土基层防治缩裂的措施如下:

①控制压实含水率:石灰稳定土因含水率过大产生的干缩裂缝显著,因而压实时其含水率一定不要大于最佳含水率,应略小于最佳含水率。

②严格控制压实标准:实践证明,压实度小时产生的干缩要比压实度大时严重,因此,应尽可能达到最大压实度。

③温缩的最不利季节是材料处于最佳含水率附近,且气温为0~-10℃。因此施工要在当地气温降为0℃前一个月结束,以防在不利季节施工产生严重温缩。

④干缩的最不利情况发生在石灰稳定土成型初期,因此,要重视初期养护,保证石灰稳定土表面处于潮湿状态,严防干晒。

⑤石灰稳定土施工结束后要及早铺筑面层,使石灰稳定土基层含水率不发生较大变化,从而减轻干缩裂隙。

⑥在石灰稳定土中掺加集料(砂砾、碎石等),集料含量为70%~80%,并使混合料满足最佳组成要求,不仅能够提高石灰稳定土基层的强度和稳定性,而且具有较好的抗裂性。

(2)基层缩裂会反射到面层,为了防止基层裂缝的反射,国内外常采取以下措施:

①设置联结层。设置沥青碎石或沥青贯入式联结层,这是防止反射裂缝的有效措施。

②铺筑碎石隔离过渡层。在石灰稳定土基层与沥青面层间铺筑厚10~20cm的碎石层或玻纤格栅,可减少反射裂缝出现。

3. *石灰稳定土的适用性*

以细粒土为主的石灰稳定土中含有较多黏土矿物,分散度大、比表面积大,其干缩系数及温缩系数都明显大于石灰稳定集料,容易产生收缩裂缝。

在冰冻地区,用于潮湿路段的石灰稳定土层中可能产生聚冰现象,导致石灰稳定土结构被破坏,强度明显下降。在非冰冻地区,如石灰稳定土经常处于过分潮湿状态,也不易形成较高强度板体。

此外,石灰稳定土的水稳定性明显小于石灰稳定集料,在石灰稳定土的强度没有充分形成之前,若路表水渗入,石灰稳定土表层数毫米以上就会软化。若路表水对石灰稳定土表层产生冲刷作用,所形成的浆体会被滚动的车轮唧出至路表,导致裂缝处沥青层下陷和变形,裂缝两侧将产生新的裂缝。

石灰稳定土基层可用于刚性道面和柔性道面。在冰冻地区的潮湿地段以及其他地区有过分潮湿地段,不宜采用石灰稳定土基层。

三、水泥稳定类基层

在粉碎的或原状松散的土(包括各种粗、中、细粒土)中,掺入适量水泥和水,按照技术要求,经拌和摊铺,在最佳含水率时压实及养护,其抗压强度符合规定要求,以此修建的基层称为水泥稳定类基层。当采用水泥稳定细粒土(砂类土、粉质土或黏质土)时,简称水泥土。

水泥是水硬性结合料，绝大多数土类(高塑性黏土和含有机质较多的土除外)都可以用水泥来稳定，以改善其物理力学性质，适应各种气候条件与水文地质条件。水泥稳定类基层具有良好的整体性，以及足够的力学强度、抗水性和耐冻性。其初期强度较高，且强度随龄期增长而增加，因而应用范围很广。水泥稳定粒料类可作为水泥混凝土和沥青混凝土道面的基层。

1. 水泥稳定土强度特征及其影响因素

(1)强度形成机理。

在水泥稳定土中，水泥、土和水之间发生多种复杂的物理-化学作用，从而使土的性能发生明显变化，这些作用可以分为如下几种。

①水泥水化作用。

在水泥稳定土中，首先发生的是水泥自身水化反应，产生具有胶结能力的水化产物，这是水泥稳定土强度的主要来源。

水泥水化产物可在土的孔隙中相互交织搭接，将土颗粒包覆连接起来，使土逐渐丧失塑性等性质，随着水化产物增加，混合料也逐渐坚固起来。但水泥稳定土与水泥混凝土中的水泥水化之间还有所不同。这是因为：土具有非常高的比表面积和亲水性；水泥稳定土中的水泥含量较少；土对水泥的水化产物具有强烈的吸附性；在一些土中常存在酸性介质环境。由于这些特点，在水泥稳定土中，水泥水化硬化条件较水泥混凝土中差得多；特别是由于黏土矿物对水化产物中的 $Ca(OH)_2$ 具有极强吸附和吸收作用，使溶液中的碱度降低，影响了水泥水化产物的稳定性；水化硅酸钙中的硅钙比(C/S)会逐渐降低，析出 $Ca(OH)_2$，从而使水化产物的结构和性能发生变化，影响到混合料的性能。因此在选用水泥时，若其他条件相同，应优先选用硅酸盐水泥，必要时还应对水泥稳定土进行“补钙”以提高混合料中的碱度。

②离子交换作用。

土中黏土颗粒由于颗粒细小、比表面积大，具有较高的活性，当黏土颗粒与水接触时，黏土颗粒表面通常带有一定量的负电荷，在黏土颗粒周围形成一个电场，这层带负电荷的离子就称为电位离子。带负电荷的黏土颗粒表面会吸引周围溶液中的正离子，如 K^+、Na^+ 等，从而在颗粒表面形成一个双电层结构，这些与电位离子电荷相反的离子就称为反离子。在双电层中电位离子形成内层结构，反离子形成外层结构。靠近颗粒的反离子与颗粒表面结合较紧密。当黏土颗粒运动时，结合较紧密的反离子将随颗粒一起运动，而其他反离子将不产生运动，由此在运动与不运动的反离子之间便出现了一个滑移面。

在硅酸盐水泥中，硅酸三钙和硅酸二钙占主要部分，其水化后所生成的氢氧化钙所占的比例也较高，可达到水化产物的25%。大量氢氧化钙溶于水以后，在土中形成了一个富含 Ca^{2+} 的碱性溶液环境。当溶液中富含 Ca^{2+} 时，因为 Ca^{2+} 的电价高于 K^+、Na^+ 等离子，因此与电位离子的吸引力较强，从而取代了 K^+、Na^+，成为反离子，同时 Ca^{2+} 的双电层电位的降低速度加快。因而使电动电位减小、双电层的厚度减薄，使黏土颗粒之间的距离减小，相互靠拢，导致土的凝聚，进而改变土的塑性，使土具有一定的强度和稳定性，这种作用就称为离子交换作用。

③硬凝反应。

钙离子的存在不仅影响到了黏土颗粒表面双电层结构，而且在这种碱性溶液环境下，土本身化学性质也将发生变化。

土的矿物组成中含有大量的硅氧四面体和铝氧八面体。在通常情况下，这些矿物具有较高的稳定性，当黏土颗粒周围介质的 pH 增加到一定程度时，黏土矿物中部分 SiO_2 和 Al_2O_3 的活性将被激发出来，与溶液中的 Ca^{2+} 进行反应，生成新的矿物，这些矿物主要是硅酸钙和铝酸钙系列，如 $4CaO \cdot 5SiO_2 \cdot 5H_2O$、$4CaO \cdot Al_2O_3 \cdot 19H_2O$、$3CaO \cdot Al_2O_3 \cdot 16H_2O$、$CaO \cdot Al_2O_3 \cdot 10H_2O$ 等。这些矿物组成和结构与水泥水化产物都有很多类似之处，并且同样具有胶凝能力。生成的这些胶结物质包裹在黏土颗粒表面，与水泥水化产物一起，将黏土颗粒凝结成一个整体。因此，氢氧化钙对黏土矿物的激发作用，将进一步提高水泥稳定土的强度和水稳定性。

④碳酸化作用。

水泥水化生成的 $Ca(OH)_2$，除了可与黏土矿物发生化学反应外，还可以进一步与空气中的 CO_2 发生碳化反应并生成碳酸钙结晶，其反应如下：

$$Ca(OH)_2 + CO_2 + nH_2O \longrightarrow CaCO_3 + (n+1)H_2O \tag{5-5}$$

(2)影响强度的因素。

①土质。

土的类别和性质是影响水泥稳定土强度的重要因素，各类砂砾土、砂土、粉土和黏土均可用水泥稳定，但稳定效果不同。试验和生产实践证明：用水泥稳定级配良好的碎(砾)石和砂砾稳定效果最好，不但强度高，而且水泥用量少；其次是砂性土；再次之是粉性土和黏性土。重黏土难以粉碎和拌和，因而不宜单独用水泥来稳定，因此，一般要求土的塑性指数不大于 17。

②水泥成分和剂量。

各种类型的水泥都可以用于稳定土。但试验研究证明，水泥矿物成分和分散度对其稳定效果有明显影响。对于同一种土，通常情况下硅酸盐水泥稳定效果好，而铝酸盐水泥较差。在水泥硬化条件相似、矿物成分相同时，随着水泥分散度增加，其活性和硬化能力也有所增大，从而使其强度也大大提高。

水泥土强度随水泥剂量的增加而增长，但过多的水泥用量，虽能获得强度的增加，在经济上却不一定合理，在效果上也不一定显著，而且刚性过大时还容易开裂。试验和研究证明，对于中粒土和粗粒土，水泥剂量取 4% ~6% 较为合理。

③含水率。

含水率对水泥稳定土强度的影响很大，当含水率不足时，水泥不能在混合料中完全水化和水解，发挥不了水泥对土的稳定作用，影响强度形成。同时，当含水率较小，达不到最佳含水率时，也影响水泥稳定土的压实度。因此，使含水率达到最佳含水率的同时，还要满足水泥完全水化和水解作用的需要。

水泥正常水化所需水量约为水泥重的 20%，对于砂性土，完全水化达到最高强度的含水率较最佳密度的含水率较小；而对于黏性土则相反。

笔记

④施工工艺。

水泥、土和水应拌和均匀，且在最佳含水率下充分压实，使之干密度最大，其强度和稳定性就较高。水泥稳定土从开始加水拌和到完成压实的延续时间要尽可能短，一般要在6h以内。若时间过长，则水泥凝结，在碾压时不但达不到压实度要求，而且也会破坏已结硬水泥的胶凝作用，反而使水泥稳定土强度下降。在水泥终凝时间达不到规定要求时，可以使用一定剂量的缓凝剂，但缓凝剂的品种应根据试验确定。

水泥稳定土需湿法养护，以满足水泥水化形成强度的需要。养护温度越高，强度增长得越快，因此，要保证水泥稳定土养护的温度和湿度条件。

2. 强度要求

民用机场沥青道面的水泥稳定粒料层的7d无侧限抗压强度应符合表5-1要求。

表5-1　民用机场沥青道面水泥稳定粒料层强度要求

层次	7d无侧限抗压强度(MPa)	
	A、B	C、D、E、F
上基层	3.0～4.0	3.5～4.5
下基层	≥2.0	≥2.5

水泥稳定土用作下基层时，集料颗粒组成应在表5-2所列1号或2号级配范围内，集料的均匀系数应大于5；水泥稳定土用作上基层时，集料颗粒组成应在表5-2所列2号或3号级配范围内。

表5-2　集料颗粒组成要求

项目		通过质量百分率(%)		
		编号1	编号2	编号3
筛孔尺寸(mm)	37.5	100	100	—
	31.5	—	90～100	100
	26.5	—	—	90～100
	19	—	67～90	72～89
	9.5	—	45～68	47～67
	4.75	50～100	29～50	29～49
	2.36	—	18～38	17～35
	0.6	17～100	8～22	8～22
	0.075	0～30	0～7	0～7①
液限(%)		—	—	<28
塑性指数		—	—	<9

注：①集料中0.5mm以下细粒土有塑性指数时，小于0.075mm的颗粒含量不应超过5%；细粒土无塑性指数时，小于0.075mm的颗粒含量不应超过7%。

②筛孔尺寸指方孔筛(后同)。如为圆孔筛，可按方孔筛尺寸等效于1.2倍的圆孔筛尺寸考虑。

第二节　沥青稳定类基层

沥青结合料类混合料是指由沥青、粗集料、细集料及矿粉，按一定配合比设计方法进行材料组成设计而形成的混合料，经拌和、摊铺、碾压成型后，在路面结构中作为基层使用的称为沥青结合料类基层或沥青稳定类基层。

沥青稳定类基层可根据其矿质混合料级配、集料最大粒径、压实孔隙率、沥青品种以及沥青混合料制造工艺等不同进行分类，按照设计孔隙率和用途不同，沥青结合料类混合料可分为以下3类。

(1)密级配沥青稳定碎石(Asphalt Treated Base，ATB)，设计孔隙率为3%~6%，主要用作基层。

(2)半开式沥青稳定碎石(Asphalt Macadam，AM)，设计孔隙率为6%~12%，主要用作低等级公路面层。

(3)开级配沥青稳定碎石(Asphalt Treated Permeable Base，ATPB)，设计孔隙率为18%~22%，用于基层排水。

ATPB与ATB均可作为基层使用，但ATPB由于设计孔隙率更大，其物理力学性质和耐久性相对较差，因此ATPB在我国工程中应用较少，ATB是沥青稳定碎石基层主要材料形式。

一、强度形成原理

沥青在土中主要起两方面作用：一是保护土粒免受水的侵害；二是提供黏结力，将土粒黏结在一起。前一项作用主要发生在水敏感的黏性土中，土颗粒将沥青吸附在表面，避免了土颗粒同水分直接接触；同时沥青还填充土中部分孔隙，堵塞水分流动的通道。因而，采用沥青稳定黏性土可降低土的吸水能力，提高土的水稳定性。后一项作用体现在混合料强度方面，沥青可将无黏性的粒料黏结在一起，从而提高混合料强度。

二、影响沥青稳定类材料强度的因素

沥青稳定类材料稳定效果影响因素主要有：土的类型和性质、沥青剂量和性质、含水率及压实度。

1. 土的类型和性质

虽然沥青可用于稳定各类无机土，但对于符合下述条件的土类，沥青土稳定效果更好：最大颗粒粒径不超过稳定土层压实厚度1/3；颗粒组成分布曲线较为良好；粒径小于0.42mm颗粒的液限不大于40%，塑性指数不大于18。

对于含有酸性反应有机质土，不能使用沥青稳定。具有酸性反应(pH <6)的无机土，需先用石灰稳定。对于降水量少的干旱地区，黏土pH高，并含有许多可溶盐，此时也不宜采用沥青稳定。

笔记

2. 沥青性质和剂量

沥青稳定土强度随沥青剂量的增加(沥青膜加厚)呈现先增大后减小的趋势,在最佳沥青用量时,强度最大。当沥青用量过大,沥青土强度甚至会低于素土强度。强度下降同沥青含量增加引起土最大干密度下降有关。

沥青用量的选择要综合考虑沥青土强度和抗水能力两方面。一要避免沥青含量过高导致沥青土强度的下降;二要保证沥青用量能够填充土中孔隙,防止水分侵入,降低吸水量,为土粒提供足够抗水能力。表 5-3 给出了 3 类土大致沥青用量,可供参考。

表 5-3　沥青稳定土最佳剂量和最佳含水率

土类	液体沥青最佳剂量(占土重%)	煤沥青最佳剂量(占土重%)	最佳含水率(占土重%)
亚砂土(塑性指数 < 10)	6 ~ 9	6.5 ~ 10.5	4 ~ 7
粉土(塑性指数 < 10)	9 ~ 12	10.5 ~ 14	5 ~ 8
亚黏土(塑性指数 < 15)	7 ~ 12	8 ~ 12	5 ~ 8

3. 含水率和压实度

水分对沥青稳定土具有重要作用,但对于黏性土和低塑性土,水分分别起到不同作用效果。在黏性土中,土中结合水与沥青一起,使沥青稳定土形成稳定结构,提高沥青土的水稳性,同时,在黏性土中水分也可起到利于土粉碎与压实的作用。在低塑性土中,水分起到利于压实的作用,而对提高水稳定性作用不大。

土的压实度对保证沥青土强度同样至关重要,为保证沥青稳定土较有成效,需将土压实到较高密实度,使材料本身潜在强度能充分发挥,掺入沥青的目的是减少吸水率,使沥青稳定土吸水后能保持较高强度。

评定沥青稳定效果试验主要有两类:吸水量试验和强度试验。吸水量试验:按规定的含水率和干密度制备试件,在中等湿度下养护一周以上(除去材料中挥发物质),然后将试件放在多孔石上饱水,使水面同试件底面齐平,饱水前后分别称重,便可确定含水率,评定掺入沥青后的水稳性提高的程度。强度试验:采用无侧限抗压强度或 CBR 试验进行,分别测定饱水前后的强度值。对于细粒土,上述两项试验都需要进行;而对于砂砾或砂,仅需要进行第二项试验。

三、沥青类型的选取与施工

沥青稳定类材料所采用的沥青结合料有慢凝液体石油沥青、低强度等级的煤沥青或乳化沥青。选用乳化沥青作为结合料时,由于乳液中分离出的沥青薄膜与土颗粒黏结较好,且沥青黏度高,故此时沥青稳定土具有较高强度和水稳性。乳化沥青特别适用于干旱地区,这是因为乳化沥青中的水分可以为沥青稳定土提供水分,以达到压实所需的最佳含水率。乳化沥青的使用要求较高气温,以便加快水分蒸发,缩短强度形成期。

保证沥青稳定土施工质量的关键是拌和与压实。混合料的拌和方式分为人工和机械两种。拌和机械分为间歇式和连续式，沥青稳定土压实最好采用轮式压路机碾压，并且若采用轻、中型压路机碾压一遍后需过 2 ~3d 复压 1 ~2 遍，其平整度和密实度均可达到较好的效果。初期养护同样是加速沥青稳定土成型的必要工艺。

第三节 粒料类基层

本节将对粒料嵌锁型基层、填隙碎石基层和级配碎(砾)石基层进行系统介绍。粒料嵌锁型基层具有颗粒间嵌挤和摩擦的结构强度，适用于机场和道路的高承载力需求。填隙碎石基层通过嵌挤与填隙的紧密结合，适用于需要高密实度的基层结构。级配碎(砾)石基层具备较好的水稳性和抗剪强度，适用于一般公路和高等级路面的基层施工。

一、粒料嵌锁型基层

碎石是指在矿场通过开采、破碎和筛分后生产的具有棱角和不同粒径规格的石料。砾石是指岩石自然风化后经水流冲刷、搬运形成的无棱角或棱角性差的石料。

与砾石相比，碎石因加工后棱角性较好，风化程度低，相同矿物组成时纯度更高、坚固性更好、抗压碎能力更强，用作筑路材料时，可以提供较大内摩擦角，使得材料性能更优，因此碎石是比砾石更佳的材料，但成本有所增加。

掺配有适当粒度组成(级配)的碎(砾)石，可以直接作为基层使用；通过掺加无机结合料或沥青稳定，可以形成水泥稳定碎(砾)石、沥青稳定碎石等更优质基层材料。优质碎石是沥青混凝土和水泥混凝土主要原材料之一。

碎石基层是利用尺寸较为均匀的轮制碎石作为基本材料，以石渣、石屑作为嵌缝料，或采用黏土浆或石灰浆灌缝，经压实而成的结构层。按施工方法和灌缝材料不同，碎石基层可分为干压碎石、水结碎石、泥结碎石和泥灰结碎石 4 种。

干压碎石是指将碎石材料摊铺后直接压实而成的结构层，这种基层碾压工作量较大，会影响施工进度。为加快碾压进度，可在压实时适量洒水，以降低颗粒之间的摩阻力，此时形成了水结碎石，水结碎石在压实过程中有一部分磨碎石粉可以起黏结作用，其整体强度高于干压碎石。采用黏土浆或石灰浆作为灌缝材料，以利于施工碾压并提供黏结力的碎石层，便是泥结碎石或泥灰结碎石，泥灰结碎石的水稳性要优于泥结碎石。

1. 碎(砾)石基层的力学特性

碎(砾)石基层通常是指水结碎石、泥结碎石以及密级配碎(砾)石等。碎(砾)石基层是机场道面中应用较广泛的一种基层，其中以水结碎石居多。

对于碎(砾)石路面结构，矿料颗粒之间联结强度一般都要比矿料颗粒本身强度小得多，在外力作用下，首先在颗粒之间产生滑动和位移，使其失去承载能力而导致破坏。因此，对于这种由松散材料组成的路面结构，其中矿料颗粒本身强度固然重要，但起决定性作用的还是颗粒之间的联结强度。凡在强度特性上具有上述特点的材料，均属于松散介质的范畴。对于松散介质范畴的材料，其抗剪强度可用库仑公式表示。因此，由材料黏结力、内摩阻角表征的内摩擦力所决定的颗粒之间联结强度，即构成了碎(砾)石路面材料的结构强度。

笔记

（1）纯碎石材料。纯碎石材料按嵌挤原则产生强度，其抗剪强度主要取决于剪切面上法向应力和材料内摩阻角。抗剪强度由下列因素构成：粒料表面的相互滑动摩擦；因剪切时体积膨胀而需克服的阻力；因粒料重新排列而受到的阻力。

单一粒料在另一有粗糙面但表面平整的粒料上滑动，其摩阻角大多在30°以下；许多粒料相互紧密接触，沿某一剪切面相互变位时，因体积膨胀和粒料重新排列受到更大阻力，而多消耗的功，可使摩阻角增到40°～50°。

纯碎石粒料摩阻角大小主要取决于集料强度、形状、尺寸、均匀性、表面粗糙度以及施工时的压实程度。当集料强度高、形状接近正立方体、有棱角、尺寸均匀、表面粗糙、压实度高时，则内摩阻力就大。

（2）土-碎（砾）石混合料。

这类材料含土量小时，也是按嵌挤原则形成强度；当含土量较大时，则按密实原则形成强度。土-碎（砾）石混合料强度和稳定性取决于内摩阻力和黏结力大小。为得到最大强度和稳定性而设计的颗粒材料，应具有较高内摩阻力来抵抗荷载作用下的变形。内摩阻力和由此产生的抗剪力的大小在很大程度上取决于密实度、颗粒形状和颗粒大小的分配。在这些因素中，以集料大小的分配，特别是粗细成分比例最为重要。如图5-3所示为土-碎（砾）石混合料的3种物理状态。

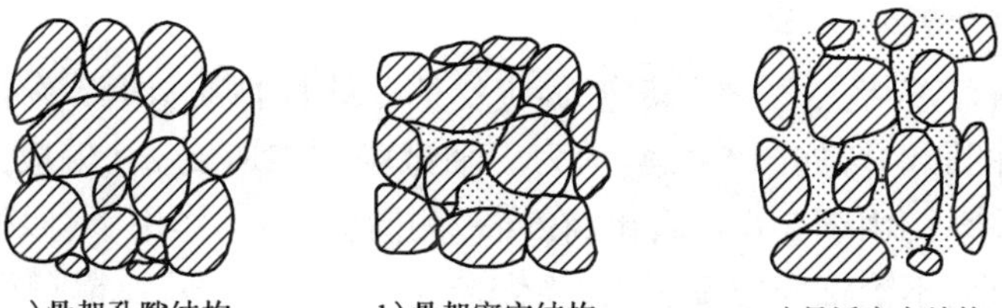

图5-3　土-碎（砾）石混合料的3种物理状态

第一种［图5-3a）］：不含或含很少细料（粒径在0.075mm以下颗粒）的混合料，其强度和稳定性依靠颗粒之间摩阻力获得。这类混合料密实度较低，但透水性好，不易冰冻。由于这种材料没有黏结性，施工时压实困难。

第二种［图5-3b）］：含有足够细料填充颗粒间孔隙的混合料，它仍然能够通过颗粒接触而获得强度，其抗剪强度、密实度有所提高，透水性低，施工时较第一种情况易压实。

第三种［图5-3c）］：含有大量细料，而粗颗粒之间接触很少，粗集料仅仅是“浮”在细料之中。这类混合料施工时易压实，但其密实度较低，易冰冻，透水性差，强度和稳定性受含水率影响很大。

如图5-4所示为不同细料含量时土-砾石混合料的密度和CBR的试验结果，图中CBR值为试件浸湿后的测定结果。由图5-4可知，随着压实功增加，土-砾石混合料密度和CBR值均增加，且都存在一个相应的最佳细料含量。最大密度时最佳细料含量为8%～10%，最大CBR值时最佳细料含量为6%～8%；

图 5-3b）为土-砾石混合料具有最佳细料含量，混合料密度最大时的状态；图 5-3a）和图 5-3c）为密度最大值两侧曲线所对应的两种状态。

如图 5-5 所示为用土-碎石混合料试验的结果。由图 5-5 可知，细料成分对碎石集料 CBR 影响一般比对砾石的影响小。对于同一粒径分配，由有棱角颗粒组成的混合料 CBR 值通常也比圆滑颗粒混合料 CBR 值稍大一些。

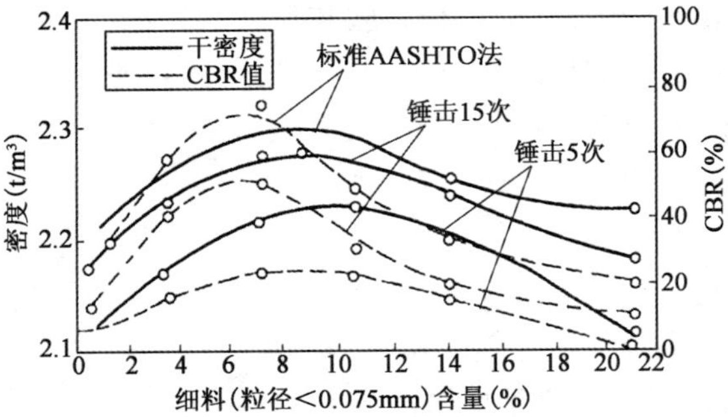

图 5-4　土-砾石混合料的密度和 CBR 值随细料含量的变化

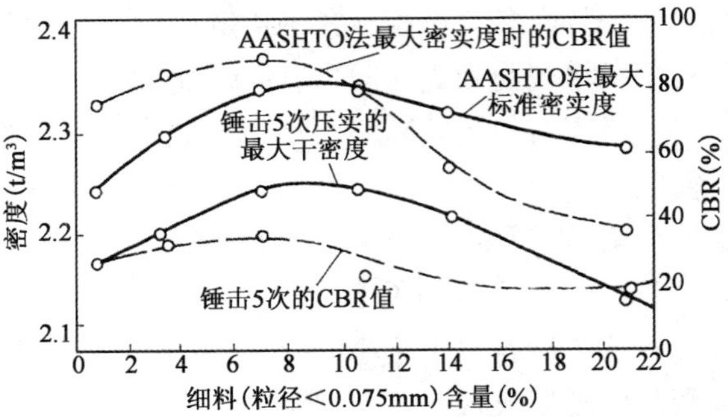

图 5-5　土-碎石混合料的密度和 CBR 值随细料含量的变化

由土-碎（砾）石混合料的密度和 CBR 的试验结果可知，只有在已知粒径分布的情况下，密度才可以作为衡量强度和稳定性的依据。细料含量偏多的混合料强度和稳定性远低于细料含量偏低的混合料。在图 5-3c）所示情况下，强度和稳定性受细料的影响很大；在图 5-3a）所示情况下，强度和稳定性受细料的影响很小，这主要取决于粗颗粒之间的接触情况。

2. 碎、砾石材料应力-应变特性

碎、砾石材料显著特点之一是其应力-应变的非线性性质，回弹模量在很大程度上受竖向和侧向应力大小的影响。如图 5-6 所示为三轴试验轴向应变 ε_1、偏应力 σ_d（$\sigma_d=\sigma_1-\sigma_3$）与侧向应力 σ_3 的关系。由图 5-6 可看出，在同一侧向应力 σ_3 作用下，回弹模量 E_r（MPa）随偏应力增大而逐渐减小；不论轴向应变多大，当侧向应力增大时，回弹模量值也增大。根据试验研究结果，回弹模量 E_r（MPa）值可用式（5-6）表示：

$$E_r=K_1\theta^{K_2} \tag{5-6}$$

式中：K_1、K_2——与材料有关的试验参数；

θ——主应力和（kPa），即 $\theta=k\sigma_1+2\sigma_3$，$k$ 为回归系数。

图 5-7 表示某一轧制集料的回弹模量值同主应力和的关系。试验结果还表明，应力重复次数、荷载作用时间及频率对回弹模量影响甚小。

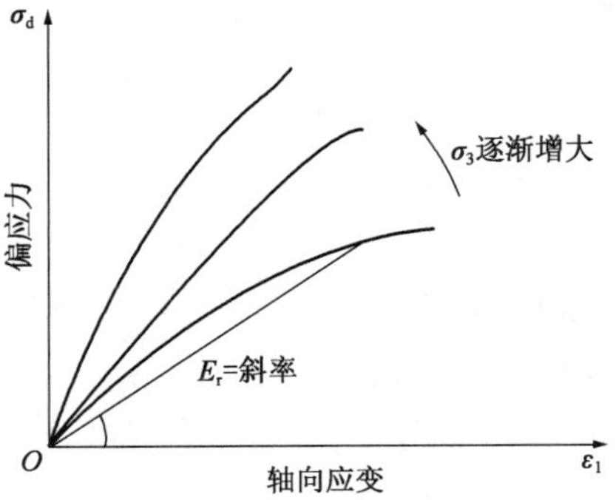

图 5-6　碎、砾石材料应力-应变关系

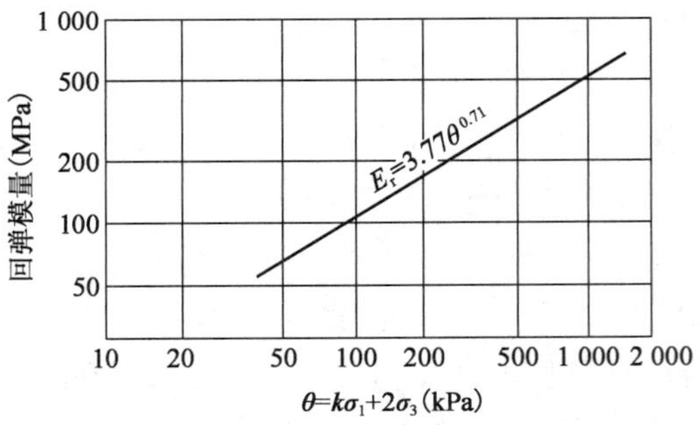

图 5-7　某一干轧制集料的回弹模量随主应力和的变化

颗粒材料模量取决于材料的级配、形状、表面构造、密实度和含水率等。一般颗粒材料密实度越高,模量值越大;棱角多、表面粗糙者有较高模量;当细料含量不多时,含水率影响甚小。碎石基层材料只能受压不能受拉,且在路面设计中,它与其他结构层(如沥青层)的层间结合按完全滑动看待。

二、填隙碎石基层

填隙碎石基层要求由加工轧制的碎石按嵌挤原理铺压而成。填隙碎石基层可采用干法或湿法施工,并要求填缝紧密。

填隙碎石用作基层时,集料的公称最大粒径应不大于53mm;用作底基层时,应不大于63mm。集料的颗粒组成应符合表5-4的规定。

表5-4 填隙碎石用集料的颗粒组成(单位:%)

项次	公称粒径(mm)	筛孔尺寸(mm)							
		63	53	37.5	31.5	26.5	19	16	9.5
1	30~60	100	25~60	—	0~15	—	0~5	—	—
2	25~50	—	100	—	25~50	0~15	0~5	—	—
3	20~40	—	—	100	35~37	—	0~15	—	0~5

填隙碎石宜用振动压路机碾压,碾压后基层固体体积率不宜小于85%,底基层不宜小于83%。填隙碎石初压宜用双轮压路机碾压3~4遍,使集料稳定就位。然后用石料撒布机均匀撒铺填隙料25~30mm,重复振动碾压,并扫除局部残余的填隙料。

填隙碎石的湿法施工是在集料层表面孔隙填满后,立即用洒水车洒水直至饱和。再用重型压路机碾压,直至满足压实度要求。

三、级配碎(砾)石基层

级配碎(砾)石基层是由各种集料(砾石、碎石)按最佳级配原理修筑而成的基层。由于级配碎(砾)石是用大小不同的集料按一定比例配合,能保证逐级填充孔隙,故经过压实后,可形成密实结构。级配碎(砾)石强度由摩阻力和黏结力构成,具有一定的水稳性和力学强度。

粗、细碎(砾)石集料和砂按一定比例掺配后,其颗粒组成符合级配要求,经拌和、碾压成型达到质量标准,称为级配碎(砾)石结构层。其用于基层时,碎(砾)石最大粒径不应超过40mm(方孔筛,相当于圆孔筛50mm);用于垫层时,碎(砾)石最大粒径不应超过60mm(方孔筛,相当于圆孔筛80mm)。用于基层时,颗粒组成及塑性指数应符合表5-5的规定,其级配曲线应接近圆滑。当塑性指数偏大时,可筛除部分细料或掺配砂、石屑改善,使之符合规定;或控制塑性指数与0.5mm以下细料含量(以百分数计)的乘积,使之符合下列规定。

表 5-5 碎(砾)石基层材料颗粒组成要求

项目		级配碎石			级配砾石			砂砾或其他材料
		1	2	3	1	2	3	
筛孔尺寸(mm)	53	100	—	—	100	—	—	100
	37.5	85~100	100	—	90~100	100	—	80~100
	31.5	69~88	93~100	100	81~94	90~100	100	—
	19	40~65	54~84	85~100	63~81	73~88	85~100	—
	9.5	19~43	29~59	52~74	45~66	49~69	52~74	40~100
	4.75	10~30	17~45	29~54	27~51	29~54	29~54	25~85
	2.36	8~25	11~35	17~37	16~35	17~37	17~37	—
	0.6	6~18	6~12	8~20	10~25	8~20	8~20	8~45
	0.075	0~10	0~10	0~7②	0~7②	0~7②	0~7②	0~15
液限(%)		<28	<28	<28	<28	<28	<28	—
塑性指数		<6 或 9①	<6 或 9①	<6 或 9①	<6 或 9①	<6 或 9①	<6 或 9①	—
适用范围		下基层	上基层	上基层	下基层	上基层	上基层	下基层

注:①潮湿多雨地区塑性指数宜小于6,其他地区塑性指数宜小于9。
②对于无塑性的混合料,粒径小于0.075mm的颗粒含量应接近高限。

砾石用于基层时,其集料压碎值应满足相应的规范要求;用于垫层时,则可不作要求。砾石应洁净,无土块、草根等杂物。砾石中细长、扁平颗粒含量不应超过20%。级配砾石基层摊铺作业可由人工或机械进行。人工摊铺时,松铺系数为1.45~1.60;平地机摊铺时为1.30~1.35。采用两种集料时,应先运输主要集料,然后及时运输另一种集料。铺好后的集料应及时洒水润湿。通常采用多犁或其他机械拌和,拌和均匀为止。含水率较最佳含水率高1%,先用6~8t压路机碾压1~2遍,然后用12~15t压路机碾压至符合压实度标准。

第四节 综合稳定土基层

用两种以上结合料作为稳定剂构筑形成的稳定土结构层称为综合稳定土基层。综合稳定土往往以石灰、水泥或沥青为主要稳定剂,外掺少量活性物质、其他材料或采取相应的技术措施,发挥综合作用,以提高和改善土的工程性质。

对于石灰稳定土,常用消石灰先进行处治,使土具有饱和的交换钙离子的碱性溶液,以利于水泥硬化。一些不适合单独用水泥稳定的土,如酸性黏土、重亚黏土等,若先用石灰处理,可加速水泥土强度的形成。对于比最佳含水率高4%~6%的过湿土,先采用2%~3%生石灰进行处治后再采用水泥稳定,能获得良好效果。

在石灰稳定土中,常掺加一些火山灰物质,如粉煤灰、煤渣等来提高稳定效果。在石灰稳定土中掺入氯化钙,可加速石灰稳定土的硬化过程,使其早期便具有较高强度。氯化钙还具有吸湿和降低溶液冰点的作用,对石灰土硬化起着良好的作用。氯化钙的用量一般为干土重的0.5%,此时可提高石灰稳定土强度10%~20%。

笔记

沥青土中常用的添加剂有无机盐和表面活性物质两大类。

无机盐类有石灰、水泥、石膏及其他多价阳离子无机盐(如氯化铁、氯化钙、硫酸铁、硫酸铝等)。其中石灰是最常用的一种,其稳定效果也最好。在土用沥青处治之前,先添加2%~3%石灰,使土颗粒表面活性化,可以促进化学吸附作用的产生。添加石灰还可使土中细分散系产生凝聚,从而降低土塑性和湿陷性,使沥青与土更易于拌和。同时,由于石灰能吸收多余的水分,因而可与沥青一起稳定湿土。

表面活性物质有阳离子(如有机碱等)和阴离子(如有机酸、有机酸盐等)两种,掺入土中后能与土粒发生作用,使土极性降低,从而提高土与沥青的亲和性,增加沥青与土颗粒之间的吸附作用。表面活性物质用量一般为沥青用量的5%~10%,用量过多会导致沥青早期老化。

本章复习思考题

1. 简述刚性道面下基层的主要作用。
2. 表征无机结合料稳定类基层力学强度的参数有哪些?
3. 简述无机结合料稳定类基层的特点和适用范围。
4. 无机结合料稳定类基层的抗压回弹模量如何测定?
5. 什么是疲劳?什么是疲劳寿命?
6. 影响沥青稳定类基层强度的因素有哪些?
7. 沥青稳定类基层强度原理是什么?
8. 粒料类基层对铺设材料有何要求?
9. 粒料类基层的优缺点分别是什么?
10. 粒料类基层在道路工程中的主要作用是什么?
11. 综合稳定土基层与其他类型基层相比有何优劣之处?
12. 对比无机结合料稳定类基层和沥青稳定类基层在性能上的主要差异。

第六章　民用机场沥青道面结构设计

【本章摘要】 本章主要介绍沥青道面损坏模式、损坏产生原因；弹性层状体系应力和位移分析；沥青道面结构设计主要内容、一般原则等；我国民用机场沥青道面结构设计方法及美国 FAA 沥青道面结构设计方法。

【目的】 通过对本章的学习，掌握机场沥青道面常见的病害类型，理解病害产生的机理，掌握沥青道面结构设计理论，能够进行道面结构设计。

【要求】 掌握沥青道面的损坏类型、使用性能要求；理解弹性层状体系应力和位移的分析方法及基本步骤；熟悉道面结构组合设计的基本内容；掌握我国民用机场沥青道面结构设计方法，理解美国 FAA 沥青道面结构设计方法。

与水泥混凝土道面相比，沥青道面具有施工进度快、不需要养护、完工后即可投入使用、无接缝、平整度好、飞机滑行平稳舒适、后期维修养护方便等优势，能够满足各种飞机的使用要求，在机场道面中得到了广泛应用。

根据国际民航组织和欧洲沥青路面协会统计数据，国际上沥青道面的比例超过 60%，我国民用机场中，沥青道面仅占 10% 左右。随着我国越来越多的水泥混凝土道面达到使用年限，因沥青道面能满足大型机场不停航施工的社会需求，后期我国采用沥青混凝土进行旧水泥混凝土道面改造将成为一种通用的模式（简称道面“盖被”）。

笔记

第一节　沥青道面损坏类型

沥青道面的损坏类型按照表现形式可分为 5 组：裂缝类；变形类；抗滑性能丧失类；分解类；其他类。具体可细化为 17 种基本损坏类型。

一、裂缝类损坏

裂缝类损坏是指道面表面出现不同程度的开裂，裂缝类损坏是沥青道面中最主要的病害类型。据机场管理部门的观察，一般道面竣工交付使用 1 ~2 年后，即可能出现宽约 0.5mm 的发丝细裂缝，随着使用时间的延长，裂缝不断增深、加宽、变长。主要包括横向裂缝、纵向裂缝、块裂、龟裂、滑移裂缝和反射裂缝等。

1. 横向裂缝

横向裂缝（Transverse Cracking）是指在机场道面上产生与飞机滑行方向近乎垂直的裂缝（图 6-1）。起初大多出现于道面两侧的道肩，然后逐渐发展贯通至全断面。横向裂缝通常不是飞机荷载作用引起的，产生的主要原因有：沥青混合料由于低温或沥青硬化收缩引起的开裂；表面层下的裂缝造成的反射裂缝；地基的纵向不均匀沉降等，这种裂缝会导致道面的功能性能下降。国外调查结果表明，由于该种裂缝而产生其他病害并造成道面发生严重破坏的现象较少，对道面使用寿命影响不大。

图 6-1　横向裂缝

2. 纵向裂缝

纵向裂缝（Longitudinal Cracking）是指与道路中线大致平行的裂缝（图 6-2）。纵向裂缝通常不是由于荷载作用引起的，产生的主要原因有：混合料摊铺时纵向施工搭接质量不好，施工接缝引起纵向裂缝；沥青混合料由于低温或硬化收缩引起的开裂；表面层下的裂缝造成的反射裂缝；地基的不均匀沉降和过大的荷载。纵向裂缝会导致道面发生功能性损坏。

图6-2 纵向裂缝

3. 块裂

块裂(Block Cracking)是指将面层分割成为近似矩形块(面积为0.1~10m^2)的交错裂缝(图6-3)。该裂缝通常是由沥青混合料收缩和温度日循环变化所造成。块裂一般不是由荷载作用引起的,属于材料或环境因素导致的道面损坏类型。块裂通常发生在道面面层上的大片区域,反映了沥青的明显老化,会导致道面的功能性损坏。

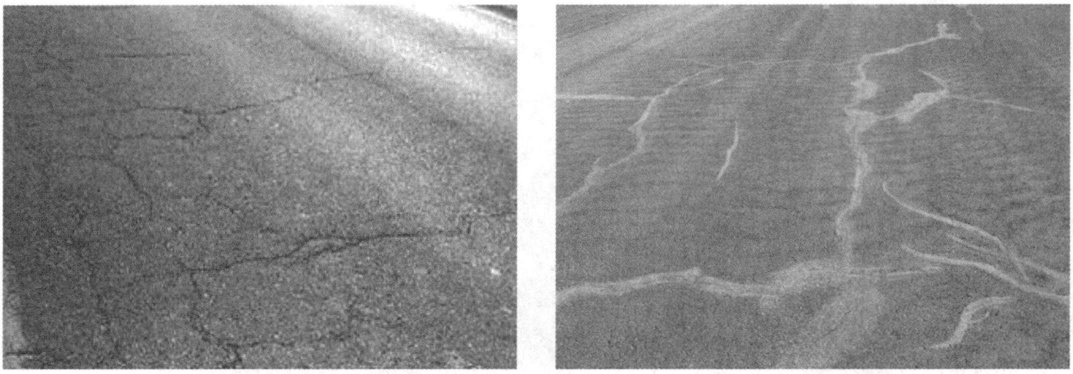

图6-3 块裂

图6-4 龟裂

4. 龟裂

龟裂(Alligator Cracking)是指沥青面层结构在交通荷载重复作用下发生疲劳破坏而产生的一系列交错裂缝(图6-4)。疲劳开裂破坏是在机轮荷载作用下沥青面层(稳定基层)底面产生高拉应变引起开裂,然后逐渐发展到表面形成一系列平行的裂缝。在荷载的反复作用下,裂缝连接并形成锐角多边形,进而发展为类似于六角形或龟背形状的小块,开裂后的完整小块长边通常小于0.6m。龟裂主要分布于轮迹带区

笔记

域，属于可导致道面发生结构性破坏的损坏形式。

5. 滑移裂缝

滑移裂缝(Slippage Cracking)是指由于飞机机轮的制动或转向引起道面表面发生滑移和变形后产生的裂缝(图6-5)。滑移裂缝的形状为半月形或新月形，其两端背向飞机行驶方向。滑移裂缝通常发生在面层混合料强度较低或者面层和下层道面结构的黏结力不足区域。该裂缝属于功能性损坏，若不予修理将会恶化引起结构性损坏。

图6-5　滑移裂缝

6. 混凝土板接缝反射裂缝

混凝土板接缝反射裂缝(Joint Reflection Cracking)主要发生在水泥混凝土道面上加铺沥青层的道面结构层上，俗称“盖被”道面(图6-6)。目前，我国机场道面以水泥混凝土道面为主，少有新建沥青道面，现有的沥青道面大都是在原有水泥板道面上加铺而成。由于沥青面层下的水泥板在温度、湿度交替变化及荷载响应作用下产生了不均匀变形或位移，逐步反射到沥青面层导致反射裂缝。这类裂缝中部分由荷载作用引起，且不一定会导致结构的进一步损坏，因此可作为功能性损坏。

图6-6　反射裂缝

二、变形类损坏

变形类损坏(Distortion Distress)指道面在荷载与环境的共同作用下使沥青道面产生了不同程度的形状改变,包括轮辙、推移、沉陷、胀起、波浪等。

1. 轮辙

轮辙(Rutting)是道面表面沿轮迹带的纵向凹陷(图6-7),主要由机轮荷载反复作用下道面结构层的永久变形和(或)道基的塑性变形组成。道面产生轮辙的外因是各种类型飞机轮载的重复作用,内因是沥青混凝土的高温稳定性和抗塑性变形能力差,或由于基层及沥青混合料面层施工压实度不足,使轮迹带处的面层材料和道基在飞机荷载的反复碾压下出现压密变形和侧向剪切位移。

图6-7 沥青道面轮辙

2. 推移

推移(Shoving)是道面表面局部区域的纵向起伏变形(图6-8)。通常是由于混合料热稳定性不足,飞机制动和转向时产生较大的水平力而发生剪切形成。推移是由材料因素引起的功能性损坏,但有可能导致道面的结构性损坏。

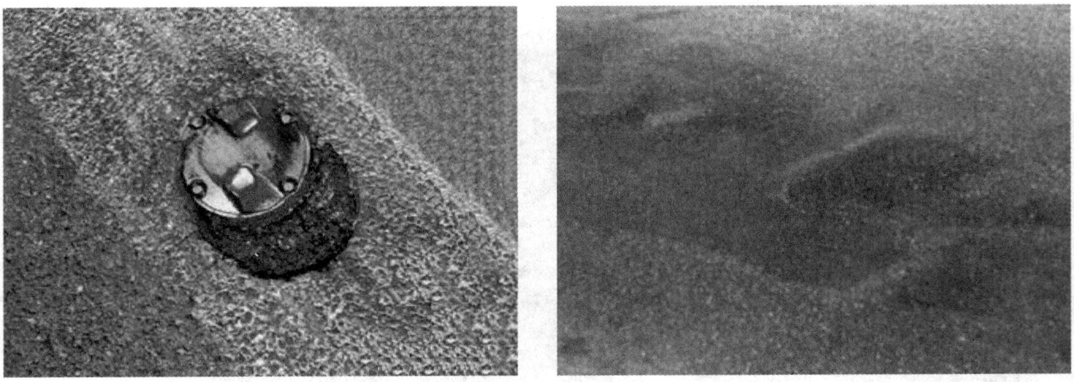

图6-8 推移

笔记

3. 沉陷

沉陷(Depression)是指道面表面的局部不均匀凹陷(图6-9)。沉陷的主要原因是地基未充分固结发生沉降,或土基压实度不够,导致道面在横向和纵向产生不均匀沉陷和严重的纵向开裂,同时土基压实度差导致土基强度显著降低和道面承载能力不足发生破坏。沉陷是一种典型的道面早期损坏现象,一旦形成沉陷会引起飞机的打滑,导致道面的功能性损坏。

图6-9　沉陷

4. 胀起

胀起(Swell Distress)是指道面表面局部隆起的破坏现象,它可发生在较小的区域,也可以分布于较长的区域,但不管哪种分布形式,都伴随着表面开裂(图6-10)。胀起主要是由道基的冻胀或膨胀土所造成,道面在冰冻力作用下,道基上层积聚的水分冻结后引起道面胀起并开裂。另外,水泥混凝土道面的沥青加铺道面也可能由于混凝土板的破裂而产生一些小的膨胀。

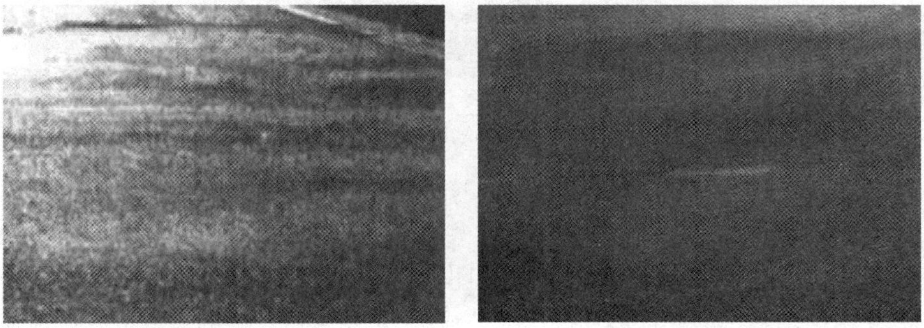

图6-10　胀起

5. 波浪

波浪(Corrugation)是指垂直于道面滑行方向,在道面表面呈现出一系列有规律的波峰和波谷,波峰与波谷交替出现,间隔很近的破坏现象(图6-11)。波浪产生的主要原因是道面材料组成设计和施工质量差,使得道面材料不足以抵抗车轮水平力的作用,沥青混合料的强度和劲度大幅度下降,在大量机轮荷载反复作用下,产生推移和变形。如若拥包未能及时处治,在飞机的反复作用下会逐渐演变发展成为波浪。

搓板是指垂直于道面轮迹方向上出现的有规则的波浪状隆起和凹陷,形似洗衣搓板状的道面破损,一般相邻隆起(凹陷)之间的距离不大于1.5m。波浪和搓板是同一破损的不同程度,波浪的波峰、波谷的距离和起落差异均大于搓板。

三、抗滑性能丧失类损坏

道面的抗滑性能丧失类损坏(Loss of Skid Resistance)一般指发生在沥青道面浅表的一些功能性损坏,包括泛油、磨光、油料腐蚀等。

1. 泛油

泛油(Bleeding)是指沥青面层中间自由沥青受热膨胀,引起沥青混凝土孔隙无法容纳而溢出道面表面的现象(图6-12)。沥青混凝土设计或施工不当是传统泛油病害的主要原因。在混合料设计中,孔隙率过小和沥青饱和度过高都可能导致泛油的发生。此外,混合料生产中沥青用量控制不准而过量也是导致泛油的重要原因。其中,沥青混凝土设计或施工不当是泛油发生的内因,而诱发的直接外因是环境高温。

图6-11 波浪

图6-12 泛油

2. 磨光

磨光(Polished Aggregate)是指道面在交通荷载反复作用下集料棱角被磨成圆滑或平滑状,道面表面的细纹理和构造纹理都大大降低的现象(图6-13)。道面磨光主要是由道面抗滑层集料组成设计中,采用的集料抗磨光性能和硬度差造成的,选用材质较好的集料可有效地加以防治。磨光会直接导致道面抗滑能力下降,是机场运营安全的一大隐患。

3. 油料腐蚀

油料腐蚀(Fuel Spillage)是指道面被溢出的润滑油、燃料及其他溶剂腐蚀或软化的现象(图6-14)。油料腐蚀通常是由不当操作或震动等因素引起,将会导致道面发生功能性损坏。

笔记

图 6-13　磨光

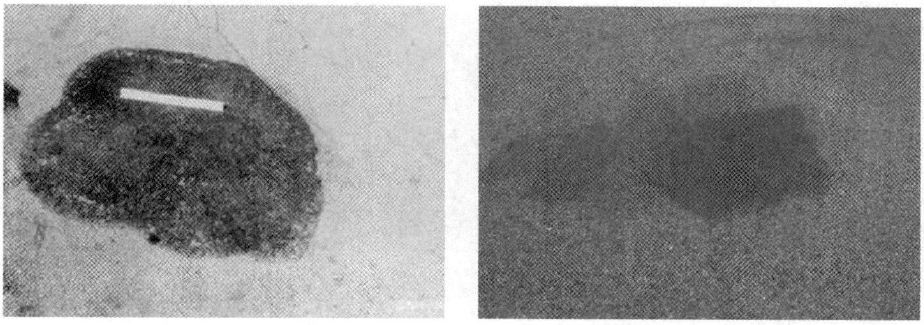

图 6-14　油料腐蚀

四、分解类损坏

分解类损坏(Disintegration Distress)主要是指沥青黏结料和集料的剥离导致道面表面出现磨损(图 6-15),包括老化(Weathering)和松散(Raveling),属于功能性损坏。集料和沥青逐渐剥离、脱开并散失的现象叫松散。松散可能出现在整个道面表面,也可能由于机轮的作用,在轮迹带处较为严重。分解类损坏产生的主要原因是混合料中沥青含量偏低,沥青与集料黏附性差,或由于沥青的老化,使集料与沥青的黏结力不足于抵抗动水压力的侵蚀作用等。

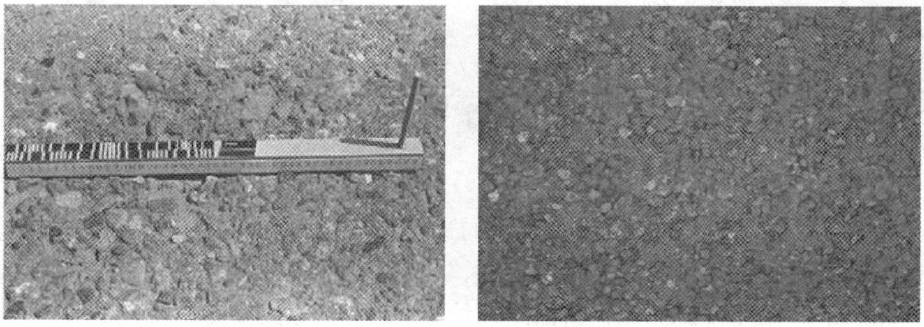

图 6-15　分解类损坏

五、其他类损坏

1. 喷气烧蚀

喷气烧蚀(Jet-Blast Erosion)是指发动机喷出高温气体将沥青结合料烧灼和碳化,使沥青道面变成黑色(图 6-16)。这类损坏由飞机操作引起,属于功能性损坏。

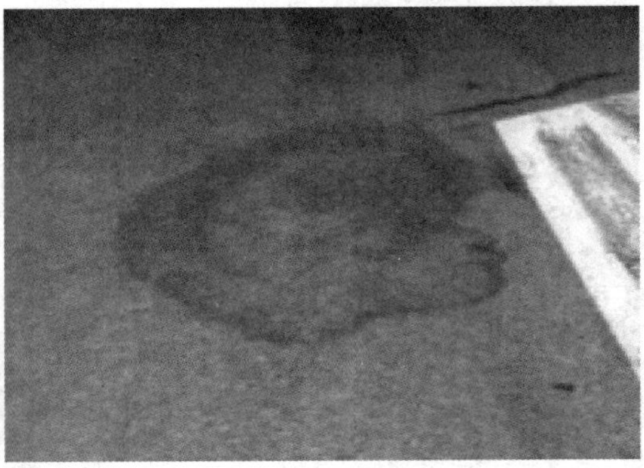

图 6-16 喷气烧蚀

2. 补丁损坏

补丁(Patching)是指道面某个区域原道面材料被移除而替换为相同或不同的材料(图 6-17)。机场道面无论修补得多好,补丁都被认为是道面的一个缺陷。交通荷载、材料条件、不合格的施工水平都会导致补丁发生再次损坏。

图 6-17 补丁损坏

机场沥青道面损坏是道面结构在飞机重复荷载、周边环境变化、材料疲劳损伤、道面结构施工缺陷及其他运营因素的综合影响下产生结构劣化、功能退化的外部表现,一般可分为结构性损坏和功能性损坏。不同损坏模式对应的道面结构性能损坏类型见表 6-1。

笔记

表 6-1 不同损坏模式对应的道面结构性能损坏类型

编号	损坏分类	损坏模式	损坏机理	损坏性质	计量方法
1	裂缝类	横向裂缝	环境因素	功能性	裂缝长度
2		纵向裂缝	环境因素/施工因素	部分结构性	
3		块裂	材料因素/环境因素	功能性	裂缝区面积
4		龟裂	荷载因素	结构性	龟裂区面积
5		滑移裂缝	施工因素	功能性	滑移裂缝的面积
6		混凝土板接缝反射裂缝	环境因素	功能性	裂缝长度
7	变形类	轮辙	荷载因素	结构性	轮辙面积
8		推挤	材料因素	功能性	隆起面积
9		沉陷	施工因素	结构性	沉陷区面积
10		胀起	其他因素	功能性	隆起区面积
11		波浪	材料因素/施工因素	功能性	搓板区面积
12	抗滑性能丧失类	泛油	材料因素/施工因素	功能性	泛油区面积
13		磨光	材料因素	功能性	磨光区面积
14		油料腐蚀	运营管理	功能性	腐蚀区面积
15	分解类	老化和松散	环境因素	功能性	松散和老化的面积
16	其他类	喷气烧蚀	运营管理	功能性	烧蚀面积
17		补丁损坏	其他因素	功能性	补丁面积

第二节 机场沥青道面使用性能要求

机场沥青道面直接受飞机荷载和环境因素的共同作用,为了保证道面结构为飞机安全运行提供稳定、舒适、耐久的服务,沥青道面必须具有足够的高温稳定性、低温抗裂性、水稳定性、耐疲劳性能、耐老化性能、耐航油侵蚀性能和较好的表面抗滑性。

一、沥青道面的高温稳定性

沥青道面高温稳定性通常是指沥青混合料在荷载作用下抵抗永久变形的能力。推移、拥包、搓板、泛油等现象均属于沥青道面高温稳定性不足的表现。稳定性不足问题通常出现在高温、低加荷速率以及混合料抗剪切能力不足时,即沥青道面劲度较低时。

在飞机荷载反复作用下,沥青道面会产生永久变形,永久变形的累积进而导致表面出现车辙。轮迹处沥青层厚度减薄,削弱了面层及道面结构的整体强度,还会诱发其他病害。例如,雨天车辙槽内排水不畅,由于车辙积水导致飞机滑漂,影响飞机运行安全。车辙的产生将严重影响道面的使用寿命和服务质量。

推移、拥包、搓板等损坏主要是由沥青道面在水平荷载作用下,沥青混合料抗剪强度不足所引起的,通常发生在飞机着陆后频繁制动的位置、道面调头坪的位置。对于渠化交通的沥青混凝土平滑道,车辙是沥青道面高温主要病害形式。当沥青道面采用半刚性基层时,车辙主要发生在沥青面层。

影响沥青道面高温稳定性的因素主要有集料、结合料、混合料类型、荷载、环境条件等。沥青混合料高温稳定性试验评价方法主要有马歇尔试验、静态蠕变试验、重复加载试验、三轴试验、劈裂试验以及剪切试验等。沥青混合料高温性能试验方法和参数见表6-2。

表6-2 沥青混合料高温性能试验方法及参数汇总

测试方法	混合物响应参数	可能的变形破坏
动态模量试验	动态模量	永久变形和疲劳变形
	相位角	永久变形
SST剪切模量试验	动态模量	永久变形
	相位角	永久变形
直剪试验	动态模量	永久变形
	相位角	永久变形
准直剪试验	动态模量	永久变形
	相位角	永久变形
重复加载试验	累积应变的斜率和截距	永久变形
	塑性应变与弹性应变的比值	永久变形
	弹性模量(总的和瞬时的)	永久变形
	塑性和弹性应变	永久变形
	塑性流动时加载次数	永久变形
SST重复剪切试验(恒高度)	累积剪切应变的斜率和截距	永久变形
	塑性应变与弹性应变的比值	永久变形
	弹性剪切模量(总的和瞬时的)	永久变形
	塑性和弹性剪切应变	永久变形
	塑性流动周期数	永久变形
三轴、单轴蠕变试验	总应变-时间的斜率和截距	永久变形
	蠕变柔量	永久变形
	塑性流动时间	永久变形
	应变恢复率	永久变形

笔记

车辙试验是评价沥青混合料在规定温度条件下抵抗塑性流动变形能力的有效方法，作为混合料高温稳定性的控制指标，不同规范中对其有不同的要求，《民用机场沥青道面设计规范》(MH/T 5010—2025)规定见表6-3。

表6-3 轮辙试验动稳定度技术要求

项目		不小于(次/mm)			试验方法
		夏炎热区	夏热区	夏凉区	
重交通	抗高温性能增强区	10 000*	8 000*	6 000	JTG E20 T 0719
	其他区域	8 000*	6 000	5 000	
中交通	抗高温性能增强区	8 000*	7 000*	5 000	
	其他区域	7 000*	5 000	4 000	
轻交通	抗高温性能增强区	5 000	4 000	3 000	
	其他区域	4 000	3 000	2 000	

注：①抗高温性能增强区是指沥青道面结构Ⅰ区和其他需要高温性能增强的场内区域。
②标示*号的标准应采用变形检测精度为±0.005mm，分辨率为0.001mm的车辙仪进行试验。
③道肩和非承重区沥青道面使用的沥青混合料的动稳定度一般不作要求。

二、沥青道面的低温抗裂性

沥青道面的低温开裂有两种形式：一种是低温缩裂，主要由于气温骤降使面层收缩，在有约束的沥青层内产生的温度应力超过沥青混凝土的抗拉强度造成开裂，此类裂缝多从表面自上向下发展；另一种是反射裂缝，主要存在于我国常见的"盖被"加铺的沥青混凝土道面中，具体为加铺层底部的旧水泥混凝土板的接缝处，在飞机荷载和环境的共同作用下，接缝反射至道面表面，此类裂缝多是自下往上发展。

沥青路面的低温缩裂与温度下降而引起材料的体积收缩有关。由于材料受到约束，当温度下降到一定程度后材料不能再缩短，则立即产生温度应力，当该应力达到材料的抗拉强度时，就会产生裂缝。温度较高时，沥青混凝土表现出黏弹性性质，温度略有降低，所产生的温度应力将因应力松弛而消失。但是在低温范围内，沥青混凝土主要表现为弹性特性，温度应力不会消失，就有可能产生裂缝。

沥青混合料低温抗裂性能的评价方法有间接拉伸试验、直接拉伸试验、蠕变试验、受限试件的温度应力试验、应力松弛试验等。目前我国采用低温弯曲破坏试验的弯拉应变评价沥青混合料的低温性能，低温弯曲破坏试验通常采用250mm×30mm×35mm的小梁试件，在-10℃的温度环境下，以50mm/min的形变速度在跨中单点加载，在小梁断裂时，记录梁底最大弯拉应变，《民用机场沥青道面设计规范》(MH/T 5010—2025)规定见表6-4。

为了提高沥青道面的低温抗裂性能，应采取如下措施：

(1)使用稠度较低(针入度较大)及温度敏感性较小的沥青，或选用抗老化能力较强的沥青，往沥青中掺加橡胶类聚合物，对提高沥青混合料的低温抗裂性能具有较为明显的效果。

表 6-4 低温小梁弯曲试验技术要求

沥青混合料类型	破坏应变(με),不小于				试验方法
	冬严寒区	冬寒区	冬冷区	冬温区	
普通沥青混合料	2 800	2 500	2 000		JTG E20 T 0715
改性沥青混合料	3 000		2 500		

(2)选择孔隙率小、不透水的密级配沥青混凝土作为路面结构层,设计孔隙率为 2% ~ 4%。也可采用沥青玛蹄脂碎石混合料(SMA)作为面层,兼具收缩小、应力松弛能力强的优点,具有良好的抗裂性能。

(3)适当增加沥青面层厚度,可有效减少沥青道面低温开裂,也能防止半刚性基层开裂引起的反射裂缝。

(4)采用组合式基层。采用具有一定厚度的沥青稳定碎石或者优质级配碎石作为上基层,而利用半刚性材料作为下卧层,这种上柔下刚式的“组合基层”在很大程度上能够防止和减少温缩裂缝和半刚性基层反射裂缝,同时还能充当具有排水功能的基层。

(5)进行半刚性材料组成的合理设计。调整结合料用量与比例,增加粗骨料含量并严格设计级配,以尽可能地减小其温缩和干缩系数,增加半刚性基层材料的抗裂性能。

(6)设置各种土工合成材料,可以防止裂缝反射到面层,并减缓裂缝进一步发展,如土工织物、玻璃纤维格栅、应力吸收层等。

三、沥青道面的水稳定性

沥青道面的耐久性主要取决于沥青与集料之间的黏附程度,水的介入和作用破坏了沥青与集料之间的黏附性,是影响沥青道面耐久性的主要因素之一。水损害多发生于冰冻地区和多雨地区,水损害发生后沥青与集料脱离,使路面出现松散、剥离、坑洞等病害,严重危害道面的使用性能。

沥青道面的水损害包括两种过程:水浸入沥青中使沥青黏附性减小,导致混合料的强度和劲度减小;水进入沥青薄膜和集料之间,阻断沥青与集料之间的相互黏结,由于集料表面对水比对沥青有更强的吸附力,从而使沥青与集料表面的接触面减小,使沥青从集料表面剥落。

水稳定性破坏作用机理的主要依据是黏附理论。黏附是指一种物体与另一物体黏结时的物理作用或分子力作用。目前用来解释沥青与集料间的黏附理论包括力学理论、化学反应理论、表面能理论及分子定向理论等。影响沥青与黏料之间黏结力的因素包括:沥青与集料表面的界面张力,沥青与集料的化学组成,沥青黏性,集料的表面构造,集料的孔隙率,集料的清洁度及含水率,集料与沥青拌和的温度等。

对于沥青道面水稳定性的评价方法分为两类:

(1)用沥青裹覆标准集料,在松散状态下浸入水中煮沸,观察沥青从集料上剥离的情况,如煮沸试验。

(2)使用击实试件(或道面现场取样),在浸水条件下,对道面结构的服务条件进行评估。试验方法包括:煮沸试验、浸水马歇尔试验、浸水间接拉伸试验、浸水车辙试验、冻融循环试验等。

笔记

《民用机场沥青道面设计规范》(MH/T 5010—2025)采用浸水马歇尔残留稳定度和冻融劈裂强度比两个指标评价沥青混合料面层的水稳定性,具体的技术标准见表 6-5。

表 6-5　水稳定性检验技术要求

技术指标		不小于(%)	
		浸水马歇尔残留稳定度	冻融劈裂试验残留强度比
试验方法		JTG E20 T 0709	JTG E20 T 0729
混合料类型	普通沥青混合料	85	80
	改性沥青混合料	90	85

为了提高沥青道面的水稳定性,道面结构设计应保证地表水、地下水及时排出结构之外。沥青材料选择应考虑选取黏度大的沥青和表面活性成分含量高的沥青。在其他各项指标满足要求的前提下,应尽量选择粉尘含量低的碱性集料,若无法得到碱性集料,应掺加外掺剂,以改善黏附性,如消石灰、抗剥离剂等。施工时保持集料干燥,无杂质,拌和充分,摊铺时不产生离析,碾压时保证达到压实要求等。

四、沥青道面的耐疲劳性能

道面在整个使用过程中,长期处于应力(应变)重复循环变化的状态,进而在飞机荷载重复作用下发生破坏。理论和实践都已表明,在飞机荷载作用下,道面结构内各点处于复杂的应力应变状态(图 6-18)。

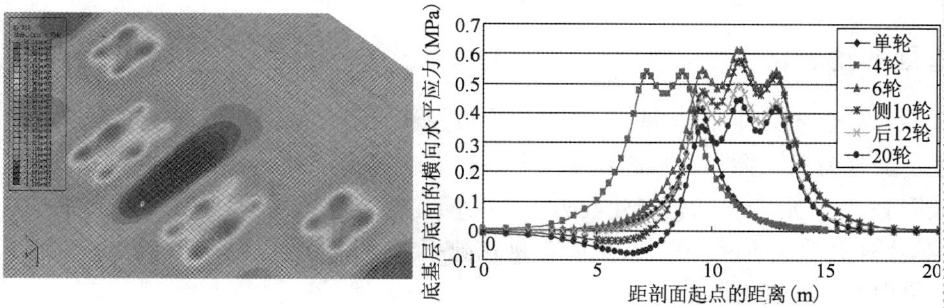

图 6-18　A380 荷载作用下应力图

沥青道面疲劳特性通常采用现象学法进行分析和研究,即传统的疲劳理论方法,它采用疲劳曲线表征材料的疲劳性质。沥青混合料的疲劳是材料在荷载重复作用下产生不可恢复的强度衰减积累所引起的一种现象。显然,荷载的重复作用次数愈多,强度的损伤就愈加剧烈,它所能承受的应力或应变值就愈小。

荷载大小和加载方式对沥青道面的疲劳寿命有重要影响,此外,加载速率、加载波形、荷载间隔时间等因素对疲劳试验结果也有明显的影响。一般情况,加载速率过快、荷载间隔时间过短,试件的疲劳恢复时间也过短,容易加速破坏,导致疲劳寿命较短。

沥青混合料的劲度是影响疲劳寿命的重要参数。根据试验,在控制应力加载模式中,疲劳寿命随混合料劲度的增加而增加。这是因为每次加载产生的应变较小,因此重复作用的次数就多。而在控制应变加载模式中,疲劳寿命随混合料劲度的增加而降低。这是因为劲度高,每次重复加载的应力就大,疲劳寿命就减少。

一切与劲度模量相关的因素都将直接影响到沥青混合料的疲劳寿命,如沥青用量、沥青的种类和稠度等。沥青混合料的孔隙率对疲劳寿命的影响十分明显,不论是何种加载模式,降低孔隙率都能延长混合料的疲劳寿命,所以,一般密级配混合料比开级配混合料有较长的疲劳寿命。此外,集料的表面纹理、形状和级配都对混合料的疲劳寿命有一定影响。

温度对疲劳性能的影响可以用混合料劲度来解释。温度在一定限度内下降时,沥青混合料的劲度增大,试件在承受一定压力的条件下所产生的应变小,因而在控制应力加载模式的试验中有较长的疲劳寿命;而在控制应变加载模式的试验中,温度增加引起混合料劲度降低,使裂缝扩展速度变慢,进而导致疲劳寿命得以增长。

在低温时控制应力加载模式所得的破坏疲劳寿命与控制应变加载模式的试验结果基本接近。但在较高温度下两种加载模式所得的破坏疲劳寿命之间的差值颇为显著。沥青道面疲劳断裂与沥青面层各层混合料的抗疲劳性质有关,为了保证沥青道面不致过早出现疲劳损坏,应采取以下措施予以预防:

(1)需通过合理的设计,提高沥青混合料的劲度模量。

(2)改善沥青道面下面层混合料的抗疲劳性能。由于沥青道面疲劳破坏主要发生在沥青面层的底部,所以下面层沥青混合料更应具有良好的抗疲劳性能,如采用较硬且适当用量的沥青、质地粗糙且棱角性好的石料、较小孔隙率的混合料。

(3)适当增大沥青层厚度,这也有利于提高沥青道面的抗疲劳性能。

五、沥青道面的耐老化性能

沥青材料在沥青混合料的拌和、摊铺、碾压过程中以及沥青道面的使用过程中都存在老化问题。老化过程一般分为两个阶段,即施工过程中的热老化和道面使用过程中的长期老化。沥青道面碾压成型后,沥青混合料的抗老化能力不仅与沥青材料及光、氧等自然气候条件有关外,也与沥青在混合料中所处的形态有关,如混合料孔隙率大小、沥青用量等。沥青混合料的老化将导致沥青道面使用性能的降低。

沥青的耐久性是影响沥青道面使用质量和寿命的重要因素。道面铺筑时受加热作用,道面建成后受自然因素和交通荷载作用,沥青的技术性能向着不利的方向发生不可逆的变化,即沥青的老化。受沥青老化的制约,沥青混合料的物理力学性能随着时间的推移逐年降低,最终将不能满足交通荷载的要求。

在道面施工中沥青始终处于高温状态,受热会产生短期老化和热老化;道面使用期内沥青长期裸露在自然环境中,同时还要受到汽车、飞机等机械应力的作用而产生长期老化,即使用期老化。

由于在沥青混合料短期老化阶段,沥青呈薄膜状态,所以,现在国际上通行的评价沥青在拌和过程中热老化程度的试验方法是薄膜加热试验(TFOT)和旋转薄膜加热试验(RT-FOT)。相对于拌和与铺筑过程中的短期老化,沥青在道面使用过程中的老化是一个漫长的过程。

20 世纪 90 年代,美国战略公路研究计划(SHRP)成果“高性能沥青路面”(SUPERPAVE)提出压力老化试验(PAV)。压力老化试验方法反映了道面5年的老化情况,其标准的老化温度视标号的不同规定为 90~110℃,老化时间为 20h,容器内的充气压力为 2.1MPa。

沥青混合料短期老化的试验方法应体现松散混合料在拌和、储存和运输中受热而挥发和氧化的效应,以模拟沥青混合料施工阶段的老化效果。SHRP根据以往研究,采用烘箱加热法来模拟沥青混合料短期老化,采用延时烘箱加热和加压氧化法来模拟沥青混合料实验室长期老化。

沥青道面的抗老化性能是影响沥青道面使用质量和寿命的主要因素。为减轻沥青混合料的短期老化,可考虑采取以下几项措施:

(1)在保证沥青混合料拌和、摊铺、碾压技术性能的前提下,尽可能采用比较低的施工温度。

(2)尽量缩短沥青混合料的高温保存时间,特别是对拌和好的沥青混合料避免长时间在热贮料仓存放,还应避免混合料运输距离太长,或因拌和设备生产能力与摊铺设备摊铺能力不匹配而造成的等料时间过长。

(3)选择优质的重交通道路沥青材料,通过热老化试验,根据沥青的老化指数选择耐老化的沥青。

(4)合理地进行混合料设计,尽可能采用密实级配沥青混合料,降低孔隙率,减少阳光、雨水通过孔隙浸入混合料内,减轻沥青的氧化和剥落,将有效地提高沥青道面的耐久性。

(5)在保证沥青混合料具有足够热稳定性的条件下,适当增加沥青用量,增加集料颗粒表面沥青膜的厚度,能提高混合料的耐久性。

(6)使用适当的外掺剂,尤其在沥青中添加适当的外掺剂,可以提高沥青的耐久性,例如在沥青中掺加炭黑,能抵御紫外线的作用。

六、表面抗滑性

用作机场沥青道面的表面层的沥青混凝土应有足够的粗糙度,以保证飞机的制动距离符合安全飞行的要求,有效地防止飞机滑跑时产生水上漂滑现象。对于抗滑性,沥青质量和用量和集料的强度、形状和级配都是重要的影响因素,可采用以下途径提高沥青混凝土的抗滑性能。

(1)选择合理的原材料:根据机场所处的地理环境、机场等级和所承受的飞机荷载和交通量,选择合适的沥青标号;选用磨光值、磨耗值和冲击值(或压碎值)都符合有关规范规定要求的集料。

(2)选择合适的级配:集料的级配是形成沥青面层宏观构造的关键因素之一,要根据不同的宏观构造要求和不同地区气候特点选用不同的级配。

(3)确定合理的油石比:根据试验室确定的配合比,通过试拌、试铺和试压进行对比,以确定合理的油石比。

(4)防止抗滑表层下的沥青层油石比过大,油石比过大易造成道面泛油。

七、耐航油侵蚀性能

航油是沥青的溶剂,机场沥青道面在航油侵蚀下会引发破坏,目前尚无经济有效的方法防止航油的侵蚀。在航油侵蚀较严重的停机坪上,宜采用水泥混凝土面层。

第三节 弹性层状体系应力和位移分析

道面结构一般由支撑在压实土基上的面层、基层、底基层等多个层次构成,组成沥青道面各层材料,其应力-应变关系大多呈非线性,在机轮荷载作用下,会产生弹-黏-塑性变形。弹性性质说明道面结构产生可恢复的变形;黏性性质表示变形随时间的推移发生变化;塑性性质表示荷载卸除后仍有残余变形。由于机场道面具有较高的结构强度,在飞机荷载作用下产生的塑性变形很小,加之飞机荷载作用的瞬时性,可以把沥青道面结构视作弹性体系,将道面结构用弹性多层体系表示,采用弹性层状体系理论分析沥青道面各结构层的应力和位移。

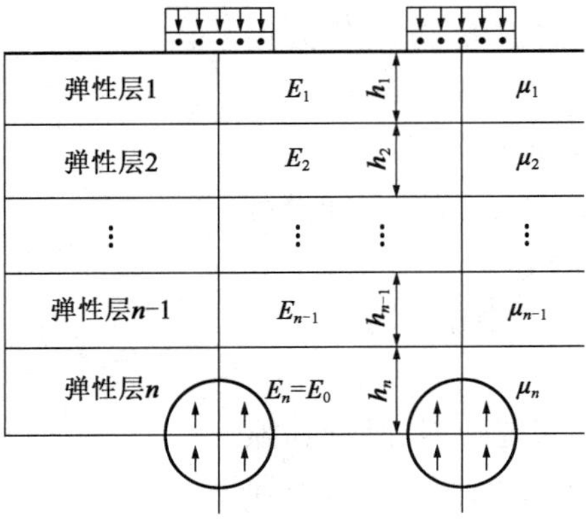

图 6-19 弹性层状体系结构计算模型

弹性层状体系是指在弹性半空间体上有一层或多层厚度有限的弹性层,其力学计算模型如图 6-19 所示。应用弹性力学方法求解弹性层状体系的应力、应变和位移等分量时,具有如下假设:

(1)各结构层内部是连续的,材料是均质、各向同性的,整体是完全连续的弹性体,其弹性特征用弹性模量 $E_i(i=1,2,\cdots,n)$ 和泊松比 $\mu_i(i=1,2,\cdots,n)$ 表征。

(2)道面各层有确定的厚度 $h_i(i=1,2,\cdots,n)$,土基在水平和深度方向都是无限大的,其上各层在水平方向是无限延伸的,但垂直方向具有一定厚度。

(3)道面结构在受机轮荷载作用以前,初应力为零,不考虑道面自重对应力的影响。

(4)道面和土基水平方向无限远处,应力、应变和位移等于零;土基无限深处,应力、应变和位移等于零。

(5)层与层之间的接触面假定为完全连续,或部分连续,或完全滑动。完全连续是指各层界面上的应变和位移完全连续;假定为完全滑动时,仅竖向的应变和位移连续,而层间的剪应力等于零。

道面表面承受着机轮的垂直荷载以及飞机起飞、着陆、滑跑和制动过程中产生的水平荷载。对每一机轮采用圆形均布荷载表示,其表达式如下:

$$\left.\begin{aligned} p(r)&=p \quad (r\leqslant a) \\ p(r)&=0 \quad (r>a) \end{aligned}\right\} \tag{6-1}$$

求解时,将机轮荷载简化为圆形均布荷载(垂直荷载与水平荷载),并在圆柱坐标体系中分析各分量。在图 6-20 的圆柱坐标(r、θ、z)中,在弹性层状体系内的微分单元体上,应力分量有 3 个法向应力 σ_r、σ_θ 和 σ_z,以及 3 对剪应力且$\tau_{rz}=\tau_{zr}$、$\tau_{r\theta}=-\tau_{\theta r}$和$\tau_{z\theta}=\tau_{\theta z}$。

笔记

当层状体系表面作用着轴对称荷载(如圆形垂直均匀荷载)时,各应力、应变和位移分量也对称于对称轴,即它们仅是 r 和 z 的函数。因而,$\tau_{r\theta}=\tau_{\theta r}=0$,$\tau_{z\theta}=\tau_{\theta z}=0$。3 对剪应力只剩下一对 $\tau_{rz}=\tau_{zr}$。可采用如下方法求解。

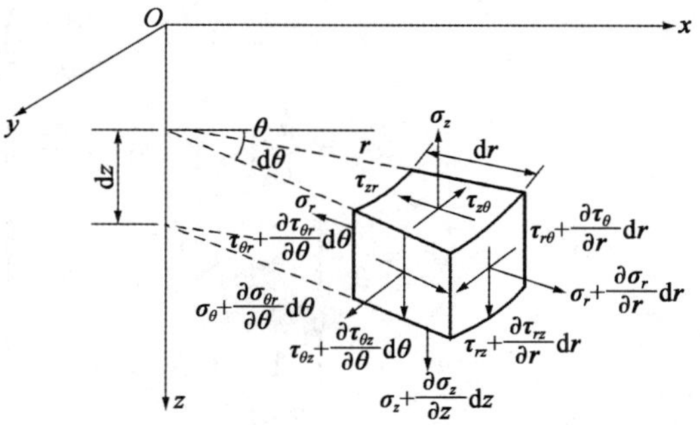

图 6-20 圆柱坐标系中微分单元体受力分析图

由弹性力学得知,对于以圆柱坐标表示的轴对称课题,其平衡方程(不计体积力)为:

$$\left.\begin{aligned}\frac{\partial\sigma_r}{\partial r}+\frac{\partial\tau_{zr}}{\partial z}+\frac{\sigma_r-\sigma_\theta}{r}=0\\ \frac{\partial\sigma_{zr}}{\partial z}+\frac{\partial\tau_{zr}}{\partial r}+\frac{\tau_{zr}}{r}=0\end{aligned}\right\}\tag{6-2}$$

应力-应变关系为:

$$\left.\begin{aligned}\varepsilon_r&=\frac{1}{E}[\sigma_r-\mu(\sigma_\theta+\sigma_z)]\\ \varepsilon_\theta&=\frac{1}{E}[\sigma_\theta-\mu(\sigma_r+\sigma_z)]\\ \varepsilon_z&=\frac{1}{E}[\sigma_z-\mu(\sigma_\theta+\sigma_r)]\end{aligned}\right\}\tag{6-3}$$

几何方程为:

$$\varepsilon_r=\frac{\partial u}{\partial r},\varepsilon_\theta=\frac{u}{r},\varepsilon_z=\frac{\partial w}{\partial z},\gamma_{zr}=\frac{\partial u}{\partial z}+\frac{\partial w}{\partial r}\tag{6-4}$$

变形连续方程为:

$$\left.\begin{aligned}&\nabla^2\sigma_r-\frac{2}{r^2}(\sigma_r-\sigma_\theta)+\frac{1}{1+\mu}\cdot\frac{\partial^2\Theta}{\partial r^2}=0\\ &\nabla^2\sigma_\theta-\frac{2}{r^2}(\sigma_r-\sigma_\theta)+\frac{1}{1+\mu}\cdot\frac{1}{r}\cdot\frac{\partial\Theta}{\partial r}=0\\ &\nabla^2\sigma_z+\frac{1}{1+\mu}\cdot\frac{\partial^2\Theta}{\partial z^2}=0\\ &\nabla^2\tau_{zr}-\frac{\tau_{zr}}{r^2}+\frac{1}{1+\mu}\cdot\frac{\partial^2\Theta}{\partial r\partial z}=0\end{aligned}\right\}\tag{6-5}$$

式中:Θ——第一应力不变量,$\Theta=\sigma_r+\sigma_\theta+\sigma_z$;

∇^2——拉普拉斯算子,$\nabla^2=\frac{\partial^2}{\partial r^2}+\frac{1}{r}\frac{\partial}{\partial r}+\frac{\partial^2}{\partial z^2}$。

如果引用应力函数 $\varphi=\varphi(r,z)$,并将应力函数表示成:

$$\left.\begin{aligned}\sigma_r&=\frac{\partial}{\partial z}\left(\mu\nabla^2\varphi-\frac{\partial^2\varphi}{\partial r^2}\right)\\ \sigma_\theta&=\frac{\partial}{\partial z}\left(\mu\nabla^2\varphi-\frac{1}{r}\frac{\partial\varphi}{\partial r}\right)\\ \sigma_z&=\frac{\partial}{\partial z}\left[(2-\mu)\nabla^2\varphi-\frac{\partial^2\varphi}{\partial z^2}\right]\\ \tau_{zr}&=\frac{\partial}{\partial r}\left[(1-\mu)\nabla^2\varphi-\frac{\partial^2\varphi}{\partial z^2}\right]\end{aligned}\right\}\tag{6-6}$$

将式(6-6)代入平衡微分方程式(6-2)和变形连续方程式(6-5)。式(6-2)方程中的第一个式恒等于零,其他转化为重调和方程。

$$\nabla^2\nabla^2\varphi=0\tag{6-7}$$

如果能从式(6-7)中解得应力函数 φ,代入式(6-6)即得到各应力分量,如将各应力分量代入式(6-3)中,则得应变分量。

由式(6-6)、式(6-3)及式(6-4)可得以应力函数表示的位移分量,即:

$$\left.\begin{aligned}\mu&=-\frac{1+\mu}{\mathrm{E}}\frac{\partial^2\varphi}{\partial r\partial z}\\ \omega&=\frac{1+\mu}{\mathrm{E}}\left[2(1-\mu)\nabla^2\varphi-\frac{\partial^2\varphi}{\partial z^2}\right]\end{aligned}\right\}\tag{6-8}$$

对于重调和方程式(6-8),可采用分离变量法或亨格尔积分变换法进行求解。通常习惯上多采用亨格尔积分变换法。由亨格尔积分变换法求得解为:

$$\varphi(r,z)=\int_0^\infty\xi[(A_\xi+B_\xi z)\mathrm{e}^{-\xi z}+(C_\xi+D_\xi z)\mathrm{e}^{\xi z}]J_0(\xi r)\mathrm{d}\xi\tag{6-9}$$

式中:$J_0(\xi r)$——第一类零阶贝塞尔函数;

ξ——积分变量;

A_ξ、B_ξ、C_ξ、D_ξ——ξ 的函数,其值由边界条件和层间结合条件来确定。

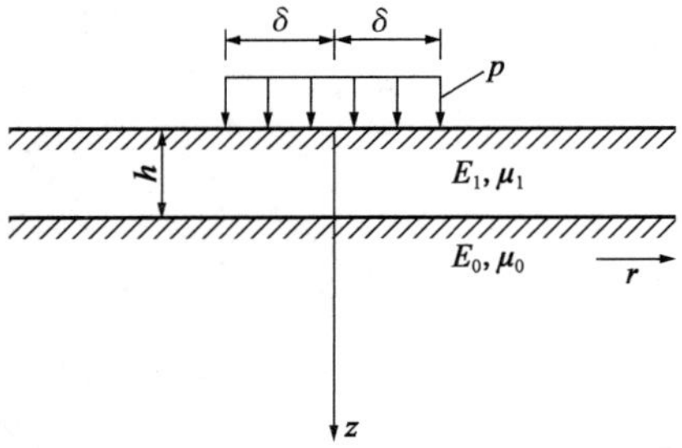

图 6-21 双层体系受圆形均布荷载计算图式
δ-圆形荷载半径;p-荷载集度;h-层间厚度;E_1、E_0-弹性模量;μ_1、μ_0-泊松比

将式(6-9)代入式(6-6)和式(6-8)中可得各应力分量和位移分量表达式。对于某种特定的荷载、体系层数与层间连续条件,式中的待定系数就可以确定。例如表面作用圆形均布垂直荷载的双层连续体系(图 6-21),体系表面荷载作用轴线上的垂直位移(即弯沉)为:

$$\omega=\frac{2(1-\mu_1^2)p\delta}{E_1}\int_0^\infty\frac{2\mathrm{e}^{-\xi h}-4\xi h-M\mathrm{e}^{2\xi h}}{1+4\xi^2h^2+ML-M\mathrm{e}^{2\xi h}-L\mathrm{e}^{-2\xi h}}\cdot\frac{J_1(\xi h)}{\xi}\mathrm{d}\xi\tag{6-10}$$

式中:$L=\dfrac{(3-4\mu_0)-m(3-4\mu_1)}{3-4\mu_0+m}$,$M=\dfrac{m(3-4\mu_1)+1}{1-m}$,$m=\dfrac{E_0(1+\mu_1)}{E_1(1+\mu_0)}$,$E_1$、$\mu_1$、$E_0$、$\mu_0$ 分别是上层和半空间体的弹性模量和泊松比。

式(6-10)为含有贝塞尔函数和指数函数的广义积分,需借助计算机进行计算。为了使用方便,可将式(6-10)改写为:

笔记

$$\omega = \frac{2p\delta}{E_0}\overline{\omega} \tag{6-11}$$

式中：$\overline{\omega} = \dfrac{(1-\mu_1^2)p\delta}{E_1}\displaystyle\int_0^{\infty}\dfrac{2e^{-\xi h} - 4\xi h - Me^{2\xi h}}{1 + 4\xi^2 h^2 + ML - Me^{2\xi h} - Le^{-2\xi h}} \times \dfrac{J_1(\xi h)}{\xi}d\xi$。

$\overline{\omega}$称为垂直位移系数，其计算结果已经绘成了诺模图，可参考相关的文献资料。对于水平荷载作用时，属非轴对称课题，其求解较轴对称课题更为复杂。

在沥青道面结构设计中，通常要验算道面结构层的强度，为此需要计算弹性层状体系在荷载作用下产生的主应力。弹性体内任意点的3个主应力均可由下列一元三次方程求解：

$$\sigma^3 - \Theta_1\sigma^2 + \Theta_2\sigma - \Theta_3 = 0 \tag{6-12}$$

式中：Θ_1——第一应力状态不变量，$\Theta_1 = \sigma_r + \sigma_\theta + \sigma_z$；

Θ_2——第二应力状态不变量，$\Theta_2 = \sigma_r\sigma_\theta + \sigma_\theta\sigma_z + \sigma_z\sigma_r - \tau_{r\theta}^2 - \tau_{z\theta}^2 - \tau_{zr}^2$；

Θ_3——第三应力状态不变量，$\Theta_3 = \sigma_r\sigma_\theta\sigma_z + 2\tau_{r\theta}\tau_{z\theta}\tau_{zr} - \sigma_r\tau_{r\theta}^2 - \sigma_\theta\tau_{z\theta}^2 - \sigma_z\tau_{zr}^2$。

可求得式(6-12)所示方程的根，即为3个主应力σ_1、σ_2、σ_3。由最大主应力σ_1和最小主应力σ_3可求得最大剪应力τ_{max}，即：

$$\tau_{max} = \frac{1}{2}(\sigma_1 - \sigma_3) \tag{6-13}$$

当弹性层状体系上有多个荷载作用时，需先应用叠加原理求出相应的各个应力分量，然后由式(6-13)解算主应力。

第四节　道面结构组合设计

沥青道面结构层由面层、基层、底基层、垫层等多层结构组成。道面结构组合设计是根据道面结构的受力特点和损坏特征，考虑机场所处地区的环境状况，依据道面各结构层的使用性能要求，确定道面结构的结构层次数量、各结构层的模量要求，按就地取材和经济适用的原则，确定各结构层的材料类型，使所设计的道面结构在设计年限内既能够经受飞机荷载和自然因素的作用，又能充分发挥结构层最大效能的沥青道面结构体系。具有不同结构组合的道面，其使用性能、使用寿命、工程造价和后期的养护费用、运行费用都会存在较大差别，因此进行科学的结构组合设计是十分必要的。根据理论分析和实践经验总结，在进行结构组合设计时通常应遵循以下几方面的原则。

1.按荷载特点和各结构层的功能选择结构层次

基层、底基层结构设计应贯彻就地取材的原则。设计时应认真做好当地材料的调查，根据不同机场等级对基层、底基层的技术要求，选择技术可靠、经济合理的基层、底基层结构。基层宽度每侧宜比面层宽出50cm，底基层每侧应比基层宽出30cm。

基层可分为有结合料稳定类(有机结合料、无机结合料)和无结合料的粒料类(嵌锁型、级配型)。底基层可分为无机结合料稳定类和无结合料的粒料类。

有机结合料稳定类:包括热拌沥青碎石或乳化沥青碎石混合料、沥青贯入式碎石等。

无机结合料稳定类(也称半刚性类型):包括水泥稳定类、石灰稳定类及工业废渣稳定类。

水泥稳定类:包括水泥稳定砂砾、砂砾土、碎石土、未筛分碎石、石屑、土等,以及水泥稳定经加工、性能稳定的钢渣、矿渣等。

石灰稳定类:包括石灰稳定土(石灰土)、天然砂粒土(石灰砂粒土)、天然碎石土(石灰碎石土)以及用石灰土稳定级配砂砾(砂砾中无土)、级配碎石和矿渣等。

工业废渣稳定类:包括石灰粉煤灰(二灰)、石灰粉煤灰土(二灰土)、石灰粉煤灰砂(二灰砂)、石灰粉煤灰砂砾(二灰砂砾)、石灰粉煤灰碎石(二灰碎石)、石灰粉煤灰矿渣(二灰矿渣);水泥粉煤灰稳定砂砾、水泥粉煤灰碎石、水泥粉煤灰砂;石灰煤渣、石灰煤渣土、石灰煤渣碎石、石灰煤渣砂砾、石灰煤渣矿渣、石灰煤渣碎石土等。

水泥稳定类、石灰粉煤灰稳定类材料适用各级机场沥青道面的基层和底基层,但水泥或石灰、粉煤灰稳定细粒土不能用作高级道面的基层。石灰稳定类材料适用于各级机场道面的底基层。

粒料类:其中嵌锁型包括泥结碎石、泥灰结碎石、填隙碎石等;级配型包括级配碎石、级配砾石、符合级配的天然砂砾、经轧制掺配的级配碎砾石等。

级配碎石适用于一级机场道面的基层及其他各级机场道面的底基层。级配砾石、级配碎砾石以及符合级配和塑性指数技术要求的天然砂砾,可用作一级机场道面的基层,也可用作各级机场道面的底基层。填隙碎石适用于各级机场道面的底基层。

2. 按应力和应变沿深度的分布规律与各结构层的刚度和强度相适应的原则组合

机轮作用在道面上,主要产生垂直荷载和水平荷载。在垂直荷载作用下,道面结构中的应力和应变随深度的增加而减少;在水平荷载作用下,道面结构产生的应力和应变则随深度的增加而很快消失。因此,各层材料的强度和刚度的要求必须与这种应力和应变沿深度的分布规律相适应,即道面结构层按强度和刚度自上而下递减的方式组合,这样做既能发挥各结构层材料的承载能力,又能充分利用当地材料充当基层或垫层,以降低工程造价。

按上述规律组合道面结构层次时,应注意各相邻结构层之间的刚度不能相差过大。当上、下两层的刚度相差过大时,上层底面将出现较大的拉应力(或拉应变),容易产生疲劳开裂。为使刚度不同的结构层平缓过渡到下层和土基,改善层间接触面的应力,必须注意相邻两层刚度的递减规律。根据经验和应力分析,面层与相邻基层的回弹模量比保持在 4 以内;基层与垫层的回弹模量比保持在 2 ~4 以内;基层或底基层与土基的回弹模量比保持在 3 ~12 以内,此时所组成的道面结构在一般情况下不会出现过大的拉应力(或拉应变)。当然,上述的回弹模量比只是一个大致的参考值,它随各结构层材料的抗拉强度而变化。当采用水泥等稳定类材料作基层时,由于刚度大、抗拉强度较高,就可以不受上述回弹模量比的约束。

3. 要顾及各结构层本身的结构特性

在设计结构层组合时,除应考虑结构层材料所具有的不同特性外,还应注意相邻层次互相影响。如在半刚性基层上铺筑薄沥青混凝土面层时,由于基层出现干缩裂缝,会导致面层相应地出现反射裂缝。在块(卵)石基层上,必须铺设碎石整平层,而不能直接在其上铺筑沥青面层,以免块(卵)石层的不平整现象传递给面层。在潮湿的粉土或黏土土基上,不宜直接铺筑碎(砾)石等松散粒基层,以防止泥土的污染使基层质量降低,或导致过大的变形而使面层损坏。另外,沥青混凝土或热拌沥青碎石之类的高级面层与粒料基层或稳定土基层间应铺设沥青碎石或沥青贯入式中间层。

为了保证结构整体性和结构层之间应力传递的连续性,要求层间的结合紧密稳定。因为不同的接触条件产生的应力分布是不一样的,将直接影响到面层的使用寿命。理论分析计算表明,沥青面层层底的弯拉应力随层间接触条件不同而有较大差别,一般可达50%,最大可相差10倍。为保证层间联结坚固,对非沥青类基层应浇洒透层沥青。

4.道面结构良好的稳定性

保证道面结构的稳定性是道面结构层选择与组合需要解决的重要问题。为保证沥青道面结构的稳定性,对结构层的选择与组合有如下要求:

(1)不因潮湿而使道面结构强度大幅度降低,也不因干燥而使其松散;

(2)不因高温而使道面失去强度稳定性,也不致因低温冻胀而使其开裂翻浆。

进行结构组合设计时,对不同类型的地区,应有不同的考虑。如对于中湿地区,进行结构组合设计时重点是保证水稳定性良好,应慎重选择基层材料;对于冰冻地区,进行结构组合设计时重点是保证道面结构具有足够的冰冻稳定性,在措施上可采用设置隔离层,而且相关规范对防冻层要求提出了最小厚度要求;对于湿热多雨地区,则必须做好地表排水和地下水处理,以防止修建沥青面层后,由于水分不能蒸发,使基层和土基的稳定性发生变化;对于干旱地区,则应注意防止材料松散,并要求保持一定的湿度。

5.适当的结构层数和层厚

道面结构层数越多,越能体现强度和刚度随深度递减的变化规律,但过多的层数将使施工和材料选择更复杂。因此,在满足强度要求的前提下,层数不宜过多;同时,各结构层所选用的材料应符合规格和施工工艺要求,各结构层的适宜厚度应按压实机具所能达到的最佳压实效果选定。为了保证各结构层的稳定性,机场沥青道面技术规范提出了各结构层的最小厚度,见表6-6。

民用机场沥青道面各结构层的最小厚度见表6-7和表6-8。组成基层和底基层的材料还要满足强度要求。

表 6-6　各类结构层最小厚度(单位:cm)

结构层类型		施工最小厚度	结构层适宜厚度
沥青混凝土热拌沥青碎石	粗粒式	5.0	5.0～8.0
	中粒式	4.0	4.0～6.0
	细粒式	2.5	2.5～4.0
沥青石屑		1.5	1.5～2.5
沥青砂		1.0	1.0～1.5
沥青贯入式		4.0	4.0～8.0
沥青上拌下贯式		6.0	6.0～10.0
沥青表面处治		1.0	层铺 1.0～3.0,拌和 2.0～4.0
水泥稳定类		15.0	16.0～20.0
石灰稳定类		15.0	16.0～20.0
石灰工业废渣类		15.0	16.0～20.0
级配碎、砾石		8.0	10.0～15.0
泥结碎石		8.0	10.0～15.0
填隙碎石		10.0	10.0～12.0

表 6-7　面层内各层最小厚度

设计荷载分类	累计交通量 N_e 分级	上面层(cm)	中面层(cm)	下面层(cm)	代表飞机	机型系列
LE	$a \leqslant 5\,000$	4	5	5	B747-400	B747、MD11、A340、B777
	$b \leqslant 15\,000$	4	5	5		
	$c \leqslant 25\,000$	5	5	6		
	$d > 25\,000$	5	5	6		
LD	$a \leqslant 5\,000$	4	4	4	A300-B4	A300、B767、B757、A310
	$b \leqslant 15\,000$	4	5	5		
	$c > 15\,000$	5	5	5		
LC	$a \leqslant 5\,000$	4	5	—	MD82	MD82、B737
	$b \leqslant 15\,000$	4	5	5		
	$c > 15\,000$	4	5	5		

注:如道面刻槽,则上面层厚度在表列数值上加 1cm。

表 6-8　基层内各层最小厚度

设计荷载分类	累计交通量 N_e 分级	上基层(cm)	底基层(cm)	代表飞机	机型系列
LE	$a \leqslant 5\,000$	15(17)	15(17)	B747-400	B747、MD11、A340、B777
	$b \leqslant 15\,000$	16(18)	16(18)		
	$c \leqslant 25\,000$	17(19)	17(19)		
	$d > 25\,000$	18(20)	18(20)		
LD	$a \leqslant 5\,000$	15(17)	15(17)	A300-B4	A300、B767、B757、A310
	$b \leqslant 15\,000$	16(18)	16(18)		
	$c > 15\,000$	17(19)	17(19)		
LC	$a \leqslant 5\,000$	15(17)	15(17)	MD82	MD82、B737
	$b \leqslant 15\,000$	15(17)	15(17)		
	$c > 15\,000$	15(17)	15(17)		

注:对于土基修正值 CBR≤6% 的场地,取表中括号值。

笔记

第五节 我国民用机场沥青道面结构设计方法

美国联邦航空局建议机场沥青道面的设计年限为20年，据调查，国内一些早期建设的机场沥青道面实际使用年限已超过15年，部分达到20年。基于此，规范推荐民用机场沥青道面的设计年限应为20年。在沥青道面设计年限内，允许进行功能性大修。功能性大修一般指在设计年限内针对沥青道面的平整度、抗滑等使用性能的弱化而进行的整体薄层修复。预防性养护、因施工或材料原因引起的局部病害修复等不属于功能性大修。即将搬迁的机场和高原机场等沥青道面设计可根据特定使用要求确定设计年限。

一、沥青道面结构设计指标

结构设计指标主要是从力学响应的角度提出的控制指标，应能涵盖道面结构的主要病害类型，设计控制标准是指道面结构根据设计指标的破坏过程和破坏机理所达到的极限状态。道面结构设计中结构组合若满足控制指标的极限状态，就能保证道面结构在设计使用期内正常工作，不致出现破坏的极限状态。

沥青道面结构在飞机轮载作用下各结构层的应力分布十分复杂，理论计算和大量的试验验证表明：

(1)对于层位较高的水泥混凝土基层和无机结合料稳定类基层，由于刚性板体结构效应，极限拉应力一般出现在水泥混凝土基层或无机结合料稳定类基层板的底部，产生初始裂缝并进一步发展形成断裂裂缝，从而诱发沥青面层的应力重分布，裂缝向上扩展引起面层破坏。

(2)对于设置无机结合料稳定类下基层的道面结构，通常在下基层底部产生初始裂缝，然后向上逐渐扩展到基层和沥青面层。

(3)对于柔性基层沥青道面，当柔性某层材料以沥青结合料为主时，沥青结合料基层底部会承受主要的拉应力；当柔性基层材料以粒状结构为主时，粒料基层不承受拉应力，沥青面层会承受较大的拉应力。因此，柔性基层沥青道面中整个道面结构的极限状态主要出现在沥青混合料层底部，形成初始裂缝并逐步扩展，最终致使沥青面层形成断裂裂缝。

(4)对于沥青混合料层以及路基，在轮迹荷载的竖向压应力和剪应力作用下，会产生不可恢复的永久变形；当使用水泥混凝土或者无机结合料稳定类基层时，永久变形主要发生在沥青混合料层；当使用柔性基层时，永久变形可能会在整个结构范围内累积。

设计指标的选取应当与沥青道面结构层的主要力学响应相对应，并用于控制其主要病害的发生。经过国内外工程界长期观察和研究，在飞机荷载作用下，道面结构层极限拉应力一般发生在层底，某一结构层的拉应力(一般为第一主应力）达到并超过该层材料的极限抗拉强度时，首先在轮载下方产生初始裂缝，随着车轮的反复多次作用，初始裂缝逐步延伸，并在垂直方向扩展，导致道面表面产生各种裂缝，进一步发展后可能导致局部范围或大面积的损坏；与此同时，对于沥青道面结构，即使每一次行车荷载作用产生的残余变形量很小，但多次重复作用累积起来的残余变形总和也会很大，足以影响车辆的正常行驶。因此，我国沥青道面结构设计选用沥青混合料层层底拉应变、无机结合料稳定层层底拉应力、沥青混合料层永久变形量以及道基顶面竖向压应变作为结构设计的重要控制指标，以控制沥青混合料层的疲劳开裂、无机结合料稳定层的疲劳开裂以及沥青层的永久变形。机场沥青道面结构简化为承受飞机全部主起落架荷载的多层体系，采用层间连续接触的弹性层状体系理论计算道面结构力学响应量。飞机起落架荷载简化为作用在圆形轮印范围内的竖向均布荷载。

我国《民用机场沥青道面设计规范》（MH/T 5010—2025）规定根据沥青道面损坏特点，对轮辙和疲劳开裂两类结构性损坏进行控制。针对不同基层材料，选用的设计指标见表 6-9。

表 6-9　沥青道面的设计指标和力学指标

基层结构类型	控制损坏模式	设计指标
粒料类或沥青稳定类基层	沥青层疲劳开裂	沥青层底面水平拉应变
	道面表面轮辙	土基顶面竖向压应变
无机结合料稳定类基层	无机结合料稳定类（底）基层疲劳开裂	无机结合料稳定类（底）基层底面水平拉应力
	道面表面轮辙	沥青层永久变形

二、结构设计参数

1. 飞机荷载参数

应按道面部位和飞机在该部位的实际状态选用飞机重量。飞机主起落架上的轮载，可根据飞机参数按式（6-14）计算确定。

$$P_t = \frac{Gp}{n_c n_w} \tag{6-14}$$

式中：P_t——飞机主起落架上的轮载（kN）；

G——飞机重量（kN）；

p——主起落架荷载分配系数；

n_c——主起落架个数；

n_w——一个主起落架的轮子数。

为简化分析，主起落架一个轮印接触面积按总面积相等的原则假定为圆形接触，圆形轮印的直径可按式（6-15）进行计算。

$$d = 2\sqrt{\frac{P_t}{\pi q}} \tag{6-15}$$

式中：d——轮印直径（mm）；

q——飞机主起落架轮胎压力（MPa）。

笔记

沥青道面设计年限内各机型年运行架次根据调查和预测确定，并应考虑飞机在跑道、滑行道、机坪位置的实际交通量分配。

2. 交通量计算

根据机场设计要求，对设计年限内的道面所使用的飞机运行情况进行分析，确定各类飞机年运行架次，并计算设计年限内的运行次数。设计年限应采用 20 年，也可根据特定使用要求确定。民用机场沥青道面航空交通量等级根据单条跑道设计年限内 C 类及以上机型的平均年起飞架次划分为 3 个等级，航空交通量分级标准见表 6-10。

表 6-10　航空交通量等级划分标准

交通量等级	特重	重	轻
单条跑道设计年限内 C 类及以上机型的平均年起飞架次	≥50 000	15 000 ~ 50 000	≤15 000

注：两条近距平行跑道的交通量按照单一跑道予以考虑。

3. 道基回弹模量

(1) 初步设计阶段可采用类似工程调查方法、室内试验法，经过综合分析、论证，确定场区内不同道基状况下的回弹模量取值，也可采用查表法估计道基回弹模量。

(2) 施工图阶段应通过现场测定道基回弹模量与压实度、道基稠度 B_m 或者室内试验测定道基土回弹模量值与室内道基土 CBR 值等资料，建立可靠的换算关系，并根据换算关系确定现场道基顶面的设计回弹模量取值。

(3) 道基完成后，应在不利季节现场实测道基回弹模量代表值，以检验是否符合设计值的要求。现场实测方法宜采用承载板法，也可采用贝克曼梁弯沉仪法。在非不利季节测试时应进行修正。

(4) 如果现场实测道基回弹模量代表值小于设计值，应采用道基浅层处治措施，或者根据实测道基回弹模量代表值调整沥青道面的结构厚度。

4. 基层结构设计参数

初步设计阶段可根据基层材料的类型，参考现行《民用机场沥青道面设计规范》(MH/T 5010) 附录 D 估计基层的抗压回弹模量和弯拉强度。施工图阶段应采用单轴压缩试验确定基层材料的抗压回弹模量，计算抗压回弹模量设计值。

(1) 无机结合料稳定类基层应采用规定龄期试件进行试验。

水泥稳定类基层抗压回弹模量的测试龄期为 90d，二灰稳定、石灰稳定类基层抗压回弹模量的测试龄期为 180d，水泥粉煤灰稳定类基层抗压回弹模量的测定龄期为 120d。

对于无机结合料基层材料，在施工图阶段宜制备试件并实测抗拉强度，作为基层材料的结构设计参数。

（2）粒料类基层材料应制备试件进行试验。

$$E_{0D} = E - Z\sigma \quad (6\text{-}16)$$

式中：E_{0D}——基层回弹模量设计值（MPa）；

E——各试件抗压回弹模量实测结果的平均值（MPa）；

σ——各试件抗压回弹模量实测结果的均方差（MPa）；

Z——保证率系数，取2.0。

5. 面层结构设计参数

（1）设计参数确定。

沥青结合类材料的设计参数应根据机场等级（飞行区指标Ⅱ）和设计阶段的要求确定。机场飞行区指标Ⅱ为C、D、E、F的工程可行性研究阶段及机场飞行区指标Ⅱ为A、B的可行性设计阶段和工程可行性研究阶段，可参照《民用机场沥青道面设计规范》（MH/T 5010—2025）附录D.2，根据项目情况选用设计参数。

机场飞行区指标Ⅱ为C、D、E、F的初步设计阶段及机场飞行区指标Ⅱ为A、B的施工图设计阶段，可借鉴本地区已有的试验资料，利用经验关系式确定设计参数。

机场飞行区指标Ⅱ为C、D、E、F的施工图设计阶段，应按照标准试验方法，选取工程用道面材料，实测材料设计参数。

（2）沥青结合类材料的抗压回弹模量、抗剪强度和泊松比。

沥青结合类材料的抗压回弹模量测试参照《公路工程沥青及沥青混合料试验规程》（JTG E20—2011）的"沥青混合料单轴压缩试验（圆柱体法）"确定。抗剪强度参照《公路工程沥青及沥青混合料试验规程》（JTG E20—2011）的"沥青混合料抗剪强度试验（三轴压缩法）"确定。在条件受限时，亦可采用单轴贯入剪切试验确定，试验方法见现行《民用机场沥青道面设计规范》（MH/T 5010）附录G.3。泊松比参照《公路工程沥青及沥青混合料试验规程》（JTG E20—2011）的"沥青混合料劈裂试验"确定。试验条件受限时，抗压回弹模量、抗剪强度也可参照《民用机场沥青道面设计规范》（MH/T 5010—2025）附录D.2选取。

（3）抗压回弹模量设计值选取。

进行道面结构沥青层疲劳开裂预估时，模型中输入及计算沥青层层底最大水平拉应变所需的模量参数采用20℃静态加载抗压回弹模量；进行道面结构轮辙预估时，计算土基顶面最大竖向压应变及沥青内部最大剪应力所需的模量参数亦采用20℃静态加载抗压回弹模量。抗压回弹模量设计值E应按式（6-17）计算：

$$E = \overline{E} - \alpha S \quad (6\text{-}17)$$

式中：$\overline{E}$——各试件模量的平均值（MPa）；

S——各试件模量的标准差；

α——保证率系数，取2.0。

进行道面结构半刚性基层疲劳开裂预估时，计算半刚性基层层底最大拉应力所需的模量参数采用15℃静态加载抗压回弹模量；计算基层层底拉应力时应考虑模量的最不利组合，计算层以下各层的模量应采用式（6-17）计算其模量设计值，计算层及以上各层模量应采用式（6-18）计算其模量设计值E。

笔记

$$E = \overline{E} + \alpha S \tag{6-18}$$

三、新建沥青道面结构厚度计算

1. 一般规定

新建沥青道面结构厚度计算包括标准道面结构厚度计算和非关键部位道面结构厚度的修正。

我国现行《民用机场沥青道面设计规范》(MH/T 5010)采用累积损伤系数 CDF 进行疲劳开裂和轮辙控制。CDF 表征的是在设计使用年限内飞机对道面的损伤程度，采用公式(6-19)进行计算。

$$\text{CDF} = \frac{\text{荷载重复作用次数}}{\text{允许的重复作用次数}} = \frac{\text{年起飞架次使用寿命}}{\text{通行覆盖率损坏时的覆盖次数}} = \frac{\text{作用的覆盖次数}}{\text{允许的覆盖次数}} \tag{6-19}$$

当 CDF = 1 时，道面将在到达它预期的使用寿命时损坏；

当 CDF < 1 时，道面在到达预期的设计使用寿命时，还有剩余的使用寿命；

当 CDF > 1 时，道面将在到达预期的设计寿命之前损坏。

2. 道面结构力学模式

沥青道面结构简化为承受飞机全部主起落架荷载的多层体系，采用层间连续接触的弹性层状体系理论计算道面结构力学响应量。飞机起落架荷载简化为作用在圆形轮印范围内的竖向均布荷载。

3. 荷载重复作用次数计算

沥青道面疲劳分析和柔性沥青道面的轮辙分析时，荷载重复作用次数采用如下方法计算。以单轴-双轮起落架(代表机型 A320)为例进行说明。假定在双轮起落架作用下，最不利位置(出现最大响应量的位置)处疲劳控制指标对应的力学响应量的横向分布曲线为 $f(x)$，该力学响应量曲线为 A320 飞机全部主起落架作用下所产生。假定飞机的轮迹横向呈正态分布，示意如图 6-22所示。

考察道面上的任意一点 P，假定该点离道面中心的距离为 x_p。在起落架荷载的作用下，在 P 点会产生力学响应，起落架的横向位置不同，产生力学响应的大小也不同。当飞机的中心线与道面的中心线重合时，记 A320 的双轮起落架中心离道面中心的距离为 x_g(右侧)。把右侧起落架的中心为 x_g 时飞机对道面产生的力学响应量曲线记为 $f_{c=x_g}(x)$。把飞机右侧起落架中心位于其他任意位置 x_i 时的道面力学响应量曲线记为 $f_{c=x_i}(x)$。则对于道面上的任意一点 $P(x=x_p)$，某一起落架位置在该点产生的力学响应量为 $f_{c=x_i}(x_p)$。假定起落架在任何位置对道面会产生相同规律的结构响应，即力学响应量的横向分布曲线的形状相同。则在曲线上必然存在一点 Q,使得 $f_{c=x_g}(x_q)=f_{c=x_i}(x_p)$,由图 6-23 可知 $x_q=x_g+x_p-x_i$。因此,当起落架中心位于 x_i 时对道面 P 点产生的力学响应量等价于飞机中心线与道面中线重合时,在坐标为 $(x_g+x_p-x_i)$ 的 Q 点产生的力学响应量,即:

$$f_{c=x_i}(x_p)=f_{c=x_g}(x_g+x_p-x_i)=f(x_g+x_p-x_i) \tag{6-20}$$

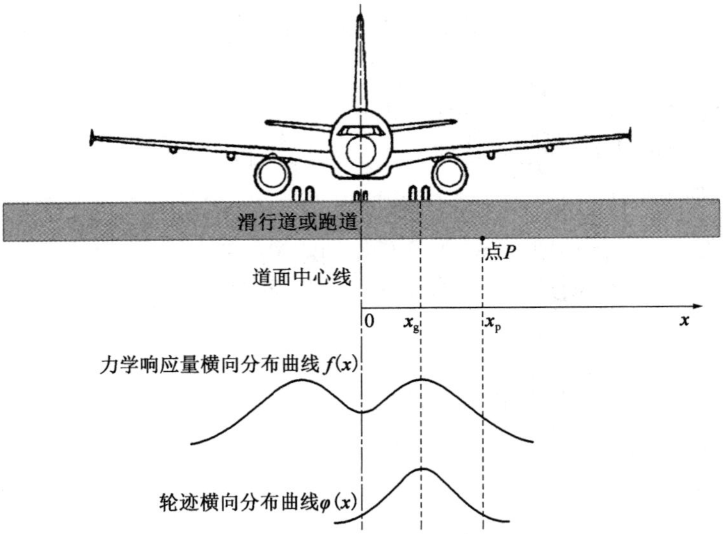

图 6-22 不同模量下面层底面的水平拉应变

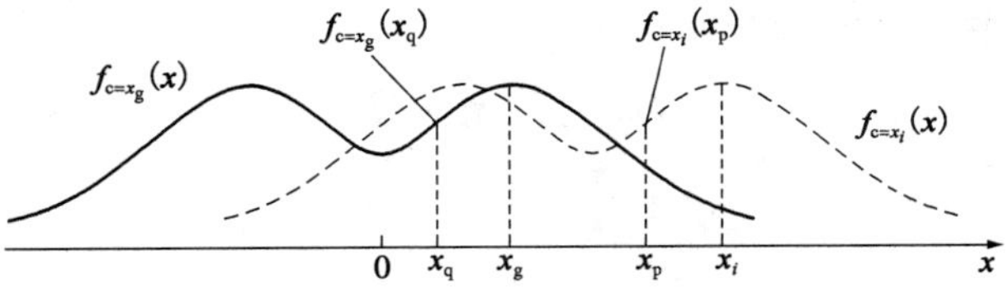

图 6-23 力学响应量的等效

记轮迹的横向分布曲线为 $\varphi(x)$,则起落架的中心位于 x_i 的概率为 $\varphi(x_i)$。假定 A320 飞机的通行次数为 n_j,则在 P 点产生大小为 $f(x_g+x_p-x_i)$ 的力学响应量的次数为:

$$n_{ji}=n_j\varphi(x_i) \tag{6-21}$$

式中:n_{ji}——第 j 类飞机(本例为 A320)的起落架中心位于 x_i 时的荷载重复作用次数;

n_j——第 j 类飞机(本例为 A320)的通行次数;

$\varphi(x_i)$——起落架中心位于 x_i 时的概率。

若记以控制疲劳开裂的力学响应量定义的疲劳方程为 $N_f(\xi)$,则当力学响应量大小等于 $f(x_g+x_p-x_i)$ 时的允许荷载重复作用次数为:

$$N_{ji}=N_f[\xi=f(x_g+x_p-x_i)] \tag{6-22}$$

则道面某一点 P 在 A320 通过 n_j 次后产生的累积疲劳损伤为:

$$\mathrm{CDF}_j=\int\frac{n_{ji}}{N_{ji}}=\int\frac{n_j\varphi(x_i)}{N_f[\xi=f(x_g+x_p-x_i)]} \tag{6-23}$$

式中:CDF_j——第 j 类飞机产生的疲劳损伤系数。

笔记

4. 累积损伤系数计算

将道面横向划分成20cm的条带，分别考察每一条带在不同飞机作用下的累积损伤系数，按最大的累积损伤系数确定混合交通作用下道面最不利荷载作用位置。

$$\mathrm{CDF}_{ji}=\frac{n_{ji}}{N_{ji}} \tag{6-24}$$

$$\mathrm{CDF}_{i}=\sum_{j}(\mathrm{CDF}_{ji}) \tag{6-25}$$

式中：n_{ji}——第 j 类飞机在第 i 条带产生的荷载重复作用次数；

N_{ji}——条带 i 处第 j 类飞机允许的荷载作用次数，按1.8确定；

CDF_{ji}——第 j 类飞机在第 i 条带产生的累积损伤系数；

CDF_{i}——各类飞机在第 i 条带产生的累积损伤系数。

基于沥青道面结构分析的弹性层状力学模型，分析得到相应设计指标对应的力学响应量。将该力学响应量代入对应的性能预估模型，分别确定各类飞机在对应力学响应水平下的允许荷载重复作用次数。

（1）沥青层疲劳开裂控制按公式(6-26)计算。

$$\log N_j=2.68-5\log\varepsilon_{\mathrm{h}}-2.665\times(\log E_{\mathrm{A}}+2.1617) \tag{6-26}$$

式中：N_j——沥青层疲劳损坏控制的荷载重复作用次数；

ε_{h}——沥青面层底面最大水平拉应变；

E_{A}——沥青混合料的回弹模量(MPa)。

（2）半刚性疲劳开裂控制按公式(6-27)计算。

$$\frac{\sigma_{\mathrm{t}}}{f_{\mathrm{r}}}=a-b\log N_{\mathrm{f}} \tag{6-27}$$

式中：N_{f}——半刚性疲劳开裂控制的荷载重复作用次数；

σ_{t}——半刚性(底)基层最大弯拉应力(MPa)；

f_{r}——半刚性材料弯拉强度(MPa)；

a、b——与材料性质相关的试验参数，在缺乏试验条件的情况下可采用 $a=1.0$，$b=0.11$。

（3）粒料类和沥青稳定类基层道面的轮辙控制按公式(6-28)计算。

$$\left.\begin{aligned}&\text{当 } N_j\leqslant 12\,100 \text{ 时}, N_j=\left(\frac{0.004}{\varepsilon_{\mathrm{v}}}\right)^{8.1}\\&\text{当 } N_j>12\,100 \text{ 时}, N_j=\left(\frac{0.002\,428}{\varepsilon_{\mathrm{v}}}\right)^{14.21}\end{aligned}\right\} \tag{6-28}$$

（4）无机结合料稳定类基层的沥青层轮辙控制按公式(6-29)计算。

$$\mathrm{RD}=1.769\cdot\sum_{i=1}^{n}10^{-5.542}\cdot T_i^{2.542}\cdot N_j^{0.752\cdot\left(\frac{\tau_i}{[\tau]_i}\right)^{0.468}} \tag{6-29}$$

式中：RD——沥青面层总轮辙量(mm)；

n——沥青亚层总数；

T_i——沥青道面第 i 亚层温度(℃)；

N_j——荷载重复作用次数；

τ_i——第 i 亚层沥青内部最大剪应力(MPa)；

$[\tau]_i$——第 i 亚层沥青材料 60℃抗剪强度(MPa)。

5. 标准道面结构厚度的确定

标准道面厚度计算流程可参考图 1-3。

(1)交通荷载分析。

预测机场起降飞机的种类和年运行架次以及各种机型的交通量增长率；统计各机型的荷载参数，包括最大起飞重量、起落架构型尺寸和轮压等参数，计算飞机单轮的几何尺寸。

(2)初拟道面结构组合。

确定设计使用年限；初步确定道面结构面层、基层和底基层(垫层)的类型与厚度；确定道面各结构层和土基的材料参数，包括回弹模量和泊松比等参数。

(3)基于道面结构响应模型的力学响应计算。

采用弹性层状体系理论或软件，建立初拟道面结构的分析模型；根据设计指标体系，计算获得道面结构相应设计指标的力学响应量，确定拟验算结构各机型作用下的允许荷载重复作用次数。

(4)荷载重复作用次数 n_{ji} 和累积损伤系数 CDF 的计算。

将道面横向划分成 20cm 的条带，分别计算每一条带的荷载重复作用次数 n_{ji} 和累积损伤系数 CDF。

(5)校验结构。

比较 CDF 与 1 的大小，判断结构设计是否合理。如果 $0.95 \leq \mathrm{CDF} \leq 1.05$，则表明结构合理，设计结束，否则应调整基层或底基层厚度重新计算，直至满足要求。

6. 道面分区厚度

(1)根据道面上飞机荷载作用条件的不同，沥青道面结构设计可以分为 4 个区域。

Ⅰ区：跑道端部，飞机全重通过的滑行道、站坪、等待坪；

Ⅱ区：跑道中部，快速出口滑行道；

Ⅲ区：过夜停机坪，维修机坪，通过维修机坪的滑行道；

Ⅳ区：防吹坪，道肩。

(2)各区域的道面厚度应符合如下规定：

Ⅰ区的道面结构厚度为 T，按飞机荷载计算得到；

Ⅱ区的道面结构厚度为 $0.9T$；

Ⅲ区的道面结构厚度为 $0.8T$，或由实际作用飞机荷载计算确定；

Ⅳ区防吹坪、跑道道肩的道面结构厚度一般为$(0.35 \sim 0.4)T$，站坪、停机坪、滑行道的道肩结构厚度一般为 $0.3T$。

未设置平行滑行道的跑道，中部道面结构厚度应按Ⅰ区设计。

笔记

(3)道面横断面结构厚度减薄。

对于未设置平行滑行道的跑道,跑道端部横断面两侧道面不应减薄;跑道与滑行道的连接弯道及增补面范围内的道面结构不应减薄;道面宽度 30m 以上的跑道,其横断面两侧道面可进行减薄设计,但不宜减薄面层,可对基层、垫层做减薄处理;季节性冰冻地区,减薄道面结构区域应满足最小防冻厚度要求。

第六节　美国 FAA 沥青道面结构设计方法

机场沥青道面结构设计方法经历了从经验法的建立、成熟、完善到力学-经验法的提出、建立、修订的发展与转变过程。道面结构设计方法可分为三类:经验法、力学法和力学-经验法。经验法主要依赖足尺试验数据的统计分析,其局限性表现在基础试验之外的数据需通过外延等手段获得,所得结论的代表性与可靠性难以保证;而力学法以力学基本理论作为设计框架,分析中需进行大量的数据计算,力学理论对实际工程作了较多的假设,导致计算结果与实际状态存在很大的差距,很难解决工程存在的实际问题。因此,对于常规的沥青道面设计而言,上述两种方法都不是十分理想,工程适用性较差、应用范围有限,而力学-经验法具备经验法和力学法两种设计方法的优点,近年来在柔性道面结构设计领域得到了广泛应用。

一、FAA 设计方法的发展

经验法主要通过对试验路的连续观测、试验或使用道路的修筑经验,建立道面结构(结构层组合、厚度和材料性质)、荷载(轴载大小和作用次数)和道面性能三者间的经验关系。国际上沥青道面结构经验设计法主要以 CBR 法为代表,该方法以 CBR 值作为道基土和道面材料(主要是粒料)的参数指标,以土基的抗剪强度作为设计指标,控制土基变形以及道面轮辙等损坏模式。主要思想是通过足尺试验或现有道面的调查,建立起"CBR-轮载作用次数-道面结构层厚度(以粒料层的总厚度表示)"三者的经验关系。利用不同飞机起落架构型的关系曲线,按当量飞机年作用次数和土基的 CBR 值确定道面的设计总厚度及各结构层厚度。

民用飞机的快速发展,使得民用飞机的质量越来越大,轮轴构型更加复杂,导致原有的基于 CBR 的道面结构设计方法不再能够满足需要,迫使原来使用经验法的国家开始寻求新的道面设计方法和体系。基于此,以美国 FAA 为代表,从 1999 年开始了新一轮的机场道面足尺试验的研究,其设计方法的发展参考图 1-1。

近年来,以弹性层状体系为理论基础的力学-经验法得到了快速发展,相应的设计方法和程序也相继推出。力学-经验法首先分析道面结构在飞机荷载和周围环境的综合作用下的力学响应量(应力、应变、位移),建立力学响应与道面性能各种损坏模式关系模型,按设计要求设计所需的道面材料及结构组合。从 20 世纪 60 年代初开始,各国科技人员都投入较多精力研究并实施沥青道面的力学-经验法。

传统的力学-经验法一般以弹性层状体系理论作为理论模型,以弹性模量和泊松比作为道面材料的设计参数,以沥青层底面的水平拉应变和土基顶面的竖向压应变作为设计控制指标,控制道面结构两种主要的损坏模式:土基的永久变形和沥青层的疲劳开裂。表 6-11 列出了国际上多种典型的机场沥青混凝土道面力学-经验法及其设计参数。

表 6-11　国内外主要的机场沥青混凝土道面力学-经验法

设计方法	道面模型	损坏模式	环境考虑	设计参数	设计方式
美国沥青协会法(AI)	弹性多层体系	土基变形;道面轮辙;沥青混凝土开裂	温度	地基回弹模量;年平均大气温度;预测交通量	设计图表;设计程序 SW-1
美国 UFC 弹性层状体系法	弹性多层体系	道面轮辙;沥青混凝土疲劳开裂	温度;湿度	弹性模量和泊松比;预测交通量组成;日气象资料	设计程序 PCASE
美国 FAA 弹性层状体系法	弹性多层体系	土基变形;道面轮辙;沥青混凝土疲劳开裂	温度	弹性模量和泊松比;预测交通量组成	设计程序 LEDFAA 1.3
SHELL 弹性层状体系法	弹性多层体系	土基变形;道面轮辙;沥青混凝土疲劳开裂	加载时间;温度	土基模量;泊松比	设计曲线;设计程序;BISAR 3.0
澳大利亚联邦机场协会法	弹性多层体系	土基变形;道面轮辙;沥青混凝土疲劳开裂	—	弹性模量和泊松比	设计程序;APSDS
荷兰弹性层状体系法	弹性多层体系	土基变形;道面轮辙;沥青混凝土疲劳开裂	—	弹性模量和泊松比	设计程序;PAVERS

比较有代表性的是澳大利亚联邦机场协会的 APSDS 和美国 FAA 的 FAARFIELD。弹性层状体系理论假设各结构层材料都是线弹性的,轮载静态、轴对称地作用在各弹性层之上,虽然与实际的作用状态存在一定的差别,但由于简单方便,在工程设计中得到了广泛推广和应用。

二、美国 FAA 柔性道面结构设计方法

机场柔性道面包括机场沥青混凝土道面和全厚式机场道面,对于全厚式机场道面,可以采用美国沥青协会法(AI)进行设计与分析。FAA 柔性道面结构设计方法属于力学-经验法,为更好地使用 FAA 设计方法,美国 FAA 开发出专门针对新建或者加铺的机场道面的设计软件 FAARFIELD,该软件是基于层状弹性体系以及三维有限元法而开发。

对于柔性道面，FAARFIELD 的设计指标主要基于两个主要参数，即道基顶端的最大压应变，以及各沥青层底部的最大拉应力。限制道基顶面的垂直应变可防止车辙引起的破坏，而限制各沥青层底部的水平应变则可防止沥青层开裂引起的道面破坏。

1. 主要结构层

热拌沥青混凝土面层：热拌沥青混凝土表面需要具有防水、表面平整、黏结良好的特性，没有可能危及飞机或人员的散落颗粒；同时还需要抵抗飞机负载引起的剪切应力；具有防滑纹理，但不会造成轮胎过度磨损。为了满足这些要求，必须对表面沥青混合料配合比进行细致精确的设计，产生具有适当结构的均匀表面，并使其具有最大的稳定性和耐用性。材料选择应满足表6-12，最小厚度应满足表6-13 的要求。

表 6-12　FAA 设计中不同层推荐材料及相应参数

层位	FAA 指定的层位材料	柔性道面（MPa）	泊松比
表面层	P-401/403/404	1 380	0.35
稳定类基层或底基层	P-401/403	3 000	0.35
	P-306	5 000	0.20
	P-304	3 500	0.20
	P-220	1 700	0.20
	可变稳定刚性层	1 700 ~ 5 000	0.20
	可变稳定柔性层	1 000 ~ 3 000	0.35
砾料基层或底基层	P-209	程序定义	0.35
	P-208		0.35
	P-219		0.35
	P-211		0.35
	P-154		0.35
	P-207	175 ~ 3 500	0.35
道基	道基土	7 ~ 350	0.35

表 6-13　柔性道面最小厚度

层位	FAA 规范要求	飞机在道上最大质量（kg）		
		<27 215	<45 360	≥45 360
沥青混合料面层	P-401/403	75mm	100mm	100mm
稳定类基层	P-401/403/306/304	无要求	无要求	125mm
轧制碎石层	P-209/211	无要求	150mm	150mm
碎石层	P-207/208/210/213/213/219	75mm	—	—
排水层	P-307/407	无要求	150mm	150mm
底基层	P-154	150mm	150mm	150mm

对于飞机总重量大于5.67t的机场沥青道面，沥青面层应满足P-401要求的沥青混凝土；对于飞机总重量小于5.67t的机场沥青道面，可选择满足P-403要求的沥青混凝土；在油库附近，应选择满足P-601要求的沥青混凝土，以满足沥青道面的抗溶解性要求。

FAA规范规定，一般情况下热拌沥青层的厚度不小于102mm，同时其模量选择1 380MPa。FAA推荐了两种满足标准的沥青面层：即P-401或P-403标准。这两种沥青层具有相同的属性（即模量为1 380MPa，泊松比为0.35），但是加铺沥青层可以铺设在水泥混凝土层上，而新建面层则只能铺设在沥青类结构层上。

基层：稳定类基层材料各自满足P-401、P-403、P-306、P-304的要求，非稳定类基层材料应各自满足P-208、P-209、P-211、P-219的要求。非稳定类基层主要是粒料类基层。

对于飞机总重量大于45.359t的机场道面，必须选用稳定基层和底基层；对于飞机总重量小于27.2t的机场道面，可以选用粒料类基层。在材料选择方面，一般选用良好的材料，例如完全压碎的密级配碎石。这些材料的CBR值应大于100，底基层的CBR值应大于35。在易受霜冻渗透的区域，除CBR要求外，材料还应满足渗透性和霜冻敏感性测试要求。

底基层：底基层的各种材料应各自满足P-154、P-210、P-212、P-213、P-301的要求，在含有冻敏性土的地区应避免使用满足P213或P301要求的材料。

当使用集料基层时，FAARFIELD中的基层厚度设计程序包含两个步骤：

第一步：计算道基顶面需加铺的碎石层厚度，以满足碎石顶面CBR≥20，并满足表6-13中碎石层最小厚度要求。

第二步：将第一步计算的基层厚度与表6-13中的最小基层厚度进行比较。选择两个值中的较厚者作为设计基层厚度。

FAARFIELD中采用模量作为计算输入参数，如果采用CBR值，则采用$E=1\ 500\text{CBR}$（E的单位是psi）或$E=10\text{CBR}$（E的单位为MPa）进行换算。道基顶面CBR值应大于20。

2. 设计参数和设计流程

(1)道基土力学参数。

对机场道面进行设计前，需要对场地的道基土进行各种力学测试。对于机场柔性道面，FAA推荐道基土以弹性模量作为测试指标。其值与CBR的关系可以表达为：$E=10\text{CBR}$。

在特殊情况下，例如针对现有道面进行修整加铺的时候，现场试验和CBR值不容易取得。可以进行FWD测试或者进行无损测试。

道基土的压实控制：对于总质量小于27.2t的飞机，采用ASTM D698进行试验确定；对于总质量大于等于27.2t的飞机，则采用ASTM D1557进行试验确定。在挖方区域，必须处治至少300mm；一般最大的处治深度是1 829mm。

加州承载比（CBR）：加州承载比是早期美国进行的一系列试验所取得的重要指标，在相当一段时间内，CBR设计法是机场道面结构设计的主要方法，其影响深远。但是作为一种经验方法，其拥有很多弊端，例如，加州承载比可以很好地描述土基沉陷等垂直变形，但是对于土基的开裂等行为的描述则不适用。而且CBR设计法中，早中期的荷载作用重复次数较少，与现在柔性道面的长寿命设计理念相悖。基于种种弊端，以及飞行器重量和速度的提高，再结合弹性层状体系力学日渐成熟，CBR设计法被整合进新的力学-经验法中，因此FAA设计法改进了

CBR 设计方法，并将 CBR 融合进来，转变为一种重要的力学属性指标。

由于道面土基一般情况下服役 3 年左右时趋于饱和状态，因此实验室 CBR 测试应该在浸润 CBR 或者饱和 CBR 情况下进行。而对于一些高寒地区，例如季节性冻土区域，此 CBR 测试应该使用高含水率土壤试件进行。现场 CBR 测试可以获得服役一段时间之后材料的属性。同样，试件也应该经过足够长时间的浸润处理来达到模拟土体在施工完成后服役很长时间的状态。在砾类土中，CBR 试验比较难以进行。由于重塑试块的边界效应，CBR 值会变得相对较高，因此砾类土的 CBR 值需要凭借经验来判断。FAA 设计法建议最大弹性模量为 345MPa，此时 CBR 值大约为 33。

FAA 建议，当进行上述 CBR 试验时，其试验次数并不统一，因为现场土体的复杂性和 CBR 的低可靠度等原因，需要多组实验。一般情况下，每种主要土壤类型试件上，进行 3 ~ 7 次试验即可认为是足够的。

(2)设计寿命。

机场道面结构设计就是要确定结构层总厚度和各层厚度。机场道面结构设计的考虑因素有：环境、飞机质量、轮胎分布、飞机总重量及轴载谱特性、结构层材料特性等。FAA 考虑的道面结构设计寿命为 20 年。

(3)设计飞机机型及轮胎压力。

机场道面结构设计一般采用设计寿命内的最大起飞机型。飞机前轮一般仅分配 5% 的飞机荷载，95% 的飞机荷载由后面起落架承担。

飞机的轮胎压力与起落架分布、飞机总重量和轮胎尺寸有关。由于飞机轮胎压力对沥青道面的层底拉应变影响较大，所以对于沥青混凝土道面，一般假定飞机的轮胎压力为 1.75MPa。

由于飞机的起飞和降落的着地压力完全不同，因此机场道面结构设计一般只考虑在设计寿命内起飞过程的飞机荷载，主要是由于飞机起飞滑行时的荷载最大。

(4)飞机轮迹横向分布及有效轮胎宽度。

由于飞机在滑行过程中不可能在同一直线上，因此就有一定的横向分布，一般符合正态分布，机场道面结构设计时采用横向分布系数来描述。同时由于轮胎分布的差异，轮胎荷载相互之间有一定的影响，因此机场道面结构设计要考虑有效轮胎宽度。

(5)设计寿命内总起降次数。

FAARFIELD 评估在设计寿命周期内的总起降次数为：

$$N = \left(1 + \frac{rL}{200}\right) p N_A L \tag{6-30}$$

式中：N——设计寿命内总起降次数；

N_A——年起降次数；

L——设计寿命（通常为 20 年）；

r——增长率（%）。

(6)累积疲劳破坏(CDF)。

CDF是已使用的路面结构疲劳寿命的数量,它表示为施加的重复荷载作用次数与允许重复荷载作用次数的比率。FAARFIELD分析了每架飞机的路面损坏情况,并在总宽度超过820in的每个10in宽条带的评估中确定了所有飞机总累积损坏的最终厚度。设计的CDF是所有82条带的最大值。根据其机轮间距、载荷和相对于道面中心线的机轮位置,计算出每架飞机在交通组合中的累积损伤。根据标准偏差为30.5in的正态分布的飞机漂移模式,计算每个条带的通过覆盖率。由于FAARFIELD考虑了每架飞机作用在道面的位置,与特定飞机相关的道面损坏可能与混合交通中的一架或多架其他飞机隔离。当CDF之和为1.0时,在所有82条带中的任何一条上,都满足了结构设计条件。

FAARFIELD的疲劳破坏用CDF表示。CDF是Miner规则的一种形式,是疲劳失效的累积损伤模型。使用Miner规则,总的CDF是通过综合计算每架飞机的破坏来确定的。CDF是一个表示已使用的结构疲劳寿命的数量。数学上,CDF是N项的和,其中每项是混合交通中N架飞机的应力重复和允许重复与破坏的比率。对于路面设计,对于给定的交通组合和结构设计寿命,路面结构厚度被调整到CDF=1。对于单架飞机($N=1$)和持续的年起飞,CDF可以表示为如下3种方式:

$$\text{CDF}=\frac{\text{施加荷载重复次数}}{\text{达到破坏时的允许重复次数}} \tag{6-31}$$

$$\text{CDF}=\frac{\text{每年的损坏}\times\text{已使用年寿命}}{\text{通过覆盖范围比率}\times\text{损坏覆盖范围}} \tag{6-32}$$

$$\text{CDF}=\frac{\text{作用范围}}{\text{损坏范围}} \tag{6-33}$$

本章复习思考题

1. 沥青道面有哪些损害类型?
2. 简述沥青道面的设计标准。
3. 简述各损害类型的特征。
4. 机场沥青道面需要满足哪些使用性能的要求?
5. 应用弹性层状体系理论的时候需要作出哪些假设?
6. 道面结构组合设计时需要考虑的影响因素有哪些?
7. 简述道面结构组合设计的具体步骤。
8. 简述我国民用机场沥青道面结构设计方法。
9. 简述美国FAA沥青道面结构设计方法。
10. 分析我国与美国的沥青道面设计方法的异同。

第七章　民用机场水泥混凝土道面结构设计

【本章摘要】 本章主要介绍水泥混凝土道面损坏模式、损坏产生原因等；弹性地基板荷载应力分析、温度应力分析；水泥混凝土道面结构设计主要内容、一般原则、道面结构、接缝设计等；我国民用机场水泥混凝土道面结构设计、板厚设计；美国 FAA 刚性道面结构设计等。

【目的】 通过对本章的学习，掌握机场水泥混凝土道面常见的病害类型，理解病害产生的机理，掌握水泥混凝土道面结构设计理论，能够进行道面结构设计。

【要求】 理解水泥混凝土道面损坏机理；掌握弹性地基板荷载应力、温度应力的计算方法，了解弹性地基板理论在水泥混凝土道面结构设计的应用；熟悉水泥混凝土道面结构设计，理解我国民用机场水泥混凝土道面结构设计方法，了解美国 FAA 刚性道面设计方法。

机场水泥混凝土道面是指表层采用水泥混凝土材料铺筑形成水泥混凝土板，基层、垫层采用不同材料修筑的道面结构，各结构层次在结构体系中具有不同的功能，发挥各自作用，以满足飞机运行要求。机场水泥混凝土道面主要包括：素水泥混凝土道面、钢筋水泥混凝土道面、连续配筋水泥混凝土道面、预应力钢筋水泥混凝土道面。

水泥混凝土道面结构设计方法较多，国内有军用、民用机场水泥混凝土道面结构设计方法；国外应用比较广泛的有美国波兰特水泥协会法、美国联邦航空局法（FAA 法）、美军陆军工程兵法、日本机场水泥混凝土道面设计方法等。

第一节 水泥混凝土道面的损坏模式

在飞机轮载和环境因素共同作用下,水泥混凝土道面的使用性能会逐渐劣化,使得道面表面出现各种类型病害,按照病害类型,可分为裂缝类损坏、接缝类损坏、竖向位移类损坏、表面类损坏、修补类损坏五大类 15 小类病害,见表 7-1。

表 7-1 不同损坏模式对应的道面结构性能损坏类型

编号	损坏分类	损坏模式	损坏机理	损坏性质	计量方法
1	裂缝类	纵向、横向和斜向裂缝	荷载因素/环境因素	结构性	损坏的板块数量
2		破碎板或交叉裂缝	荷载因素	结构性	损坏的板块数量
3		角隅断裂	环境因素/荷载因素	结构性	损坏的板块数量
4	接缝类	填缝料损坏	荷载因素/环境因素	功能性	道面"单元"
5		接缝破碎	材料因素/荷载因素	结构性	发生损坏的板块数量
6		板角剥落	施工因素/荷载因素	结构性	发生损坏的板块数量
7		胀裂	材料因素/施工因素	结构性	发生损坏的板块数量
8	竖向位移类	唧泥和板底脱空	材料因素/荷载因素	功能性	影响到的板块数量
9		沉陷或错台	环境因素/荷载因素	功能性	发生损坏的板块数量
10	表面类	起皮、龟裂和细微裂纹	材料因素/荷载因素/环境因素	功能性	发生损坏的板块数量
11		耐久性裂缝	环境因素	功能性	发生损坏的板块数量
12		收缩裂缝	施工因素	功能性	发生损坏的板块数量
13		坑洞坑槽	材料因素/荷载因素/环境因素	功能性	发生损坏的板块数量
14	修补类	小补丁	荷载因素/环境因素	功能性	发生损坏的板块数量
15		大补丁和开挖补块	施工因素	功能性	发生损坏的板块数量

一、裂缝类损坏

1. 纵向、横向和斜向裂缝

纵向、横向和斜向裂缝将板块分成 2 ~ 3 块,通常是由重复荷载、温度翘曲应力和温度收缩应力等因素单独或多种因素共同作用造成的,产生裂缝的根本原因在于混凝土板的内应力超过混凝土强度,如图 7-1、图 7-2 所示。

轻微损坏程度的裂缝通常与翘曲或摩擦有关,不被认为是主要的结构性损坏。而中等、严重损坏程度的裂缝通常是结构裂缝,被认为是主要的结构性损坏。纵向、横向和斜向裂缝的损坏程度评定见表 7-2。

笔记

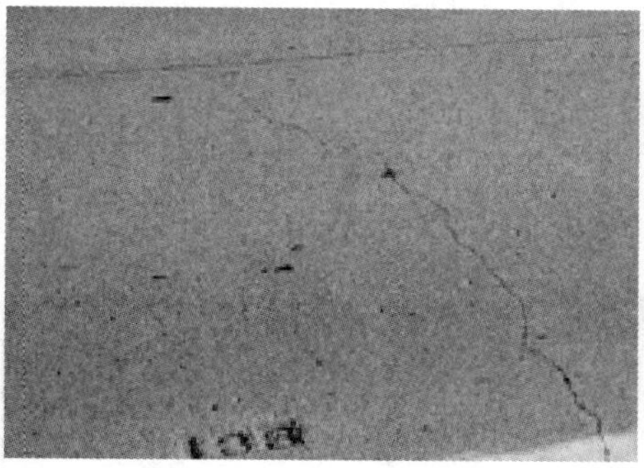

图 7-1　横向裂缝

图 7-2　纵向裂缝

表 7-2　“纵向、横向和斜向裂缝”损坏程度评定

损坏程度	损坏程度判别依据	损坏量计量
轻微	裂缝边缘没有或仅有轻微剥落，未产生碎块。若裂缝未被填补，其平均宽度小于 3mm；若已被填补，则填缝料完好；或者道面板被轻微裂缝分成 3 块	记录发生损坏的板块数量，如需为裂缝填补提供依据，应记录各条裂缝的长度作为补充
中等	a. 裂缝边缘中等程度剥落，可能产生碎块； b. 裂缝未被填补，平均宽度在 3 ~ 25mm 之间； c. 裂缝已被填补，裂缝边缘没有或仅有轻微剥落，但填缝料已经损坏； d. 板块被裂缝分成 3 块，其中最少 1 条为中等裂缝	
严重	a. 裂缝边缘严重剥落，已经产生碎块； b. 裂缝未被填补，其平均宽度大于 25mm； c. 板块被裂缝分成 3 块，其中最少 1 条为严重裂缝	

注：①满足损坏程度判别依据的任一情形，即可判为对应的损坏程度。
②中等程度以上时可判断为结构性损坏。

2. 破碎板或交叉裂缝

由于严重超载或道面承载能力不足或两者兼有而产生并将板分成 4 块或 4 块以上的裂缝称为交叉裂缝，而高严重度的裂缝则被称为破碎板，是一种较为严重的损坏形式，通常是裂缝在重载作用下进一步发展的结果，被归类为结构失效，如图 7-3 所示。

图 7-3　破碎板或交叉裂缝

出现较为严重的裂缝应及时修补处理，否则在荷载作用下，裂缝板会进一步破碎直至完全失去整体性。对于严重断裂，裂缝处有严重剥落且有错台、裂块已开始活动的断板，需更换整块混凝土板，且新旧板块接缝处应设置传力杆。破碎板或交叉裂缝的损坏程度评定方法见表7-3。

表7-3 "破碎板或交叉裂缝"损坏程度评定

损坏程度	损坏程度判别依据	损坏量计量
轻微	板块被轻微的裂缝分割成4~5块	记录发生损坏的板块数量，如需为板块处治提供依据，应记录损坏所影响的面积作为补充
中等	a. 板块被轻微和中等裂缝（裂缝平均宽度不大于25mm）分割成4~5块； b. 板块被轻微裂缝（裂缝平均宽度不大于3mm）分割成6块或6块以上	
严重	a. 板块被裂缝分割成4~5块，其中有严重裂缝（裂缝平均宽度大于25mm）； b. 板块被中等裂缝（裂缝平均宽度在3~25mm之间）分割成6块或6块以上	

注：①板块出现破碎板或交叉裂缝，且程度为中等或严重时不再记录其他损坏类型。
②破碎板或交叉裂缝可判断为结构性损坏。
③满足损坏程度判别依据的任一情形，即可判为对应的损坏程度。

3. 角隅断裂

角隅断裂是指在角隅处产生的与接缝斜交的裂缝，从板角到裂缝两端的距离均小于或等于板边长的一半（否则为斜向裂缝），裂缝贯穿整个板厚（否则为板角剥落）。出现角隅断裂是由于反复荷载、板底支撑强度不足或者翘曲应力等因素的综合作用，如图7-4所示。

图7-4 角隅断裂

板角是水泥混凝土道面较薄弱的部位，处于不利的受力位置，容易出现板角处的断裂损坏。角隅断裂损坏程度评定方法见表7-4。

笔记

表 7-4　“角隅断裂”损坏程度评定

损坏程度	损坏程度判别依据	损坏量计量
轻微	裂缝边缘没有或仅有轻微剥落，未产生碎块，且角隅断块上没有其他裂缝。如果裂缝未被填补，平均宽度小于 3mm；如果已被填补，则填缝料完好	记录发生损坏的板块数量，如需为裂缝填补提供依据，应记录各条裂缝的长度作为补充
中等	a. 裂缝边缘存在中等程度剥落，可能产生碎块； b. 裂缝未被填补，平均宽度在 3～25mm 之间； c. 裂缝已被填补，裂缝边缘没有或仅有轻微剥落，但填缝料已经损坏； d. 角隅断块上出现其他轻微裂缝，即一条轻微程度的裂缝将角隅断块分成两块	
严重	a. 裂缝边缘严重剥落，已经产生碎块； b. 裂缝未被填补，平均宽度大于 25mm； c. 角隅断块上出现中等程度以上的裂缝	

注：①角隅断裂与板角剥落可以根据裂缝是否贯穿板块进行区分。如无法判断裂缝贯穿与否，则按照如下方法区别：若断块两边边长之一大于 600mm，记为角隅断裂；否则记为板角剥落，除非能够证实裂缝贯穿板厚。

②如果一块板上有多处角隅断裂，应按照其中损坏最严重的程度记录损坏程度。

③如果角隅断裂处存在错台，且错台量大于 3mm，应将损坏程度等级提高一级；如果断裂处错台量大于 13mm，角隅断裂的损坏程度直接判定为严重。

④角隅断裂可判断为结构性损坏。

⑤满足损坏程度判别依据的任一情形，即可判为对应的损坏程度。

二、接缝类损坏

1. 填缝料损坏

填缝料损坏是指填缝料失去弹性和封堵的作用，使杂物在接缝中积累或允许大量水分渗入的任何情况；不可压缩材料的积累阻止了板的膨胀，并可能导致凹槽、破碎或剥落，被归类为功能性损坏。典型的填缝料损坏有：接缝密封材料的剥落；接缝密封材料的压出；杂草生长；填缝料硬化；板边黏结的损失；接缝处缺少或没有密封材料，如图 7-5 所示。

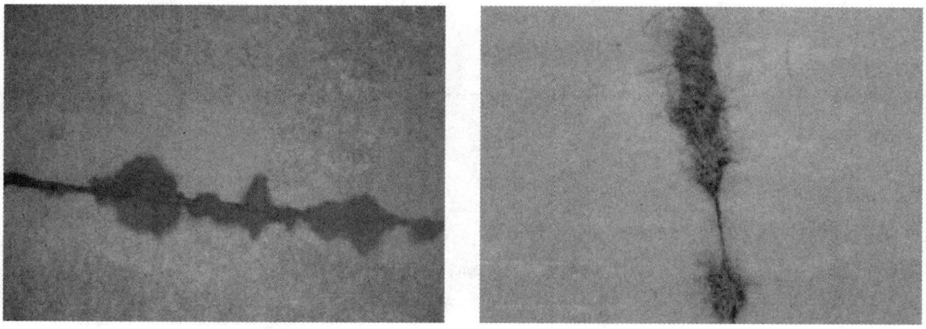

图 7-5　填缝料损坏

填缝料损坏通常是环境因素和荷载因素共同作用的结果，且往往伴随其他损坏形式的出现，故需对损坏的填缝料及时做清理或更换处理。填缝料损坏程度评定方法见表 7-5。

表 7-5 “填缝料”损坏程度评定

<table>
<tr><th>损坏程度</th><th>损坏程度判别依据</th><th>损坏量计量</th></tr>
<tr><td>轻微</td><td>填缝料表观状况良好，无挤出、缺失、长草等现象，少数填缝料与接缝间存在微小缝隙，但仍具有一定的黏结性</td><td rowspan="3">一般情况下无须计量损坏量，而应以道面“单元”为单位记录损坏程度，以该“单元”20% 以上接缝中损坏等级高的损坏程度作为该“单元”填缝料的损坏程度。如需为填缝料更换提供依据，应记录填缝料出现损坏的接缝总长度</td></tr>
<tr><td>中等</td><td>a. 填缝料没有缺失，且与接缝间存在不大于 3mm 的缝隙，无法有效地防止地表水渗入；
b. 接缝附近有唧泥痕迹；
c. 填缝料已老化而失去弹性，但未脆化；
d. 植物在接缝内生长，但看得清接缝槽口</td></tr>
<tr><td>严重</td><td>a. 10% 以上的填缝料存在中等程度的损坏；
b. 10% 以上的填缝料缺失，丧失了封堵作用</td></tr>
</table>

注：①填缝料损坏可判断为非结构性损坏。
②满足损坏程度判别依据的任一情形，即可判为对应的损坏程度。

2. 接缝破碎

接缝破碎是指接缝两侧各 600mm 范围内出现裂缝而形成的板边破碎，该类裂缝未完全贯穿板块，而是在某一个角度与接缝相交，如图 7-6 所示。

图 7-6 接缝破碎

产生接缝破碎的原因是接缝处的应力过大、不可压缩材料入渗或交通荷载作用下引起的裂缝，或接缝软弱混凝土（因过度工作而引起的）与交通荷载相结合造成的，属于结构性损坏。接缝破碎损坏程度评定方法见表 7-6。

表 7-6 “接缝破碎”损坏程度评定

损坏程度	损坏程度判别依据	损坏量计量
轻微	a. 接缝两侧各 600mm 范围内的板块被轻微或者中等裂缝（裂缝宽度不大于 25mm）分割成 3 块以下，但不易产生碎块； b. 接缝出现轻微的磨损（接缝表观宽度不大于 25mm，而且深度不大于 13mm），存在产生碎块的可能性	记录发生损坏的板块数量，如果仅接缝一侧的板块发生破碎，记录 1 块板块，如果接缝两侧的板块均发生破碎，记录 2 块板块。如需为板块修补提供依据，应记录各破碎区域的面积

续上表

笔记

损坏程度	损坏程度判别依据	损坏量计量
中等	a. 接缝两侧各 600mm 范围内的板块被轻微或中等裂缝(裂缝平均宽度不大于 25mm)分割成 3 块以上; b. 接缝两侧各 600mm 范围内的板块被裂缝分割成 3 块以下,其中有严重裂缝(裂缝宽度大于 25mm),接缝较易产生碎块; c. 接缝出现中等程度的磨损(接缝表观宽度大于 25mm,或者深度大于 13mm),产生碎块的可能性较大	记录发生损坏的板块数量,如果仅接缝一侧的板块发生破碎,记录 1 块板块,如果接缝两侧的板块均发生破碎,记录 2 块板块。如需为板块修补提供依据,应记录各破碎区域的面积
严重	a. 接缝两侧各 600mm 范围内的板块被裂缝分割成 3 块以上,其中有严重裂缝(裂缝宽度大于 25mm),接缝很容易产生碎块; b. 接缝出现严重程度的磨损,产生碎块的可能性很大	

注:①如果一块板块多条接缝处均出现接缝破碎现象,损坏程度应选择程度等级高的情况记录。
②如果接缝破碎长度小于 76mm,或者发生破碎的区域已经被填缝料填补,则不作为“接缝破碎”损坏记录。
③接缝破碎可判断为非结构性损坏。
④满足损坏程度判别依据的任一情形,即可判为对应的损坏程度。

3. 板角剥落

板角剥落是指在飞机轮载作用下,板角区域(距离角点距离小于 0.6m)出现的板块开裂现象,被归类为结构性损坏。与角隅断裂的不同之处在于剥落的角度通常与接缝相交,裂缝尚未贯穿板块,然而破裂垂直延伸到板上。产生板角剥落的原因有:接缝落入坚硬的杂物,板在膨胀时产生了超应力,边缘被硬物挤碎;重交通荷载的重复作用;传力杆设计或施工不当;接缝处混凝土强度低,如图 7-7 所示。

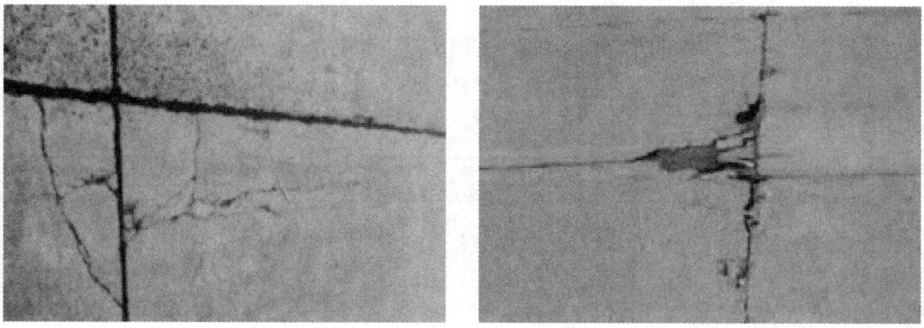

图 7-7　板角剥落

对损坏较深和较宽的道面,先用切割机切除损坏部分,然后用修补材料浇筑;对破损面较浅、较窄的道面,可用风镐凿除一定深度,然后用快速修补料修补填平。板角剥落损坏程度评定方法见表 7-7。

表 7-7 “板角剥落”损坏程度评定

损坏程度	损坏程度判别依据	损坏量计量
轻微	损坏区域被轻微裂缝(裂缝宽度小于 3mm)分割、剥落成 2 块,或者被中等裂缝(裂缝宽度为 3 ~ 25mm)分割、剥落成 1 块,但不易产生碎块	按发生损坏的板块数量统计。如需为板块修补提供依据,应记录各破碎区域面积
中等	a. 损坏区域被中等裂缝(裂缝宽度为 3 ~ 25mm)分割、剥落成 2 块以上,存在松动或者集料缺失现象; b. 损坏区域内存在程度严重的裂缝(裂缝宽度大于 25mm),且已经出现次生裂缝; c. 损坏区域内容易产生碎块	
严重	a. 损坏区域被严重裂缝(裂缝宽度大于 25mm)分割、剥落成 2 块以上,存在松动或者集料缺失现象; b. 损坏区域内破碎现象明显,已产生碎块	

注:①如果损坏区域的长度小于 76mm,而且已经采用填缝料填补,则不作为“板角剥落”损坏记录。
②板角剥落可判断为非结构性损坏。
③满足损坏程度判别依据的任一情形,即可判为对应的损坏程度。

4. 胀裂

胀裂是指由于接缝或者裂缝中(或者与其他构筑物相接位置)存在不可压缩材料、宽度不足或者胀缝内传力杆未能正常工作,当道面板温度较高时,混凝土板的膨胀受到约束,引起板块的翘曲开裂甚至破碎的现象,如图 7-8 所示。严重时会使某一接缝两侧的板块突然出现向上拱起的屈曲失稳现象,即拱起。

图 7-8 胀裂(严重)

拱起现象的出现是由于板收缩时,接缝缝隙张开,填缝料失效,坚硬的碎屑落入缝内,致使混凝土道面板在受热膨胀时受到约束而产生较大的热压应力,将板向阻力较小的一侧推移,接缝处板块出现突发性向上隆起,且常常伴随出现板块横向裂缝。

为避免这种现象的出现,在设计时应合理设置胀缝位置,使用时加强对缝的维护,防止杂物落入缝内,并及时清理缝内杂物和灌缝。胀裂损坏程度评定方法见表 7-8。

表 7-8 “胀裂”损坏程度评定

损坏程度	损坏程度判别依据	损坏量计量
轻微	翘曲现象随着温度降低而消失,道面出现轻微的不平整,无碎裂现象	记录发生损坏的板块数量,胀裂发生在板块裂缝上时,按 1 块板的数量记录;胀裂发生在两块板之间的接缝上时,按 2 块板的数量记录。如需为局部修补提供依据,应记录胀裂影响区域的面积作为补充
中等	翘曲现象随着温度降低而消失,道面出现中等程度的不平整,并存在出现碎裂的可能	
严重	翘曲现象已无法随温度变化而改变,接缝(裂缝)附近已经出现碎裂现象	

注:胀裂可判断为结构性损坏,出现后应立即修复。

三、竖向位移类损坏

1. 唧泥和板底脱空

唧泥是指水泥混凝土板底基层材料中的细料的稀泥浆在移动荷载作用下从接缝或裂缝处挤出的现象,被归类为功能性损坏。在接缝或裂缝附近出现基层材料沉积现象,意味着该处可能发生唧泥现象。产生唧泥需要满足如下条件:

(1)混凝土板下的材料处于自由水饱和状态,如果基层材料排水良好,则不会产生唧泥。

(2)飞机荷载频繁通过,使得道面板产生大幅度的沉降。

(3)混凝土板下的材料易受冲刷浸蚀;材料的冲刷程度与机轮移动荷载动力作用产生的水动力相关。任何未经处治的粒料材料,甚至某些较弱的胶结材料,都容易受到冲刷,因为强大的水动压力会使底基层或土基中的细颗粒材料转移到表面来,而这些悬浮的细颗粒就形成了唧泥。

唧泥产生的过程:在轮载重复作用下,板边缘或角隅下的基层由于塑性变形累积,使道面板下形成孔隙,基层与板脱离接触,外界水从失效的接缝或裂缝处浸入后由于基层的致密性而积存于基层顶面无法下渗,长时间的浸泡使得基层中的细料出现松动,与水混合形成泥浆,在轮载作用下产生水压,沿缝隙或道面边缘挤出,道面板下孔隙扩大,使机轮前的板产生错台和断裂;当机轮后的板回弹时,形成真空,将前板下的细料抽入,前板下即发生唧泥。如图 7-9 所示展示了唧泥的产生过程。

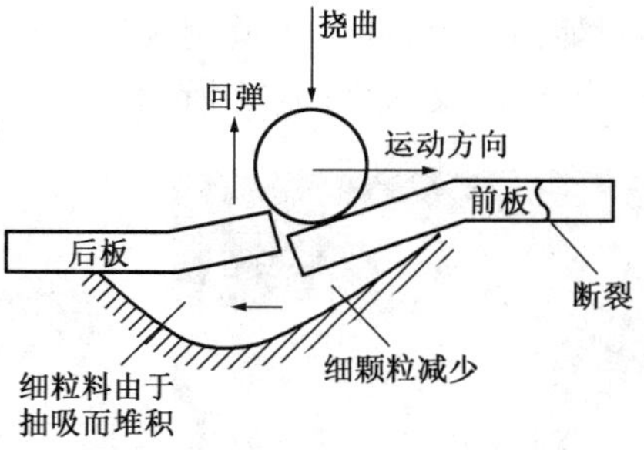

图 7-9　唧泥的产生过程

板底脱空是指当温度或湿度的梯度分布不均匀造成水泥板向上翘曲时,板底与基层顶面的容积将进一步增大,能容纳更多的水分聚集,从而导致基层软化和动水压力作用的增强。随着荷载的不断碾压,唧泥过程反复出现,造成了基层材料的大量流失,出现板底不均匀脱空。唧泥和板底脱空损坏程度评定方法见表 7-9。

表 7-9　"唧泥和板底脱空"损坏程度评定

损坏程度	损坏程度判别依据	损坏量计量
不分损坏等级	—	记录唧泥和板底脱空所影响到的板块数量

注:唧泥和板底脱空可判断为结构性损坏,容易引起板块断裂;该病害出现后应及时采取基础注浆加固等措施。

2. 沉陷或错台

沉陷是指水泥混凝土道面在局部区域出现竖向变形,使道面低于周围道面的现象。通常是由道基不均匀沉降、基层强度不足等原因引起的。

图 7-10　沉陷

错台是指相邻水泥混凝土板块在接缝处出现的高度差。可能是由道基不均匀沉降、基层不稳定、温度变化导致板块伸缩不一致等原因造成的。此两类病害被归类为功能性损坏，如图 7-10 所示。

道面板沉陷的主要原因有：

(1) 道基不均匀沉降。道基土质不均、松软，或回填土不实、浸水，造成不均匀沉降，进而导致道面出现沉陷。

(2) 基层结构不均匀沉降。因模板刚度不足、模板支撑间距过大或支撑底部松动等，产生不均匀沉降，进而导致道面出现沉陷。

错台现象是指道面板在接缝两侧出现了竖向相对位移。产生错台的原因有：

(1) 当胀缝下部填缝板与上部缝槽未能对齐，或者胀缝两侧混凝土壁面不垂直，在胀缩过程中接缝两侧上下错位而形成错台。

(2) 发生唧泥现象，机轮行驶方向的水泥板底下被冲蚀严重而脱空，机轮离去的后板底下积蓄了大量细料和泥沙，使得前板因脱空而高程下降，后板因为泥沙填充而被逐渐顶高，形成两板间高度差，便形成错台现象。

(3) 当接缝传荷能力较差，或交通量或地基承载力在各板上分布不均匀，或相邻板的沉陷不一致时，也会产生错台现象，如图 7-11 所示。

图 7-11　错台

道面板出现错台现象，会使道面平整度急剧恶化，降低运行的平稳性和舒适性，加速轮胎和起落架的损坏，影响飞行安全。错台现象取决于接缝的传荷能力、缝隙内的碎屑数量以及沿接缝下渗的水分等三方面因素。因此，为避免错台现象的产生，应减小相邻两板在接缝处可能出现的高差，即在结构设计时，保证接缝有较好的传荷能力，减少沿缝下渗的水分，选用稳定性好的基层。此外，在季节性冻土地区，冬季道面产生不均匀冻胀时，也会产生错台，因此必须在土基和基层设计时采取相应的措施，减少道面的不均匀冻胀。沉陷或错台损坏程度评定方法见表 7-10。

表 7-10　“沉陷或错台”损坏程度评定

损坏程度	邻板(接缝两侧)高差(mm)		损坏量计量
	跑道及滑行道	停机坪	
轻微	<6	3 ~ 13	按发生损坏的板块数量统计,当两块板之间的接缝出现沉陷或错台时,按1块板记录
中等	6 ~ 13	13 ~ 25	
严重	>13	>25	

注:①由施工质量等引起的沉陷或错台不作为“沉陷或错台”损坏进行记录。
②由地基、道基或基层竖向变形引起的沉陷或者错台,可判断为结构性损坏。

四、表面类损坏

1. 起皮、龟裂和细微裂纹

起皮、龟裂和细微裂纹是指道面表层形成的网状、浅而细的发状裂纹,如图 7-12、图 7-13 所示,这些裂纹发生在混凝土的上表面,影响深度一般为表面以下 3 ~ 13mm。这些损坏被归类为功能性损坏,通常在使用除冰盐、施工不当、冻融循环、碱集料反应等情况下易造成表面起皮,一般出现在整块板块上。

图 7-12　起皮

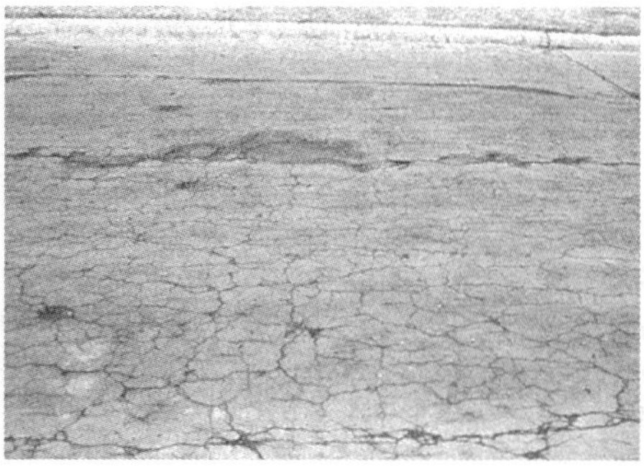

图 7-13　龟裂

起皮、龟裂和细微裂纹损坏程度评定方法见表 7-11。

表 7-11　“起皮、龟裂和细微裂纹”损坏程度评定

损坏程度	损坏程度判别依据	损坏量计量
轻微	细微裂缝可以辨别,但表面状况尚好,且无剥落迹象	按发生损坏的板块数量统计
中等	一些区域出现剥落迹象,但面积比率不大于 5%	
严重	出现剥落的面积比率大于 5%,且板块很容易产生碎块	

注:①同一板块上同时存在“耐久性裂缝”和“起皮、龟裂和细微裂纹”两种损坏时,则按“耐久性裂缝”损坏记录后,不再记录“起皮、龟裂和细微裂纹”损坏。
②起皮、龟裂和细微裂纹可判断为非结构性损坏。

2. 耐久性裂缝

耐久性裂缝是在接缝或裂缝附近产生的平行于接缝或裂缝的发丝状表层裂缝,裂缝周围通常呈现暗色,严重情况下,可能导致接缝周边 0.3 ~ 0.6m 范围内板块的碎裂,被归类为功能性损坏,如图 7-14 所示。

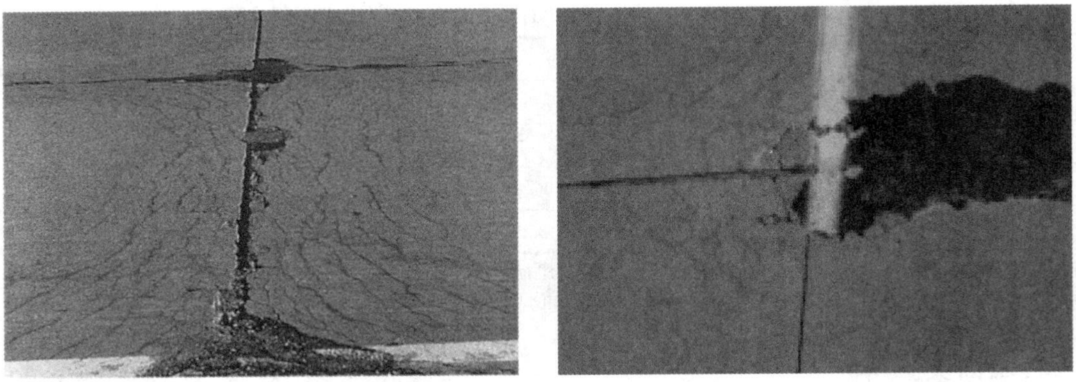

图 7-14　耐久性裂缝

耐久性裂缝仅出现在接缝或裂缝附近。产生耐久性裂缝主要是由于环境因素(如冻融循环等)的作用。耐久性裂缝损坏程度评定方法见表 7-12。

表 7-12　"耐久性裂缝"损坏程度评定

损坏程度	损坏程度判别依据	损坏量计量
轻微	发生范围为 1 个板角或 1 条接缝,板块无剥落现象	按发生损坏的板块数量统计。如需为板块修补提供依据,应记录各破碎区域面积
中等	a. 发生范围为 1 个板角或 1 条接缝,但是板块已开始出现剥落现象; b. 发生范围在 1 个板角或 1 条接缝以上,板块尚无剥落现象	
严重	发生范围在半块板以上,板块剥落现象明显	

注:①如果同一板块上同时存在"耐久性裂缝"和"起皮、龟裂和细微裂纹"两种损坏,则按"耐久性裂缝"损坏记录后,不再记录"起皮、龟裂和细微裂纹"损坏。

②耐久性裂缝可判断为非结构性损坏。

③满足损坏程度判别依据的任一情形,即可判为对应的损坏程度。

3. 收缩裂缝

收缩裂缝是指板块表面出现的细微裂缝,未完全贯穿板块,被归类为功能性损坏,一般情况下是由水泥混凝土养护措施不当造成的。有些情况下收缩裂缝也可以用来描述荷载引起的裂缝,该裂缝未完全贯穿板块,只延伸了一部分,在这种情况下,它被归类为结构性损坏。

为避免收缩裂缝的出现,应加强混凝土初期养护,合理设计混凝土配合比,并加强施工质量控制。收缩裂缝损坏程度评定方法见表 7-13。

表 7-13　"收缩裂缝"损坏程度评定

损坏程度	损坏程度判别依据	损坏量计量
部分损坏等级	—	按发生损坏的板块数量统计

注:收缩裂缝可判断为非结构性损坏。

4. 坑洞坑槽

坑洞坑槽是指道面表层中的集料(或异物)从板块松动剥落形成的一些"小坑",如图 7-15 所示。一般情况下,"小坑"的直径为 25 ~ 100mm,深度为 13 ~ 50mm,通常是由物质(如膨胀性集料结合、砂石材料含泥量过大、含有杂物等)、荷载作用(如机械坚硬物体撞击等)和环境因素(如冻融作用等)造成的。这是一种功能性损坏,坑洞坑槽损坏程度评定方法见表 7-14。

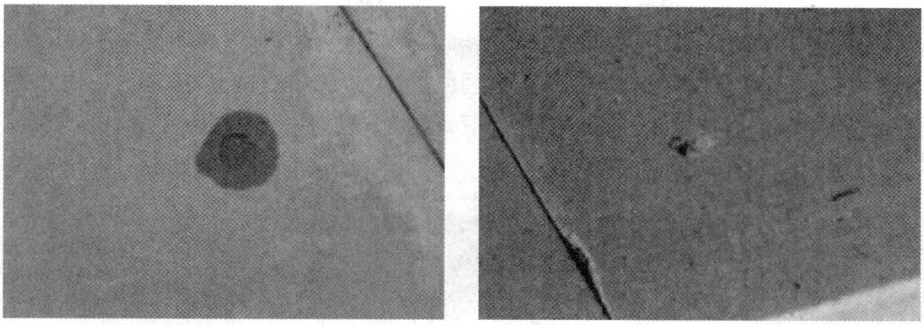

图 7-15　坑槽坑洞

表 7-14　"坑洞坑槽"损坏程度评定

损坏程度	损坏程度判别依据	损坏量计量
部分损坏等级	—	按发生损坏的板块数量统计

注：①当一板块上"小坑"出现的密度大于 3 个/m^2时，则进行记录。
②坑洞坑槽可判断为非结构性损坏。

五、修补类损坏

1. 小补丁

小补丁是指板块上已经进行过局部修补（原来的道面被移除或被填充物取代），但修补区域面积不大于 0.5m^2的道面，如图 7-16 所示。失去支撑、重荷载重复作用、湿度和温度梯度等都有可能造成不良补丁结构的损害，小补丁被归类为功能性损坏。小补丁损坏程度评定方法见表 7-15。

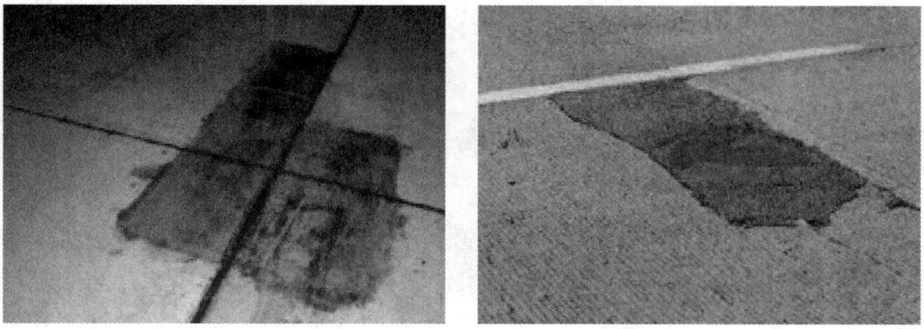

图 7-16　小补丁

表 7-15　"小补丁"损坏程度评定

损坏程度	损坏程度判别依据	损坏量计量
轻微	补丁区域状况良好，没有其他损坏形式出现	按发生损坏的板块数量统计。如需为板块修补提供依据，应记录补丁面积
中等	补丁区域出现损坏或中等剥落现象，较容易产生碎块	
严重	补丁区域再次出现损坏，且沉陷或错台等现象已经影响道面平整度，或严重剥落，已产生碎块	

注：①若修补裂缝的补丁宽度很小（100～250mm），可不作为"小补丁"损坏记录。
②小补丁可判断为非结构性损坏。

2. 大补丁和开挖补块

大补丁是指板块上已经进行过局部修补，且修补区域的面积大于0.5m^{2}的道面，如图7-17所示，被归类为功能性损坏。开挖补块是指因增设地下管线等设施而开挖道面后形成的补块。大补丁和开挖补块损坏程度评定方法见表7-16。

图7-17　大补丁

表7-16　“大补丁和开挖补块”损坏程度评定

损坏程度	损坏程度判别依据	损坏量计量
轻微	补丁区域状况良好，没有其他损坏形式出现	按发生损坏的板块数量统计。如需为板块修补提供依据，应记录补丁面积
中等	补丁区域出现损坏或中等剥落现象，较容易产生碎块	
严重	补丁区域再次出现损坏，且沉陷或错台等现象已经影响道面平整度，或严重剥落，已产生碎块	

注：①道面经过局部修补，无论修补效果如何，均认为是一种损坏形式，并予以记录。
②大补丁和开挖补块可判断为非结构性损坏。

第二节　弹性地基板荷载应力和温度应力分析

水泥混凝土面板为刚性道面，具有较高的力学强度，荷载作用下变形小，混凝土板处于弹性工作范围，荷载作用下板内产生的最大应力不超过水泥混凝土的比例极限应力。当水泥混凝土板工作在弹性阶段时，基层和土基所承受的荷载及产生的变形很小，也处于弹性工作范围。混凝土面板的弹性模量及力学强度远高于基层和土基的模量和强度；又由于混凝土板与基层或土基之间的摩阻力一般不大，所以从力学模型考虑，可把水泥混凝土道面结构看作弹性地基板，用弹性地基板理论进行分析计算。

一、弹性地基板体系理论简介

水泥混凝土道面板的刚度远大于基层与道基的刚度。在飞机轮载作用下，它具有良好的扩散荷载的能力，因此所产生的弯曲变形远小于其厚度，可以用小挠度薄板理论进行分析。道面板下的基层和土基可以看作弹性地基，它对面层仅有竖向的支承反力，即假设地基与板之间无摩阻力；同时，假设地基和板始终保持变形的连续性（完全接触），即便在反力为负向（向下）时也是如此。

1. 小挠度弹性薄板的基本假设

在弹性力学中，由两个平行面和垂直于这两个平行面的柱面所围成的物体称为平板，两个板面之间的距离 h 称为板的厚度，平分板厚度的平面称为板的中面。如果板的厚度 h 远小于中面的最小尺寸 b，满足 $(1/80 \sim 1/100) < h/b < (1/8 \sim 1/5)$，这种板称为薄板。当薄板弯曲时，中面所形成的曲面称为薄板的弹性曲面，而中面内各点在垂直于中面方向的位移称为挠度。荷载作用下，道面板产生的挠度通常小于 1mm，远小于板的厚度，称为小挠度。水泥混凝土道面板的挠度远小于厚度，可以看作小挠度弹性薄板来进行分析。

研究小挠度弹性薄板在垂直于中面的荷载（板顶承受局部范围内的轮载，板底承受地基反力）作用下的弯曲时，建立如图 7-18a）所示的坐标系，通常采用下述 3 项基本假设，3 项假定的几何意义如图 7-18b）所示。

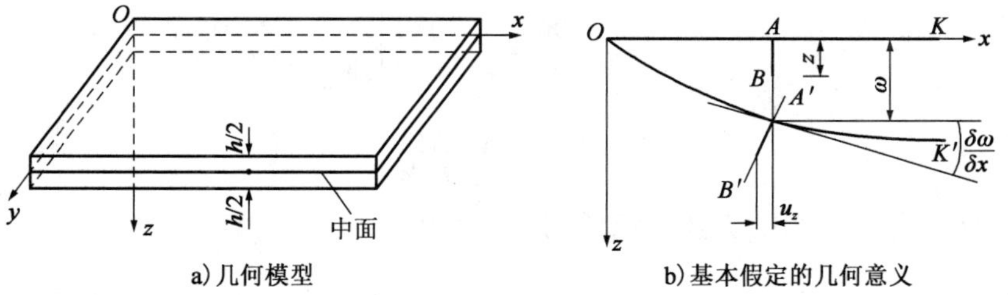

图 7-18 小挠度薄板几何模型

（1）垂直于中面方向的应变 ε_z 极其微小，可以忽略不计，由

$$\varepsilon_z = \frac{\partial \omega}{\partial z} = 0 \tag{7-1}$$

可得 $\omega = \omega(x, y)$，说明竖向位移 ω 仅是平面坐标 (x, y) 的函数，也就是在中面的任一根法线上，薄板全厚度范围内的所有各点都具有相同的位移 ω。

（2）垂直于中面的法线，在弯曲变形后均保持为直线并垂直于中面，因而无横向剪切应变，即：

$$\gamma_{zx} = \gamma_{zy} = 0 \tag{7-2}$$

由此可得：

$$\left.\begin{aligned}\frac{\partial u}{\partial z} &= -\frac{\partial \omega}{\partial x}\\ \frac{\partial v}{\partial z} &= -\frac{\partial \omega}{\partial y}\end{aligned}\right\} \tag{7-3}$$

板的物理方程：

$$\left.\begin{aligned}\varepsilon_x &= \frac{1}{E}(\sigma_x - \mu\sigma_y)\\ \varepsilon_y &= \frac{1}{E}(\sigma_y - \mu\sigma_x)\\ \gamma_{xy} &= \frac{2(1+\mu)}{E}\tau_{xy}\end{aligned}\right\} \tag{7-4}$$

根据式(7-3),积分后可得:

$$\left.\begin{aligned} u &= -z\frac{\partial\omega}{\partial x} + C_1 \\ \upsilon &= -z\frac{\partial\omega}{\partial y} + C_2 \end{aligned}\right\} \tag{7-5}$$

(3)中面上各点无平行于中面的位移,即$(U)_{z=0} = (V)_{z=0} = 0$。由此可得:$C_1 = C_2 = 0$,则有:

$$\left.\begin{aligned} \mu &= -z\frac{\partial\omega}{\partial x} \\ \upsilon &= -z\frac{\partial\omega}{\partial y} \end{aligned}\right\} \tag{7-6}$$

进而得到板的几何方程:

$$\left.\begin{aligned} \varepsilon_x &= \frac{\partial\mu}{\partial x} = -z\frac{\partial^2\omega}{\partial x^2} \\ \varepsilon_y &= \frac{\partial\upsilon}{\partial y} = -z\frac{\partial^2\omega}{\partial y^2} \\ \gamma_{xy} &= \frac{\partial\mu}{\partial x} + \frac{\partial\mu}{\partial y} = -2z\frac{\partial^2\omega}{\partial x\partial y} \end{aligned}\right\} \tag{7-7}$$

将板的物理方程式(7-4)改写为应力的表达式,并把式(7-7)代入,可得:

$$\left.\begin{aligned} \sigma_x &= \frac{E}{1-\mu^2}(\varepsilon_x - \mu\varepsilon_y) = -\frac{Ez}{1-\mu^2}\left(\frac{\partial^2\omega}{\partial x^2} + \mu\frac{\partial^2\omega}{\partial y^2}\right) \\ \sigma_y &= \frac{E}{1-\mu^2}(\varepsilon_y - \mu\varepsilon_x) = -\frac{Ez}{1-\mu^2}\left(\frac{\partial^2\omega}{\partial y^2} + \mu\frac{\partial^2\omega}{\partial x^2}\right) \\ \tau_{xy} &= \frac{E}{2(1+\mu)} = -\frac{Ez}{1+\mu}\cdot\frac{\partial^2\omega}{\partial x\partial y} \end{aligned}\right\} \tag{7-8}$$

各截面上的内力(弯矩和扭矩),可通过对式(7-8)积分得到:

$$\left.\begin{aligned} M_x &= \int_{-\frac{h}{2}}^{\frac{h}{2}} z\sigma_x \mathrm{d}z = -D\left(\frac{\partial^2\omega}{\partial x^2} + \mu\frac{\partial^2\omega}{\partial y^2}\right) \\ M_y &= \int_{-\frac{h}{2}}^{\frac{h}{2}} z\sigma_y \mathrm{d}z = -D\left(\frac{\partial^2\omega}{\partial y^2} + \mu\frac{\partial^2\omega}{\partial x^2}\right) \\ M_{xy} &= \int_{-\frac{h}{2}}^{\frac{h}{2}} z\tau_{xy} \mathrm{d}z = -D(1-\mu)\frac{\partial^2\omega}{\partial x\partial y} \end{aligned}\right\} \tag{7-9}$$

式中:E、μ——水泥混凝土的弯曲弹性模量和泊松比;

h——板厚度;

D——板的弯曲刚度,其表达式为 $D = \dfrac{Eh^3}{12(1-\mu^2)}$。

这样,道面板截面上任一点的应力可以用截面上的弯矩或扭矩表示,其表达式如下:

$$\left.\begin{aligned}\sigma_x &= \frac{12M_x}{h^3}z \\ \sigma_y &= \frac{12M_y}{h^3}z \\ \tau_{xy} &= \frac{12M_{xy}}{h^3}z\end{aligned}\right\} \tag{7-10}$$

2. 板挠曲面微分方程

从板上割取长和宽各为 $\mathrm{d}x$ 和 $\mathrm{d}y$、高为 h 的单元，作用于单元上的内力和外力如图 7-19 所示。

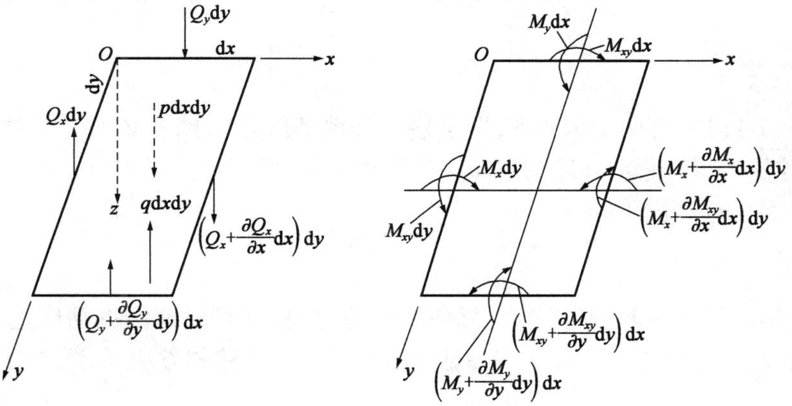

图 7-19　弹性地基板微分单元受力分析

根据单元的平衡条件（$\sum z=0$，$\sum M_y=0$，$\sum M_x=0$），可导出当板表面作用竖向荷载 p，地基对板底面作用竖向反力 q 时，板中心挠曲面的微分方程，即：

$$D\,\nabla^2\nabla^2\omega = p - q \tag{7-11}$$

式中：∇^2——拉普拉斯算子，即$\nabla^2=\frac{\partial^2}{\partial x^2}+\frac{\partial^2}{\partial y^2}$；

D——板的弯曲刚度，即 $D=\frac{E_{\mathrm{c}}h^3}{12(1-\mu_{\mathrm{c}}^2)}$；

ω——板的挠度；

E_{c}、μ_{c}——分别为板的弹性模量和泊松比；

h——板厚。

荷载 p 及反力 q 如同竖向位移 ω 一样，均为平面坐标（x，y）的函数，如图 7-20 所示。

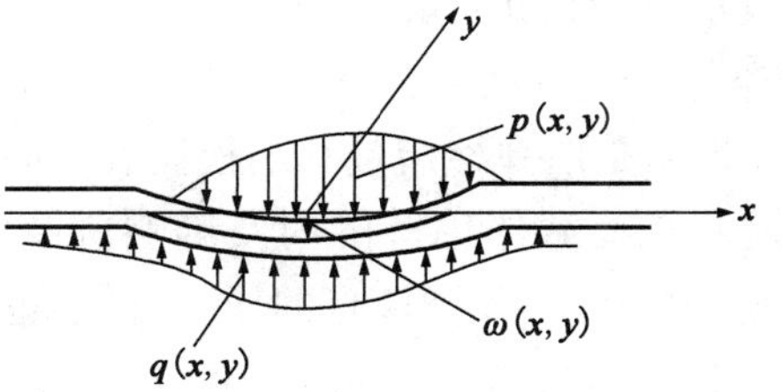

图 7-20　弹性地基板受荷时的弯曲

在求得板的挠度 ω 后，即可由下式计算板的应力：

$$
\left.\begin{aligned}
\sigma_x &= -\frac{E_c z}{1-\mu_c^2}\left(\frac{\partial^2 \omega}{\partial x^2}+\mu_c\frac{\partial^2 \omega}{\partial y^2}\right)\\
\sigma_y &= -\frac{E_c z}{1-\mu_c^2}\left(\frac{\partial^2 \omega}{\partial y^2}+\mu_c\frac{\partial^2 \omega}{\partial x^2}\right)\\
\tau_{xy} &= -\frac{E_c z}{1+\mu_c^2}\frac{\partial^2 \omega}{\partial x \partial y}
\end{aligned}\right\} \tag{7-12}
$$

对上式进行积分,则可得到截面上的弯矩和扭矩:

$$
\left.\begin{aligned}
M_x &= -D\left(\frac{\partial^2 \omega}{\partial x^2}+\mu_c\frac{\partial^2 \omega}{\partial y^2}\right)\\
M_y &= -D\left(\frac{\partial^2 \omega}{\partial y^2}+\mu_c\frac{\partial^2 \omega}{\partial x^2}\right)\\
M_{yx} &= -D(1+\mu_c)\frac{\partial^2 \omega}{\partial x \partial y}
\end{aligned}\right\} \tag{7-13}
$$

在微分方程(7-11)中有两个未知数,即位移 ω 和地基反力 q,因此必须建立附加方程将 ω 和 q 联系起来,才能求得方程(7-11)的解 ω。如果对地基的受力变形采用不同的假设,那么建立的 ω 与 q 的关系方程也就不同。

3. 地基模型

对于地基变形的假设(即地基模型),目前采用的主要有两种,即温克勒地基假设与弹性半空间体地基假设,从而产生了两种求解弹性地基板应力和位移的方法,如图 7-21 所示。

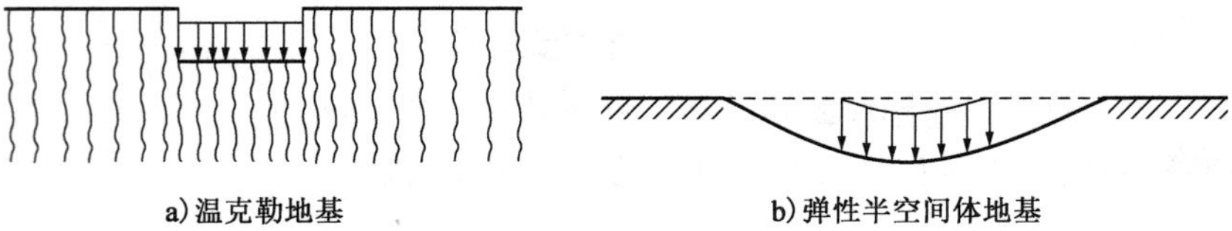

a)温克勒地基　　b)弹性半空间体地基

图 7-21　不同假设地基的表面变形图

(1)温克勒地基假设。

温克勒地基是以反应模量 K 表征的弹性地基。它假设地基上任意一点的反力仅同该点的挠度成正比,而与其他点无关,即地基相当于由互不相联系的弹簧组成,如图 7-21a)所示。这一假说首先由捷克工程师温克勒(E. Winkler)提出,故称温克勒地基。地基反力 $q(x,y)$ 与该点的挠度 $\omega(x,y)$ 的关系为:

$$q(x,y)=K\omega(x,y) \tag{7-14}$$

式中:K——地基反应模量(MPa/m)。

(2)弹性半空间体地基假设。

弹性半空间体地基是以弹性模量和泊松比表征的弹性地基。它假设地基为一各向同性的弹性半无限体。地基在荷载作用范围内及影响所及的以外部分均产生变形,如图 7-21b)所示,其顶面上任一点的挠度不仅同该点的压力有关,也同其他各点的压力有关,即:

$$q(x,y)=f[\omega(x,y)] \tag{7-15}$$

笔记

二、水泥混凝土道面荷载应力分析

1. 温克勒地基板的荷载应力分析

威斯特卡德(H. M. S. Westergaard)采用温克勒地基假说,分析了如图 7-22所示的 3 种荷载位置下板的应力:①轮载作用于无限大板中央,分布于半径为 R 的圆面积内;②轮载作用于受一直线边限制的半无限大板的边缘,分布于半圆内;③轮载作用于受两条相互垂直的直线边限制的大板的角隅处,压力分布圆面积的圆心距角隅点为 $2R$。

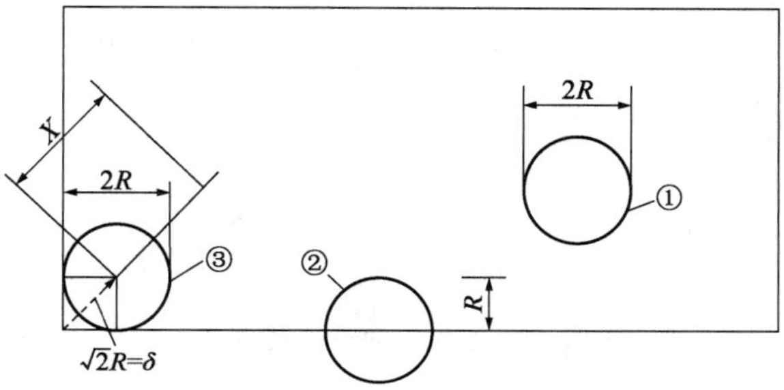

图 7-22　3 种荷载位置

在解微分方程(7-11)时,附加 $q = K\omega$ 并引入边界条件得出挠度 ω,再代入式(7-12),最后推导出 3 种荷载情形的最大板底最大弯拉应力理论计算公式,具体参见式(7-16a)、式(7-17a)和式(7-18a)。

经过理论分析和试验验证,威斯特卡德对荷载作用于板中(荷位①)时的板底最大弯拉应力计算公式进行了修正,见式(7-16b);凯利(E. F. Kelley)则提出了荷载作用于板边缘中部(荷位②)和荷载作用于板角隅(荷位③)两种情形的板底最大弯拉应力经验修正公式,见式(7-17b)和式(7-18b)。

(1)荷载作用于板中(荷位①),荷载中心处板底最大弯拉应力解析解为:

$$\sigma_i = 1.1\left(1+\mu_c\right)\left(\lg\frac{l}{R}+0.2673\right)\frac{P}{h^2} \tag{7-16a}$$

修正公式为:

$$\sigma'_i = 1.1\left(1+\mu_c\right)\left(\lg\frac{l}{b}+0.2673\right)\frac{P}{h^2} \tag{7-16b}$$

式中:P——车轮荷载;

b——当量计算半径,当 $R<1.724h$ 时,$b=\sqrt{1.6R^2+h^2}-0.675h$;当 $R>1.724h$ 时,$b=R$。

l——板的相对刚度半径,即:

$$l = \sqrt[4]{\frac{D}{K}} = \sqrt[4]{\frac{E_c h^3}{12\left(1-\mu_c^2\right)K}} \tag{7-16c}$$

(2)荷载作用于板边缘中部(荷位②),荷位下板底的最大弯拉应力解析解为:

$$\sigma_e = 2.116(1+0.54\mu_c)\left(\lg\frac{l}{R}+0.08975\right)\frac{P}{h^2} \tag{7-17a}$$

修正公式为:

$$\sigma'_e = 2.116(1+0.54\mu_c)\left(\lg\frac{l}{R}+\frac{1}{4}\lg\frac{R}{2.54}\right)\frac{P}{h^2} \tag{7-17b}$$

当 $R<0.5h$ 时,也应将 R 改成 b 进行计算。

(3)荷载作用于板角隅(荷位③),最大弯拉应力产生在板的表面离荷载圆中心为 x_1($x_1 = 2\sqrt{\delta_1 l}$,$\delta_1 = \sqrt{2}R$)的分角线上(图 7-22),其解析解为:

$$\sigma_c = 3\left[1-\left(\frac{\sqrt{2}R}{l}\right)^{0.6}\right]\frac{P}{h^2} \tag{7-18a}$$

修正公式为:

$$\sigma'_c = 3\left[1-\left(\frac{R}{l}\right)^{1.2}\right]\frac{P}{h^2} \tag{7-18b}$$

修正后的公式被世界上绝大部分国家所采纳,广泛应用于分析水泥混凝土路面的荷载应力。

2. 弹性半空间体地基板的荷载应力分析

(1)解析解。

1938 年,霍格(A. H. A. Hogg)根据弹性半空间体地基假设,推导出轴对称竖向荷载作用于半无限地基上无限大圆板板中时的位移和应力理论计算公式。此公式曾被前苏联和我国采用来计算混凝土的荷载应力。

当荷载作用于板中时[图 7-23a)],应用弹性地基上无限大板轴对称课题的理论解来计算荷载位置的弯矩。圆形均匀荷载下板中心产生的单位宽度最大弯矩为:

$$M_r = M_t = \frac{CP\left(1+\mu_c\right)}{2\pi\alpha R} = \overline{M_0}P \tag{7-19}$$

当轮载距计算点一定距离时,可视为集中荷载,则距集中荷载作用点 r 处板在单位宽度内的弯矩[图 7-23b)]为:

$$\left.\begin{aligned} M_t &= \left(A+\mu_c B\right)P = \overline{M_t}P \\ M_r &= \left(B+\mu_c A\right)P = \overline{M_r}P \end{aligned}\right\} \tag{7-20}$$

式中: M_r——单位板宽内的轴向弯矩(MN·m);

M_t——单位板宽内的切向弯矩(MN·m);

P——作用在板上的车轮荷载(MN);

R——车轮荷载当量圆半径(m);

C、$\overline{M_0}$——随 αR 值而变化的系数,已将计算结果编制成表,可供查用;

A、B、$\overline{M_t}$、$\overline{M_r}$——随 αr 值而变化的系数，查表取用；

α——与板的弯曲刚度有关的弹性特征系数，即：

$$\alpha = \sqrt[3]{\frac{E_s}{2D(1-\mu_s^2)}} = \frac{1}{h}\sqrt[3]{\frac{6E_s(1-\mu_c^2)}{E_c(1-\mu_s^2)}} \tag{7-21}$$

式中：E_s、μ_s——分别为基础的弹性模量（MPa）和泊松比；

E_c、μ_c——分别为混凝土板的弹性模量（MPa）和泊松比，通常取 μ_c = 0.15。

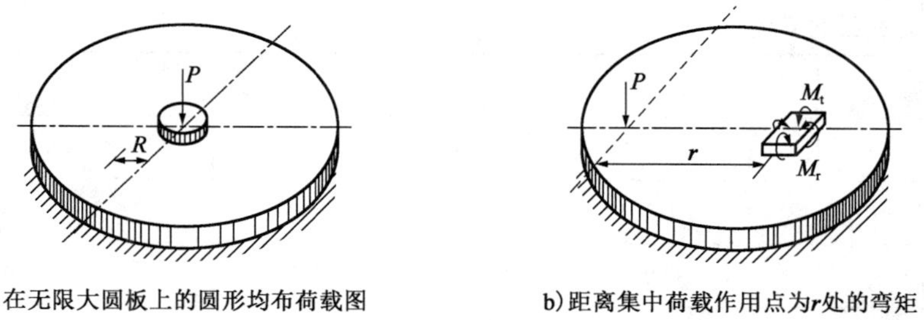

图 7-23　板中荷载

当荷载相等而形成对称的多组车轮作用在一块板上时，例如双后轴汽车的四组后轮、平板挂车的多组后轮以及飞机起落架上的两组或四组轮子等，则应选其中一组轮子作为主轮，按圆形均布荷载计算板所受的最大弯矩；对于其他各组轮子，则按集中荷载计算其在主轮轮迹中心下板所承受的附加弯矩，然后叠加起来，计算弯矩及应力。

工程实践中采用的混凝土面板基本上都属于有限尺寸的矩形板，并非无限大板。对于弹性半空间体地基上有限尺寸矩形板的板中、板边和板角作用有车轮荷载时，求解相应位置的挠度和弯矩（属于非轴对称课题），在数学上有很大困难，至今尚未得出解析表达式。

（2）有限元数值解。

有限元方法是结构和连续介质应力分析中一种较新且较有效的计算方法。采用有限元法分析水泥混凝土路面的荷载应力，比解析解（解平衡微分方程）有许多优越的地方，主要表现在 4 个方面：可以按板块的实际大小求解有限尺寸的板，从而消除无限大板的假设所带来的误差（此误差随荷载接近板块边缘和相对刚度半径的增大而增加）；可以考虑各种荷载情况（包括荷载组合和荷载位置），而不必像前述方法那样规定若干种典型的荷位，并且能解算简单的荷载组合情况，因此，可以用于符合实际荷载情况的应力分析；可以计及板的实际边界条件，如接缝的传荷能力、板和地基的脱空（不连续接触）等；所解得的结果是整个板面上的位移场和应力场，从而可以更全面地分析板的受荷情况。

①弹性半空间体地基单层板荷载应力分析。

与温克勒地基模型相比，弹性半空间体地基模型可能更符合水泥混凝土面层下地基的实际工作状态，由此我国公路部门通常采用弹性半空间体地基模型进行应力分析。一般水泥混凝土路面为单层面板。《公路水泥混凝土路面设计规范》(JTG D40—2011)应用有限元法对轴载作用于四边自由矩形板纵向边缘中部所产生的荷载应力进行了计算分析，并提出荷载应力回归计算公式(7-22)(适用于单轴240kN、双轴480kN以内的轴载)：

$$\sigma_{p} = Ar^{m}P^{n}h^{-2} \tag{7-22}$$

式中：P——轴重(kN)；

r——混凝土板的相对刚度半径(m)；

h——混凝土板厚度(m)；

A、m、n——与轴型有关的回归系数，具体参见表7-17。

表7-17 荷载应力公式回归系数

轴型	A	m	n
单轴-单轮	0.001 80	0.490	0.881
单轴-双轮组	0.001 19	0.597	0.905
双轴-双轮组	0.000 599	0.585	0.893
三轴-双轮组	0.000 395	0.493	0.892

以标准轴载$P=100$kN和表7-17中单轴-双轮组的系数值代入式(7-22)，便可得到标准轴载作用下的荷载应力计算式：

$$\sigma_{ps} = 0.077r^{0.60}h^{-2} \tag{7-23}$$

②弹性半空间体地基双层板荷载应力分析。

在工程实践中，经常有采用双层板的水泥混凝土路面。例如，旧混凝土面层上的混凝土加铺层及贫混凝土或碾压混凝土基层上的混凝土面层，都属于双层混凝土板，应按弹性地基上的双层板进行应力分析。从力学模型来考虑，弹性地基双层板按层间接触状态主要分为两类：上、下层完全分离，接触面假定为完全光滑，如图7-24所示；上、下层密切结合，接触面假定为完全连续，如图7-25所示。

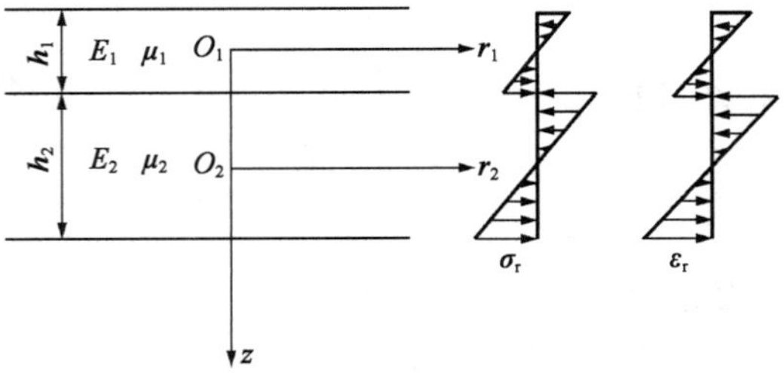

图7-24 分离式双层板图式

h_1、h_2-上、下层混凝土板的厚度；E_1、E_2-上、下层混凝土板的弹性模量；μ_1、μ_2-上、下层混凝土板的泊松比

a)弹性地基上分离式双层板的荷载应力分析。

弹性地基上分离式双层板的求解如同单层薄板的解法一样。如果D_2与D_1分别为上、下层板的弯曲刚度，即：

$$\left.\begin{aligned} D_2 &= \frac{E_2 h_2^3}{12(1-\mu_2^2)} \\ D_1 &= \frac{E_1 h_1^3}{12(1-\mu_1^2)} \end{aligned}\right\} \tag{7-24}$$

令 $D = D_2 + D_1$，则：

$$l = \sqrt[3]{\frac{2D(1-\mu_0^2)}{E_0}} = \sqrt[3]{\frac{(1-\mu_0^2)}{6E_0}\left(\frac{E_2 h_2^3}{1-\mu_2^2} + \frac{E_1 h_1^3}{1-\mu_1^2}\right)} \tag{7-25}$$

理论分析表明，上、下层板各自承受的弯矩之和为分离式双层板承受的总弯矩；当 $\mu_2 = \mu_1 = \mu$ 时，上、下层板承受的弯矩按弯曲刚度权重分配。

因此，可先按弹性地基上单层板那样进行弯矩计算，再分别计算出上、下层板的弯矩，进而计算上、下层板的荷载应力。

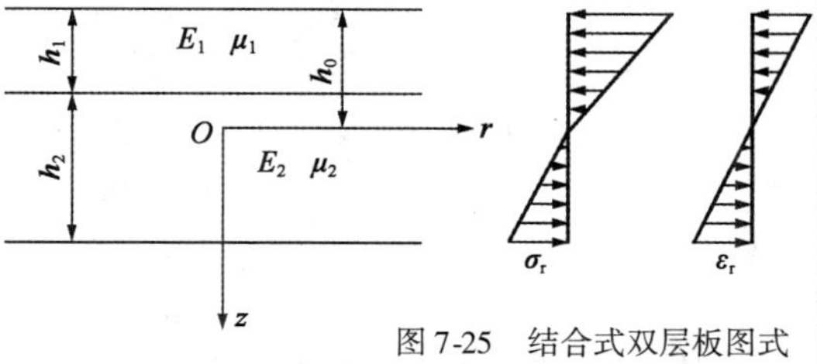

图 7-25　结合式双层板图式

h_1、h_2、E_1、E_2、μ_1、μ_2-含义同图 7-24；h_0-结合式双层板重心所在深度

b) 弹性地基上结合式双层板的荷载应力分析。

弹性地基上结合式双层板的求解较分离式双层板复杂。当上下层板完全紧密结合，如同单层板一样工作时，两层板只有一个中面，该中面的位置可根据作用于两板横断面上内力之和为零的条件求得。经推导，当 $\mu_2 = \mu_1 = \mu$ 时，参见图 7-25，合力为零的条件可表示为：

$$h_0 = \frac{E_1 h_1^2 + 2E_1 h_1 h_2 + E_2 h_2^2}{2(E_1 h_1 + E_2 h_2)} \tag{7-26}$$

由此可得：

$$D = \frac{E_1[(h_1 + h_2 - h_0)^3 - (h_2 - h_0)^3] + E_2[(h_2 - h_0)^3 + h_0^3]}{3(1-\mu^2)} \tag{7-27}$$

$$l^3 = \frac{2(1-\mu_0^2)}{3(1-\mu^2)E_0}\{E_1[(h_1 + h_2 - h_0)^3 - (h_2 - h_0)^3] + E_2[(h_2 - h_0)^3 + h_0^3]\} \tag{7-28}$$

因此，可用单层板同样的方法求解结合式双层板的总弯矩。当计算上层板底面弯拉应力时，取 $z = h_2 - h_0$；当计算下层板底面弯拉应力时，取 $z = h_1 + h_2 - h_0$。结合式双层板中的上下层板的最大弯拉应力取决于各自的弹性模量取值和板厚度的大小。

c) 双层混凝土板的荷载应力计算公式。

我国《公路水泥混凝土路面设计规范》(JTG D40—2011) 认为双层混凝土板的临界荷位仍为板的纵向边缘中部，提出了标准轴载 P_S 在临界荷位处产生的分离式双层板上层和下层的荷载应力或结合式双层板下层的荷载应力计算公式，见式(7-29)和式(7-30)。

$$\sigma_{ps1}=0.077r_g^{0.60}\frac{E_{c1}h_{01}}{12D_g} \tag{7-29}$$

$$\sigma_{ps2}=0.077r_g^{0.60}\frac{E_{c2}(0.5h_{02}+h_x k_u)}{6D_g} \tag{7-30}$$

式中：σ_{ps1}、σ_{ps2}——双层混凝土板上层和下层的荷载应力（MPa）；

E_{c1}、E_{c2}——双层混凝土板上层和下层的弯拉弹性模量（MPa）；

h_{01}、h_{02}——双层混凝土板上层和下层的厚度（m）；

h_x——下层板中面至结合式双层板中性面的距离（m），按式（7-31）计算确定；

k_u——层间结合系数，分离式时，$k_u=0$；结合式时，$k_u=1$；

D_g——双层混凝土板的截面总刚度（MN·m），按式（7-32）计算确定；

r_g——双层混凝土板的相对刚度半径（m），按式（7-33）计算确定：

$$h_x=\frac{E_{c1}h_{01}(h_{01}+h_{02})}{2(E_{c1}h_{01}+E_{c2}h_{02})} \tag{7-31}$$

$$D_g=\frac{E_{c1}h_{01}^3}{12}+\frac{E_{c2}h_{02}^3}{12}+\frac{E_{c1}h_{01}E_{c2}h_{02}(h_{01}+h_{02})^2}{4(E_{c1}h_{01}+E_{c2}h_{02})}k_u \tag{7-32}$$

$$r_g=1.23\left(\frac{D_g}{E_t}\right)^{1/3} \tag{7-33}$$

式中：E_t——基层顶面的当量回弹模量（MPa）。

此外，我国《公路水泥混凝土路面设计规范》（JTG D40—2011）还对有沥青上面层的混凝土板的荷载应力进行了分析。

三、水泥混凝土道面温度应力分析

水泥混凝土面板内不同深度处的温度会随气温的变化而变化，这种变化使混凝土板出现膨胀和收缩变形的趋势。当变形受阻时，板内便产生胀缩应力或翘曲应力。

1. 胀缩应力

当气温缓慢变化时，板内温度均匀升降，则面板沿断面的深度均匀胀缩。设 x 为板的纵轴，y 为板的横轴。如有一平面尺寸很大的板，在温差影响下板内任一点的应变为：

$$\left.\begin{aligned}\varepsilon_x&=\frac{1}{E}(\sigma_x-\mu\sigma_y)+\alpha\Delta t\\ \varepsilon_y&=\frac{1}{E}(\sigma_y-\mu\sigma_x)+\alpha\Delta t\end{aligned}\right\} \tag{7-34}$$

式中：ε_x、ε_y——分别为板纵向和横向应变；

σ_x、σ_y——分别为板纵向和横向的温度应力（MPa）；

α——水泥混凝土的温度线膨胀系数，约为 1×10^{-5}/℃；

Δt——板温差（℃）；

E——弹性模量（MPa）。

其余符号意义同前。

由于板与基层之间的摩阻约束，在温度升降时板中部不能移动，即 $\varepsilon_x=\varepsilon_y=0$，以此代入上式，解得面板胀缩完全受阻时所产生的应力为：

笔记

$$\sigma_x = \sigma_y = -\frac{E\alpha\Delta t}{1-\mu} \tag{7-35}$$

对于板边缘中部或窄长板，可知 $\varepsilon_x = 0$，$\sigma_y = 0$，则：

$$\sigma_x = -E_c\alpha\Delta t \tag{7-36}$$

对于未设接缝的混凝土路面板，当温度下降 15℃时，其最大收缩应力按式(7-35)计算。

取 $E_c = 3 \times 10^4$MPa，$\mu_c = 0.15$，$\Delta t = -15$℃，则计算结果为：

$$\sigma_t = \frac{3 \times 10^4 \times 10^5 \times (-15)}{1-0.15} = 5.29\text{MPa}$$

在混凝土浇筑后的初期，混凝土尚未完全硬化，其抗拉强度不足以抵抗收缩应力，板将出现开裂。

为了减少收缩应力，在混凝土板内设置各种接缝，板被划分为有限尺寸的板块。这时板的自由收缩受到板与基础的摩阻力的约束，此摩阻力随板的自重而变化。因变形受阻而产生的板内最大应力出现于板长的中央，其值可近似按下式计算：

$$\sigma_t = \gamma f L/2 \tag{7-37}$$

式中：γ——混凝土重度，约为 0.024MN/m³；

L——板长(m)；

f——板与基础之间的摩擦系数，同基础类型、板的位移量和位移反复情况等因素有关，一般取 1.0～2.0。

按目前水泥混凝土面板接缝设置情况，例如普通混凝土面层板长为 4～6m，胀缩应力很小，一般可以不予考虑。

2. 翘曲应力

由于混凝土面板、基层和土基的导热性能较差，当气温变化较快时，会使板顶面与底面产生温度差，因而板顶与板底的胀缩变形大小也就不同。当气温升高时，板顶面温度较其底面高，板顶膨胀变形较板低的大，则板中部隆起；相反，当气温下降时，板顶面温度较其底面低，板顶收缩变形较板低大，因而板的边缘和角隅翘起，如图 7-26 所示。

a)气温升高时　　b)气温降低时

图 7-26　混凝土路面板的翘曲变形

由于板的自重、地基反力和相邻板的钳制作用，板的部分翘曲变形会受阻，从而使板内产生翘曲应力。当由气温升高引起的板中部隆起受到限制时，板底面出现拉应力；而当由气温降低引起的板四周翘起受阻时，板顶面出现拉应力。

为了分析翘曲应力，威斯特卡德对温克勒地基板作了如下假设：温度沿板断面呈直线变化，板和地基始终保持接触，不计板自重，从而导出了板仅受地基约束时的翘曲应力计算公式。

对于有限尺寸板,沿板长(L)和板宽(B)方向的翘曲应力分别为:

$$\left.\begin{aligned}\sigma_x=\frac{E_c\alpha\Delta t}{2}\cdot\frac{C_x+\mu_c C_y}{1-\mu_c^2}\\ \sigma_y=\frac{E_c\alpha\Delta t}{2}\cdot\frac{C_y+\mu_c C_x}{1-\mu_c^2}\end{aligned}\right\}\tag{7-38}$$

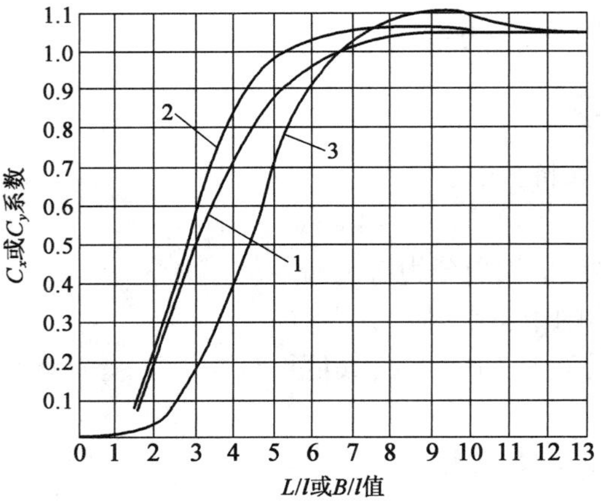

图 7-27 板温度翘曲应力系数值

1-弹性半空间体地基板中;2-弹性半空间体地基板边;

3-温克勒地基板中

在板边缘中点:

$$\sigma_x=\frac{E_c\alpha\Delta t}{2}\cdot C_x\tag{7-39}$$

式中:Δt——板顶面与板底面的温度差(℃);

C_x、C_y——与 L/l 或 B/l 有关的系数,其数值可从图 7-27 中的曲线 3 查取,也可按公式计算:C_x 或 $C_y=1-\frac{2\cos\lambda \mathrm{ch}\lambda}{\sin2\lambda+\mathrm{sh}2\lambda}(\tan\lambda+\mathrm{th}\lambda)$,计算 C_x 时,$\lambda=\frac{L}{l\sqrt{8}}$,计算 C_y 时,$\lambda=\frac{B}{l\sqrt{8}}$,其中 l 表示刚度半径;

E_c、μ_c、α——意义同前。

板顶面与板底面的温度差通常表示为板的温度梯度乘以板厚,即 $\Delta t=T_g h$。近年来,我国有关部门在实测的基础上提出了各公路自然区划内混凝土路面板的最大温度梯度计算值 T_g,见表 7-18。

表 7-18 最大温度梯度标准值 T_g

公路自然区划	Ⅱ、Ⅴ	Ⅲ	Ⅳ、Ⅵ	Ⅶ
最大温度梯度(℃/m)	88 ~ 83	90 ~ 95	86 ~ 92	93 ~ 98

注:①海拔高时取高值;湿度大时取低值。

②表中数值为板厚 $h=22\text{cm}$ 时的温度梯度值。

弹性半空间体地基上板的翘曲应力目前尚无解析解,可采用有限元法计算板内翘曲应力。

按照温克勒地基板计算翘曲应力的假设,采用有限元法计算了弹性半空间体地基上板的翘曲应力。根据所得结果,绘出如图 7-28 所示的曲线。弹性半空间体地基板的刚度半径计算公式为:

$$l=h\sqrt[3]{\frac{E_c(1-\mu_s^2)}{6E_{tc}(1-\mu_c^2)}}\tag{7-40}$$

式中:E_{tc}——弹性半空间体地基的计算回弹模量(MPa)。

我国《公路水泥混凝土路面设计规范》(JTG D40—2011)规定,单层混凝土板临界荷位处最大温度梯度时混凝土板的温度翘曲应力按式(7-41)计算。

$$\sigma_{tm}=\frac{\alpha_c E_c h T_g}{2}B_x\tag{7-41}$$

式中：σ_{tm}——最大温度梯度时混凝土板的温度翘曲应力(MPa)；

α_c——混凝土的线膨胀系数(1/℃)，通常可取 1×10^{-5}/℃；

T_g——最大温度梯度，查表取用；

h——面板厚度；

E_c——混凝土弹性模量；

B_x——综合温度翘曲应力和内应力作用的温度应力系数，可按 L/l 和 h 查图确定，其中 L 表示板长，即横缝间距(m)，l 表示刚度半径(cm)。

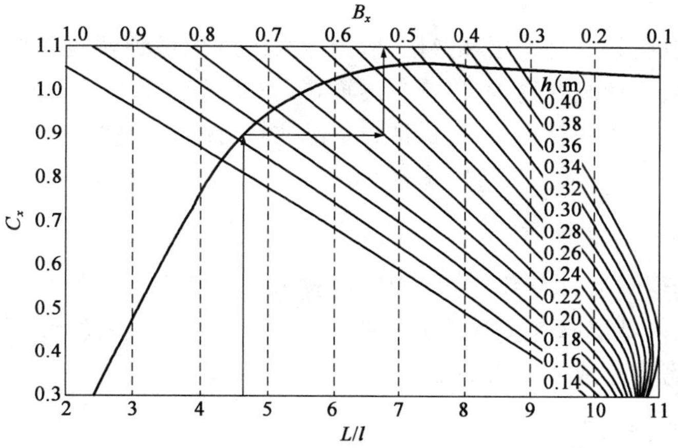

图 7-28　温度应力系数 B_x

第三节　结构组合设计

一、一般原则

通过多年机场工程实践，对道面结构设计已经总结出一些规律，可作为结构设计的一般原则。

1. 总体考虑，综合设计

进行道面结构设计时，对面层、基层和土基应做总体考虑，三者应互相协调进行综合设计。

在进行基层和土基设计时，要考虑面层强度和稳定性；在基层和土基施工中确实达不到某些要求时，也可在面层设计中采取某些措施，以弥补土基强度和稳定性不足。因为土基强度和稳定性同道面结构强度和稳定性密切相关，所以提高土基强度和稳定性是合理进行道面结构设计的重要措施。进行综合设计的另一层意义是要把土基、基层、面层看成一个互相关联、互相制约的整体，按照“土基均匀稳定，基层坚实可靠，面层耐用”的总体要求，充分发挥各个结构层作用，合理选择各结构层材料，恰当确定各结构层厚度，使所设计道面结构不仅有足够的强度、耐久性和稳定性，又满足适用、经济合理原则。

2. 因地制宜，注意特点

道面结构设计应在总设计指导原则之下，充分考虑当地条件。应根据机场可行性研究，综合考虑机场道面所使用的飞机类型、交通量发展情况等因素，合理确定道面的设计要求。对于冻土地区、湿陷性黄土或膨胀土等特殊土类地区，道面结构设计应注意特殊土的特点，采取相应工程措施，同时应当注意吸取和应用当地同类机场道面和公路路面在结构设计方面的成功经验。

3. 就地取材，因材施用

道面各结构层，特别是基层和垫层，应当最大限度地做到就地取材，充分利用当地能获得的一切天然材料、工业废弃物等，以减少运输费用和降低工程成本。在选择结构层类型和拟订结构组合时，要注意当地材料特点，保证材料品质符合结构强度要求，充分发挥当地材料长处，做到因材施用。

4. 便于施工，利于维护

选择各结构层类型时应考虑施工单位的技术力量和机具设备情况，在可能条件下应尽量采用机械化施工。基层厚度应考虑碾压机械的作用深度，分块设计应考虑摊铺机械作业宽度等。此外，还应考虑建成后的养护工作。

5. 统筹规划，分期修建

为了合理使用国家资金，一般可以先按近期使用要求进行道面结构设计，以后随着经济建设的发展和航空交通量的增长，再进行改、扩建。在前期建设时，应该充分考虑后期扩建的衔接，在可能情况下尽量留有余地，考虑后期工程的需要（如土基处理、基层类型选择等）。

在结构层组合设计过程中，应根据设计任务要求，深入调查研究，弄清机场所在地区的自然条件、材料来源，以及周围同类机场道面结构设计、施工和使用维护情况，综合考虑并作为设计时参考，充分发挥各结构层及其组合整体作用。另外，还应进行技术、经济方案比较，选取最优方案。设计流程框架通常是先选择、确定结构层类型、构造和组合，然后确定各层厚度。基层和垫层厚度主要依靠经验确定，混凝土道面板厚度按相应计算方法确定。

二、面层水泥混凝土板

1. 基本要求

水泥混凝土板应具有较高的弯拉强度和较好的抗腐蚀性，且表面应平整、耐磨、抗滑。在寒冷地区还应具有良好的抗冻性，在年最低月平均气温为 0 ~ −10℃ 地区，道面混凝土抗冻标号应不低于 F200；在年最低月平均气温小于 −10℃ 地区，道面混凝土抗冻标号应不低于 F300。

道面水泥混凝土强度和组成材料均应符合《民用机场水泥混凝土道面设计规范》（MH/T 5004—2025）中的有关规定。混凝土配合比应根据设计弯拉强度及水泥混凝土耐久性、耐磨性、和易性等要求，通过试验确定。有抗冰（盐）冻要求地区应掺减水引气型外加剂，一般地区宜掺引气外加剂或者减水引气型外加剂。

笔记

2. 新建道面水泥混凝土板最小厚度

新建道面水泥混凝土板厚度，飞行区指标Ⅱ为 A、B 时不应小于 200mm，飞行区指标Ⅱ为 C、D、E、F 时不应小于 240mm。

3. 表面纹理深度要求

道面表面纹理深度采用填砂法测量。跑道及快速出口滑行道应采用先拉毛后刻槽或拉槽毛等方法制作表面纹理，表面纹理深度不应小于 0.8mm。在年降雨量大于 800mm 地区，飞行区指标Ⅱ为 D、E、F 时，跑道及快速出口滑行道应先拉毛后刻槽，拉毛后平均纹理深度宜为 0.6 ~ 0.8mm，刻槽方法可按《民用机场水泥混凝土面层施工技术规范》(MH 5006—2015)有关规定执行。

除快速出口滑行道外，其他滑行道及机坪应采用拉毛方法制作表面纹理，其平均纹理深度应不小于 0.4mm，道肩表面纹理深度可不作要求。

三、水泥混凝土道面基层

1. 基本要求

基层应具有足够的刚度和稳定性，在冰冻地区应具有良好的抗冻性。基层宜采用水泥、石灰、粉煤灰等结合料稳定的混合料或碾压混凝土、贫混凝土、沥青混合料。

飞行区指标Ⅱ为 A、B 时，基层厚度应不小于 150mm。飞行区指标Ⅱ为 C、D、E、F 时，基层总厚度不宜小于 300mm。厚度等于或大于 300mm 的基层，可分为两层或两层以上。基层周边应比混凝土板边缘宽出不小于 500mm。基层材料应符合表 7-19 中的有关要求。

表 7-19　基层材料设计要求

<table>
<tr><th>层次</th><th>飞行区
指标Ⅱ</th><th>建议基层材料</th><th>建议厚度
(mm)</th><th>技术要求</th></tr>
<tr><td rowspan="7">上基层</td><td rowspan="2">A、B
C、D</td><td>水泥稳定粒料</td><td>150 ~ 200</td><td>7d 浸水抗压强度不小于 3MPa</td></tr>
<tr><td>石灰粉煤灰稳定粒料</td><td>150 ~ 200</td><td>7d 浸水抗压强度不小于 0.8MPa</td></tr>
<tr><td rowspan="5">E、F</td><td>水泥稳定粒料</td><td>150 ~ 240</td><td>7d 浸水抗压强度不小于 4MPa</td></tr>
<tr><td>碾压混凝土</td><td>150 ~ 240</td><td>7d 浸水抗压强度不小于 15MPa</td></tr>
<tr><td>贫混凝土</td><td>150 ~ 240</td><td>7d 浸水抗压强度不小于 10MPa</td></tr>
<tr><td>沥青混凝土</td><td>40 ~ 60</td><td></td></tr>
<tr><td>沥青碎石</td><td>80 ~ 100</td><td></td></tr>
<tr><td rowspan="5">下基层</td><td rowspan="3">C、D</td><td>水泥稳定粒料</td><td>150 ~ 200</td><td>7d 浸水抗压强度不小于 2MPa</td></tr>
<tr><td>石灰粉煤灰稳定粒料</td><td>150 ~ 200</td><td>7d 浸水抗压强度不小于 0.6MPa</td></tr>
<tr><td>石灰碎石土</td><td>150 ~ 200</td><td>7d 浸水抗压强度不小于 0.6MPa</td></tr>
<tr><td rowspan="2">E、F</td><td>水泥稳定粒料</td><td>150 ~ 200</td><td>7d 浸水抗压强度不小于 2.5MPa</td></tr>
<tr><td>石灰粉煤灰稳定粒料</td><td>150 ~ 200</td><td>7d 浸水抗压强度不小于 0.8MPa</td></tr>
</table>

2. 基层压实

基层应具有足够的压实度,基层压实度应不小于表7-20中的规定值,表中压实度系按《公路土工试验规程》(JTG 3430—2020)中重型击实试验法求得的最大干密度的百分数,对下基层压实度可低于表中规定值1%。

表7-20 基层材料混合料压实标准要求

材料类别	压实度(%)	
	飞行区指标Ⅱ	
	A、B	C、D、E、F
级配碎、砾石	96	98
未筛分碎石、天然砾石	96	98
水泥或石灰稳定细粒土	93	96
石灰、粉煤灰稳定细粒土	93	96
石灰稳定中、粗粒土(含石灰稳定砂砾土、碎石土)	96	98
水泥稳定中、粗粒土(含水泥稳定碎石、碎石土、石渣、石屑、砂砾、砂砾土)	96	98
石灰、粉煤灰稳定中、粗粒土	96	98
水泥、石灰、粉煤灰稳定中粗粒土	96	98

3. 基层顶面反应模量最低值

基层顶面反应模量,不应低于表7-21中的规定值。

表7-21 基层顶面反应模最低值

飞行区指标Ⅱ	A、B	C、D、E、F
基层顶面反应模量 k_j(MN/m^3)	50	80

4. 隔离层

上基层材料为碾压混凝土、贫混凝土时,应在基层与水泥混凝土板之间设置隔高层;当上基层材料为无机结合料稳定粒料时,宜在基层与水泥混凝土板之间设置隔离层。道肩部位隔离层可采用6~15mm厚石屑粉;当上基层材料为碾压混凝土、贫混凝土时,道面部位隔离层宜采用厚度不小于20mm砂粒式或细粒式沥青混凝土;当上基层材料为无机结合料稳定粒料时,可选用下列材料:

(1)单层沥青表面处治或稀浆封层,层厚不宜小于6mm。

(2)拉伸强度不低于5kN/m、厚度不大于0.6mm的土工布、土工膜。

(3)厚度为10~20mm沥青砂。

四、水泥混凝土道面垫层

1. 基本要求

在水温或土质状况不良的地区,应在基层下设置垫层。垫层应具有一定的强度和较好的水稳定性,在冰冻地区,尚应具有较好的抗冻性。

笔记

垫层材料宜就地取材，可采用颗粒材料（砂、砂砾、碎石、炉渣、山皮石、混渣、分解稳定的钢渣等），也可采用石灰、粉煤灰稳定土或水泥稳定土等。垫层压实度根据所用材料，可比规定值降低1%～2%。垫层应宽出基层不小于300mm，其厚度不应小于150mm。

2. 防冻层厚度

在季节性冰冻地区，道面结构总厚度应不小于表7-22所规定的最小防冻层厚度。当混凝土板与基层厚度相加小于该表内数值时，应通过设置垫层予以补足。冻深大或挖方及地下水位高的地段，或基、垫层为隔温性能稍差的材料，应采用高值；冻深小或填方地段，或基、垫层为隔温性能良好的材料，可采用低值；在冰冻地区潮湿地段，不应采用石灰土作为基（垫）层；冻深小于0.50m的地区，可不设防冻层。

表7-22　最小防冻层厚度（单位：m）

土基干湿类型	土基土质	当地最大冻深			
		0.50～1.00	1.01～1.50	1.51～2.00	>2.00
中湿地段	低、中、高液限黏土	0.30～0.50	0.40～0.60	0.50～0.70	0.60～0.95
	粉土，粉质低、中液限黏土	0.40～0.65	0.50～0.80	0.60～0.95	0.70～1.20
潮湿地段	低、中、高液限黏土	0.40～0.65	0.50～0.80	0.60～1.10	0.75～130
	粉土，粉质低、中液限黏土	0.50～0.80	0.60～0.90	0.80～1.20	0.90～1.50

防冻垫层可采用砂、砂砾等颗粒材料或低剂量无机结合料稳定粒料。采用砂、砂砾等颗粒材料时，其中通过0.075mm筛孔的细粒含量不应大于5%。

五、水泥混凝土道面道基要求

1. 基本要求

道基应均匀、密实和稳定，道基设计应因地制宜，结合地势和排水设计，尽量减少或消除地表水、地下水、冰冻、盐害等对道基强度和稳定性的不利影响。道基宜处于干燥或中湿状态，过湿状态的道基应进行处理。

2. 道基干湿类型划分

道基干湿类型应根据实测不利季节土基顶面以下0.8m深度内土的平均稠度B_m按表7-23确定，或根据自然区划、土质类型、排水条件及土基顶面距地下水位或地表积水水位高度按《民用机场水泥混凝土道面设计规范》（MH/T 5004—2025）确定。土的平均稠度B_m按下式计算。

$$B_m=(\omega_L-\omega_m)/(\omega_L-\omega_p) \tag{7-42}$$

式中：ω_L——土的液限含水率（液塑限联合测定仪测定）（%）；

ω_p——土的塑限含水率（液塑限联合测定仪测定）（%）；

ω_m——道床范围内土的平均含水率（%）。

土基干燥、中湿和潮湿状态水位临界高度，可根据当地资料及经验确定。当地缺乏资料时，可参照《民用机场水泥混凝土道面设计规范》（MH/T 5004—2025）确定。

表 7-23　土基干湿类型

土基干湿类型	砂质土	黏质土	粉质土
干燥	$B_m \geq 1.20$	$B_m \geq 1.10$	$B_m \geq 1.05$
中湿	$1.20 > B_m \geq 1.00$	$1.10 > B_m \geq 0.95$	$1.05 > B_m \geq 0.90$
潮湿	$1.00 > B_m \geq 0.85$	$0.95 > B_m \geq 0.80$	$0.90 > B_m \geq 0.75$
过湿	$B_m < 0.85$	$B_m < 0.80$	$B_m < 0.75$

3. 道床

道床应均匀、密实，并符合表 7-24、表 7-25 中的规定。

表 7-24　道床最小强度要求

填挖类型	土基顶面以下深度（m）	填料最小强度（CBR）（%）	
		飞行区指标Ⅱ	
		A、B	C、D、E、F
填方	0～0.3	6	8
	0.3～0.8	4	5
挖方及零填	0～0.3	6	8
	0.3～0.8	—	4

表 7-25　道床最小压实度要求

填挖类型	土基顶面以下深度（m）	压实度（%）	
		飞行区指标Ⅱ	
		A、B	C、D、E、F
填方	0～0.3	95	96
	0.3～0.8	95	96
挖方及零填	0～0.3	94	96
	0.3～0.8	—	94

道床填料最大粒径应不大于 200mm。高液限黏土、含有机质细粒土、高液限粉土以及塑性指数大于 16 或膨胀率大于 3% 的低液限黏土不应用作上道床填料，也不应用作飞行区指标Ⅱ为 C、D、E、F 机场的道面下道床填料。冰冻地区的道床不宜采用粉性土作为填料。

岩石挖方区的道床应超挖并铺设褥垫层。褥垫层可采用级配良好、粒径不大于 150mm 的粗颗粒材料，其厚度不小于 500mm。

填挖交界处，如原地面坡度大于 12%，应采取冲击碾压、强夯、设置过渡段等措施，减少土基填挖间的差异变形。

4. 土基填方

泥炭、淤泥、冻土、强膨胀土、有机质土以及盐渍土等，不应直接用作土基填料。液限大于

笔记

50%、塑性指数大于26的细粒土，不应直接用作土基填料。土基填方应分层填筑、均匀压实，压实度应符合表7-26的规定。

表7-26　土基填方压实度标准

土基顶面以下深度（m）	压实度（%）	
	飞行区指标Ⅱ	
	A、B	C、D、E、F
0.8～4.0	94	95
4.0以下	92	93

5. 特殊土基

对局部软弱土层及沟、坑、塘、旧河道等可采用换土、抛石挤淤等方法进行处理。对不稳定的溶洞、溶蚀裂隙或土洞，应根据其埋深、大小及水文地质条件，采用爆破回填等方法处理。对岩溶水应采取疏导措施。

道面建于岩溶地区、湿陷性黄土、淤泥质软弱土、盐渍土、膨胀土、多年冻土地区等特殊土质地区以及土基为高填方时，对土基处理前应进行专门试验，以确定既符合技术要求又经济合理的处理方案。

六、水泥混凝土道面道肩结构

道肩宜采用现浇水泥混凝土面层。道肩现浇面层的设计混凝土弯拉强度应不小于4.5MPa，有抗冻要求地区的设计混凝土弯拉强度宜与道面混凝土一致。道肩面层采用预制混凝土块时，混凝土强度等级应不低于C40。

道肩水泥混凝土面层最小厚度应满足使用要求，并且不小于120mm。航空交通量等级为重的跑道道肩和有抗冻要求的道肩，现浇水泥混凝土面层厚度宜不小于140mm。冬季最冷月平均日温差不低于20℃的地区，道肩现浇水泥混凝土面层厚度宜不小于180mm。

年最低月平均气温低于0℃的地区，道肩面层混凝土的抗冻标号应不低于F300。道肩水泥混凝土面层与无机结合料稳定基层之间可设置6～15mm的石屑粉、土工合成材料等隔离层。季节性冰冻地区，道肩结构层加防冻垫层的总厚度应满足最小防冻层厚度的要求。

第四节　我国民用机场水泥混凝土道面结构设计

一、道面结构设计的主要内容

道面病害可分为结构性损坏和功能性损坏。结构性损坏指的是结构受力超过材料的承受能力，产生破坏后使得道面的结构承载能力下降，已无法有效承受飞机轮载作用，如水泥混凝土道面的断裂等；功能性损坏指的是表面的缺陷等病害，使得道面发挥其功能时受到不良影响，如水泥混凝土道面的磨损、露骨、抗滑性能下降等。一般而言,功能性损坏通过适当处治可恢复道面功能,而结构性损坏发生后,则需要实施道面大修改造工程。因此,道面设计应针对结构性损坏,首先需要分析道面结构层受力状况,然后与其材料抗力进行对比,通过组合设计和厚度设计使材料在使用期内不发生结构性破坏。机场水泥混凝土道面结构设计的主要内容包括:

(1)结构层组合设计:根据机场运行的交通量组成和特点、当地气候条件、地质和水文、道面所使用材料情况等,初步拟定道面结构层次和材料类型。

(2)板厚设计:使轮载产生的最大弯拉应力保持在混凝土弯拉强度允许范围内。

(3)材料组成设计:针对确定的各结构层材料类型,确定材料的配合比、材料的性能要求等参数,以获得高强、耐磨和耐久性好的混凝土。

(4)分块设计和接缝构造设计:按照减少温度应力及方便施工的要求,确定板的平面尺寸;合理选择接缝类型,布置接缝位置,设计接缝构造,提高接缝传荷能力,并防止雨水下渗。

(5)配筋设计:在板较长、板的形状不规则、板中设有各种设施、地基有可能出现不均匀沉降以及道面下埋有构筑物时,应配置钢筋以防止板出现裂缝。

(6)道肩设计:选择道肩类型和结构层次,确定各层的材料和厚度。

二、计算参数

1. 设计寿命

新建混凝土道面设计基准期应不小于30年。大型繁忙机场可采用长寿命水泥混凝土道面。目前,水泥混凝土道面的技术水平可以基本保证道面的结构性能和功能性能超过30年。经全寿命费用周期分析可知,大型繁忙机场道面寿命越长,道面建设与运维的综合费用越低,所以在设计阶段尽可能采用更长的设计基准期有利于大幅降低运行期的养护费用。

2. 累积损伤因子

水泥混凝土面层厚度设计中的累积损伤因子(CDF)应根据机场实际情况,在0.90~1.00的范围内取值。设计疲劳因子CDF_{design}取值应综合考虑航空交通量等级和设计道面所属的区域。一般,航空交通量等级高时取低值,航空交通量等级低时取高值;设计道面为跑道、滑行道时取低值,设计道面为停机坪、联络道或其他区域时取高值。

3. 航空交通量

航空交通量等级应根据设计机型的最大重量和单条跑道设计基准期内C类及以上机型的年平均起飞架次,按照表7-27中的标准确定。

表7-27 航空交通量等级划分标准

航空交通量等级	运行飞机的最大重量(kN)	单条跑道设计基准期内C类及以上机型的年平均起飞架次(次)
特轻	≤270	—
轻	>450	≤10 000
中	>750	10 000~50 000
重	>1 500	>50 000

注:①两条近距平行跑道的航空交通量按照单一跑道考虑。

②以着陆为主的跑道可按着陆架次划分。

笔记

4. 设计荷载

道面结构设计的设计荷载应采用机场拟运行机型的主起落架荷载，道面结构设计荷载与计算运行次数可按表 7-28 规定取值。

表 7-28　设计荷载与计算运行次数

部位	起飞架次/荷载	降落架次/荷载
配备平行滑行道的跑道	考虑 1 次/最大起飞重量	考虑 1 次/最大着陆重量
未配备平行滑行道的跑道	考虑 2 次/最大起飞重量	考虑 2 次/最大着陆重量
滑行道(不含快速出口滑行道)	考虑 1 次/最大起飞重量	考虑 1 次/最大着陆重量
机坪	考虑 1 次/最大机坪重量	考虑 1 次/最大着陆重量

5. 道床顶面反应模量

道床顶面反应模量 K_{0D} 可根据式(7-43)进行计算，计算确定的道床顶面反应模量 K_{0D} 大于或等于 100MN/m^3 时，宜按 100MN/m^3 取值。

$$K_{0D} = b_1 + b_2 k_{0D}^2 + b_3 h_u^2 + b_4 h_u k_{0D} + b_5 k_{0D} + b_6 h_u \tag{7-43}$$

式中：　K_{0D}——道床顶面反应模量(MN/m^3)；

k_{0D}——道基中未处治细粒土顶面的反应模量(MN/m^3)；

h_u——垫层或处置层厚度(m)；

b_1、b_2、b_3、b_4、b_5、b_6——理论计算回归系数，参照表 7-29 取值。

表 7-29　理论计算回归系数

垫层或处置层类型	b_1	b_2	b_3	b_4	b_5	b_6
级配碎石	-57.854	-0.004	-100.312	1.208	1.721	252.117
山皮石	-44.545	-0.003	-74.543	0.033	1.669	190.631
水泥处治土	-61.436	-0.004	-100.566	1.961	1.746	272.894

处治土和粗粒土回弹模量较高，采用现场承载板测试结果作为道面结构计算参数(K_{0D})，取值偏高，因此规范要求通过在未处治细粒土道基顶面现场实测的反应模量(k_{0D})，由布辛尼斯克半空间无限弹性地基的理论解推算得到用于厚度设计的反应模量(K_{0D})。

公式(7-44)是采用布辛尼斯克半空间无限弹性地基理论解，以竖向位移作为等效指标，计算得到的 K_{0D} 与 k_{0D} 之间的换算公式，其中级配碎石填料、山皮石填料、水泥处治土填料的回弹模量取值分别为 500MPa、200MPa、500MPa。

道基中未处治细粒土顶面的反应模量 k_{0D} 应采用现场承载板试验确定，道基顶面回弹模量宜通过室内试验或者现场试验确定，也可采用类似工程调查法确定。

(1)采用室内试验或现场试验确定道基顶面回弹模量时，应进行不利季节修正。

(2)采用类似工程调查法确定道基顶面回弹模量时,应经过综合分析论证,施工阶段可通过现场测试进行复核。道基设计参数采用道基回弹模量 E_{0D}时,可采用式(7-44)将道基回弹模量 E_{0D}转换成为道基顶面反应模量 k_{0D}。

$$k_{0D} = 1.271 \times E_{0D}^{0.779} \tag{7-44}$$

式中:k_{0D}——道基顶面反应模量设计值(MN/m^3);

E_{0D}——道基顶面回弹模量设计值(MPa)。

道床顶面最小反应模量 k_{0D}应符合表 7-30 的规定。

表 7-30 道床顶面最小反应模量取值

航空交通量等级	道床顶面最小反应模量 k_{0D}(MN/m^3)
特轻	≥30
轻	≥30
中	≥40
重	≥50

6. 基层结构设计参数

水泥混凝土道面基层的结构设计参数可参照表 7-31 根据基层的类型取值,施工阶段可通过室内试验进行复核。

表 7-31 基层回弹模量和泊松比参考取值

材料类型	回弹模量(MPa)	泊松比
水泥稳定类	2 000 ~ 2 500	0.20
贫混凝土	5 000	0.20
碾压混凝土	5 000	0.15
沥青稳定类	1 300 ~ 2 500	0.35
密级配沥青碎石	3 500 ~ 4 200	0.35
开级配沥青稳定碎石	600 ~ 800	0.35
级配碎石	500	0.35
未筛分碎石	300	0.35

7. 水泥混凝土设计强度

水泥混凝土面层的设计强度应采用 28d 龄期的弯拉强度,取值应符合表 7-32 的规定。水泥混凝土面层弹性模量可参照表 7-33 取值。水泥混凝土泊松比可采用 0.15。

表 7-32 不同航空交通量等级对应的水泥混凝土弯拉强度最小设计强度

航空交通量等级	水泥混凝土弯拉强度(MPa)
特轻	≥4.5
轻	
中	≥5.0
重	

表 7-33　水泥混凝土面层弹性模量参考取值

弯拉强度(MPa)	4.5	5.0	5.5
弹性模量(GPa)	29	31	33

三、结构组合设计

道面结构组合设计应根据使用要求和当地地质、气候等条件,结合地势、排水设计和施工工艺统筹考虑,并通过道面结构组合设计的技术经济方案比较后选取最优方案。道面结构组合应使各个结构层的力学特性以及材料性质满足相应的功能要求,并应充分考虑各相邻结构层的相互作用、层间结合条件和要求,以及结构组合的协调与平衡。道面结构组合设计中应采取封堵和疏排措施以减少地表水的渗入和冲刷作用,道面结构组合设计应考虑防止入渗水长期滞留在道面结构内。

1. 道基

水泥混凝土道面的道基应均匀、密实和稳定。应根据实际情况,因地制宜,结合地势和排水设计,尽量减少或消除地表水、地下水、冰冻、盐害等对道基强度和稳定性的危害。道基宜处于干燥或中湿状态,过湿和潮湿状态的道基应进行处理。道基的干湿状态直接影响道面结构层的服役性能。过湿和潮湿状态的道基可能会出现软化、沉降、冻胀等问题,需进行处理。常用的处理方法包括改性处理、设置垫层、提高设计标高等。道基为道面下受道面传递飞机或车辆荷载影响的天然或人工填筑土(岩)体,包含道床。不同航空交通量等级的道床厚度可按表 7-34 确定。

表 7-34　不同航空交通量等级对应道床厚度

航空交通量等级	道床厚度(m)
特轻	0.6
轻	0.8
中	
重	1.2

道床是道面下受上部交通荷载显著影响的道基,道床应均匀、密实,其压实指标应符合表 7-35 的规定,其最小承载比应符合表 7-36 的规定。

表 7-35　道床压实指标

填挖类型	道床顶面以下深度(m)	压实度(%)	
		航空交通量等级	
		轻、特轻	中、重
填方	0 ~ 0.375H	≥96	≥96
	0.375H ~ H	≥95	≥96
挖方及零填	0 ~ 0.375H	≥94	≥96
	0.375H ~ H	—	≥94

注:H 为道床的总厚度,根据表 7-34 确定。

表 7-36　道床最小承载比要求

填挖类型	道床顶面以下深度(m)	CBR(%)	
		航空交通量等级	
		轻、特轻	中、重
填方	0 ~ 0.375H	6	8
	0.375H ~ H	4	5
挖方及零填	0 ~ 0.375H	6	8
	0.375H ~ H	—	4

注：H 为道床的总厚度，根据表 7-34 确定。

道床以下的道基填方压实指标应满足表 7-37 的规定。

表 7-37　道床以下道基压实指标

道基顶面以下深度(m)	压实度(%)	
	航空交通量等级	
	轻、特轻	中、重
H ~ 4.0	≥94	≥95
4.0 以下	≥92	≥93

注：H 为道床的总厚度，根据表 7-34 确定。

道基填方应分层填筑，均匀压实。道基填料应符合下列要求：

(1)宜优先选用碎石土、砂土等粗粒土作为填料，不得使用不良填料，如泥炭、淤泥、植物土、生活垃圾、冻土，以及液限大于 50%、塑性指数大于 26 的细粒土等。

(2)冻土、强膨胀土、有机质土以及盐渍土等，不应直接用作道基填料；高液限粉土以及塑性指数大于 16 或膨胀率大于 3% 的低液限黏土不应用作道床填料。

(3)填料最大粒径应结合填筑工艺确定，级配应良好。

(4)冰冻地区的道床不应采用粉性土作为填料。

道基为细粒土时，其干湿类型应根据实测不利季节道基顶面以下道床深度内土的平均稠度 B_m 按表 7-38 确定，或根据自然区划分、土质类型、排水条件以及土基顶面距地下水位或地表积水水位的高度按现行《民用机场水泥混凝土道面设计规范》(MH/T 5004)附录 C 确定；道基为粗粒土时，其干湿类型应根据自然区划分、土质类型、排水条件以及土基顶面距地下水位或地表积水水位的高度确定。

表 7-38　道基干湿类型

道基干湿类型	砂质土	黏质土	粉质土
干燥	$B_m \geq 1.20$	$B_m \geq 1.10$	$B_m \geq 1.05$
中湿	$1.20 > B_m \geq 1.00$	$1.10 > B_m \geq 0.95$	$1.05 > B_m \geq 0.90$
潮湿	$1.00 > B_m \geq 0.85$	$0.95 > B_m \geq 0.80$	$0.90 > B_m \geq 0.75$
过湿	$B_m < 0.85$	$B_m < 0.80$	$B_m < 0.75$

土的平均稠度 B_m 按下式计算。

$$B_m = (\omega_l - \omega_m)/(\omega_l - \omega_p) \tag{7-45}$$

式中：ω_l——土的液限含水率(液塑限联合测定仪测定)(%)；

笔记

ω_p——土的塑限含水率(液塑限联合测定仪测定)(%);

ω_m——道床范围内土的平均含水率(%)。

道基干燥、中湿和潮湿状态的水位临界高度,可根据当地资料及经验确定。

遇到下列情况时,应在基层下设置垫层:

(1)水文地质条件不良的土质挖方道基或者潮湿状态填方道基,应设置排水垫层或采取其他道基排水措施。

(2)季节性冻土地区道面结构总厚度不满足最小防冻层厚度时,应设置防冻垫层,季节性冻土地区最小防冻层厚度应不小于表7-39中的规定。

表7-39 季节性冻土地区最小防冻层厚度(单位:m)

道基干湿类型	土基土质	当地最大冻深			
		0.50~1.00	1.01~1.50	1.51~2.00	>2.00
中湿地段	低、中、高液限黏土	0.30~0.50	0.65~1.00 (0.40~0.60)	1.00~1.50 (0.50~0.70)	0.95~1.30 (0.60~0.95)
	粉土,粉质低、中液限黏土	0.45~0.65	0.75~1.15 (0.50~0.80)	1.10~1.65 (0.60~0.95)	1.20~1.50 (0.70~1.20)
潮湿地段	低、中、高液限黏土	0.55~0.85 (0.40~0.65)	0.90~1.35 (0.50~0.80)	1.20~1.85 (0.60~1.10)	1.30~1.70 (0.75~1.30)
	粉土,粉质低、中液限黏土	0.65~1.00 (0.50~0.80)	1.00~1.50 (0.60~0.90)	1.30~2.00 (0.80~1.20)	1.50~2.00 (0.90~1.50)

注:括号中数据为最小防冻层厚度。

(3)多年冻土地区应结合地基处理方案设置防冻垫层。

(4)道基顶面反应模量不满足设计要求时,应在道基顶面设置垫层或采取其他提高道基反应模量的处置措施。

(5)道基可能产生不均匀沉降时,可采用换填垫层法进行地基处理。

(6)岩石挖方区的道床应超挖并铺设褥垫层。褥垫层可采用级配良好、粒径不大于150mm的粗颗粒材料,其厚度不小于500mm。

垫层应符合下列规定:

(1)垫层应具有一定的强度和较好的水稳定性。防冻垫层应具有抗冻性。排水垫层应具有较好的透水性。

(2)垫层材料宜就地取材,可采用颗粒材料(砂、砂砾、碎石、炉渣、山皮石、混渣、分解稳定的钢渣等),也可采用石灰、粉煤灰稳定土或水泥稳定土等。防冻垫层还可采用煤渣、矿渣等隔温性能较好的材料。

(3)在冰冻地区的潮湿地段,不应采用石灰土作为垫层。

(4)防冻垫层改善处治应符合《民用机场岩土工程设计规范》(MH/T 5027—2013)的规定。

(5)垫层应宽出基层不小于300mm,其厚度不应小于150mm。

2. 基层

基层应具有足够的抗冲刷能力、适当的强度和刚度。在冰冻地区还应具有足够的抗冻性能。基层材料与厚度应根据航空交通量等级、结构层组合要求和当地材料供应条件确定,并符合下列要求:

(1)基层可采用无机结合料稳定类基层、沥青结合料稳定类基层、水泥混凝土(包括贫混凝土和碾压混凝土)基层或粒料类基层四大类。基层材料宜参照表7-40选定。

表7-40 基层材料类型

<table>
<tr><th>层次</th><th>航空交通量等级</th><th>基层材料类型</th></tr>
<tr><td rowspan="12">上基层
(含单层式)</td><td rowspan="6">重(上基层)</td><td>水泥稳定级配碎石</td></tr>
<tr><td>沥青混凝土</td></tr>
<tr><td>沥青稳定密级配碎石</td></tr>
<tr><td>水泥稳定开级配碎石</td></tr>
<tr><td>沥青稳定开级配碎石</td></tr>
<tr><td>碾压混凝土、贫混凝土</td></tr>
<tr><td rowspan="2">中(上基层)</td><td>水泥稳定级配碎石(砾石)</td></tr>
<tr><td>石灰粉煤灰稳定级配碎石</td></tr>
<tr><td rowspan="4">轻、特轻(基层)</td><td>级配碎石(砾石)</td></tr>
<tr><td>石灰粉煤灰稳定级配碎石(砾石)</td></tr>
<tr><td>未筛分碎石</td></tr>
<tr><td>水泥、石灰、粉煤灰稳定细粒土</td></tr>
<tr><td rowspan="9">下基层</td><td rowspan="6">重</td><td>水泥稳定级配碎石(砾石)</td></tr>
<tr><td>沥青混凝土</td></tr>
<tr><td>沥青稳定级配碎石(砾石)</td></tr>
<tr><td>碾压混凝土、贫混凝土</td></tr>
<tr><td>石灰粉煤灰稳定级配碎石</td></tr>
<tr><td>级配碎石(砾石)</td></tr>
<tr><td rowspan="3">中</td><td>水泥稳定级配砾石</td></tr>
<tr><td>未筛分碎石</td></tr>
<tr><td>石灰粉煤灰稳定级配砾石</td></tr>
</table>

(2)基层最小厚度应符合表7-41的要求,当基层厚度大于300mm时宜分上、下两层。当航空交通量等级为“重”或“中”时,至少应设置一层无机结合料或沥青结合料稳定类基层。当设置开级配排水基层时,该层可视为上基层的一部分。

表7-41 基层最小厚度

航空交通量等级	轻、特轻	中	重
厚度(mm)	150	300	300

基层的适宜厚度应按所选集料的公称最大粒径和压实要求而定,设计层厚度超过适宜厚度范围时宜分层施工。各种基层材料的最小厚度与基层适宜厚度应符合表7-42的要求。

表 7-42　基层最小厚度与适宜厚度

基层材料类型	最小厚度(mm)	适宜厚度(mm)
水泥稳定级配碎石(砾石)	150	180 ~ 300
碾压混凝土、贫水泥混凝土	120	180 ~ 240
石灰粉煤灰稳定碎石(砾石)	150	180 ~ 300
水泥稳定开级配碎石	100	100 ~ 150
沥青稳定开级配碎石	根据集料公称最大粒径确定	50 ~ 100 (根据集料公称最大粒径确定)
沥青混凝土(作为隔离层)	25	25 ~ 40
沥青混凝土(作为基层)	根据集料公称最大粒径确定	35 ~ 75 (根据集料公称最大粒径确定)
沥青稳定级配碎石(砾石)	50	60 ~ 300
级配碎石(砾石)	100	150 ~ 300
未筛分碎石	—	—

注:采用大厚度稳定土摊铺工艺时,无机结合料稳定土的单层压实厚度可适当加厚。

3. 隔离层

新建水泥混凝土道面的面层和无机结合料稳定基层或水泥混凝土基层之间应设置隔离层,根据需要隔离层应具备隔离、防水或应力缓冲等功能中的一种或全部。贫混凝土或碾压混凝土基层与面层之间宜铺设细粒式沥青混凝土隔离层,层厚宜为 30 ~ 50mm。无机结合料稳定基层与水泥混凝土面层之间的隔离层可采用单层沥青表面处治封层、土工合成材料、细粒式(砂粒式)沥青混合料以及沥青复合封层等材料。

4. 面层

水泥混凝土面层应具有足够的强度和耐久性,表面应抗滑、耐磨、平整。面层宜采用普通水泥混凝土或钢筋混凝土。新建道面水泥混凝土面层的最小厚度应符合表 7-43 的要求。

表 7-43　水泥混凝土面层最小厚度要求

航空交通量等级	轻、特轻	中	重
面层厚度(mm)	200	300	360

新建道面表面应具有良好的抗滑性能和表面纹理,并符合下列要求:

(1)年降雨量大于 800mm 的运输机场,跑道及快速出口滑行道应刻槽;年降雨量为 400 ~ 800mm 的运输机场,跑道及快速出口滑行道宜刻槽。刻槽的跑道及快速出口滑行道应采用先拉毛后刻槽的方法制作表面纹理。

(2)不刻槽的跑道及快速出口滑行道应采用拉槽毛的方式制作表面纹理,其平均纹理深度应不小于 0.8mm。

(3)其他滑行道以及机坪应采用拉毛的方法制作表面纹理,其平均纹理深度应不小于 0.4mm。

在寒冷地区，水泥混凝土应具有良好的抗冻性和抗盐冻性能，年最低月平均气温低于0℃的地区，跑道、滑行道、机坪道面混凝土抗冻标号应不低于F300。

5. 道面结构层排水

跑道、滑行道和机坪的坡度和结构层组合设计宜使道面结构内部水分能够排出，防止渗入的地表水或地下水在道面结构层内或道基顶面积聚。年降水量为800mm以上的湿润地区，若道基由渗透系数不大于10^{-4}mm/s的细粒土填筑或地下水位较高时，航空交通量等级为"重"的道面可设置由开级配沥青稳定碎石或者开级配水泥稳定碎石组成的排水功能层。排水功能层下应设置由密级配的沥青或水泥稳定碎石组成的不透水基层。

6. 道肩

道肩可采用现浇或预制水泥混凝土。现浇水泥混凝土道肩的设计混凝土弯拉强度不应小于4.5MPa。有抗冻要求的地区设计混凝土弯拉强度宜与道面混凝土一致。道肩最小厚度应满足使用要求，水泥混凝土板厚不应小于120mm。航空交通量等级为"重"的跑道道肩以及有抗冻要求的道肩，水泥混凝土板厚不宜小于140mm。温度梯度大与冬季日温差大的区域的水泥混凝土板厚不宜小于180mm。季节性冰冻地区的道肩结构层加垫层的总厚度应满足最小防冻层厚度的要求。年最低月平均气温低于0℃的地区，道肩混凝土抗冻标号不应低于F300。道肩水泥混凝土面层与无机结合料稳定基层之间可设置6～15mm的石屑粉、土工合成材料等隔离层。

四、水泥混凝土道面板厚度计算

普通混凝土道面板厚度设计应以设计基准期内飞机荷载作用下道面板不产生疲劳开裂作为设计依据。道面板极限疲劳开裂控制设计指标宜采用线性叠加的疲劳累计损伤因子CDF。道面板厚度设计时的荷载应力应以飞机主起落架荷载作用在临界荷位处时的板底最大主应力为计算依据，如图7-29所示，板底最大主应力可采用有限单元方法分析确定。

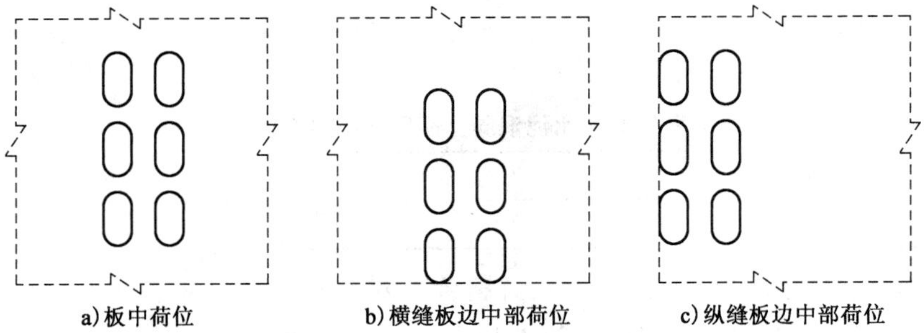

图7-29　临界荷位比选位置（以三轴双轮主起落架构型为例）

1. 疲劳累积损伤因子

疲劳累积损伤因子计算时可将道面滑行引导中心线两侧各划分为40条宽度均为0.25m的条带。设计基准期内，飞机主起落架荷载作用下道面板的最大疲劳累计损伤因子CDF_{max}应按式（7-46）计算。

$$CDF_{max} = Max(CDF_j) \tag{7-46}$$

式中：CDF_{max}——设计基准期内，各机型主起落架荷载作用下道面板的最大疲劳累积损伤因子；

CDF_j——设计基准期内，各机型主起落架荷载作用下道面板在条带 j（$j=1,2,\cdots,80$）处的疲劳累积损伤因子，按式(7-47)计算。

$$CDF_j = \sum_{i=1}^{I}(CDF_{ij}) \tag{7-47}$$

式中：CDF_{ij}——设计基准期内，指定机型 i（$i=1,2,\cdots,I$）主起落架荷载作用下道面板在条带 j 处的疲劳累计损伤因子，按式(7-48)计算。

I——设计基准期内，在道面上运行的飞机机型数。

$$CDF_{ij} = \frac{N_{ij}}{N_{ei}} \tag{7-48}$$

式中：N_{ij}——设计基准期内，指定机型 i 主起落架荷载在条带 j 处道面上的累计作用次数；

N_{ei}——设计基准期内，指定机型 i 主起落架荷载在条带 j 处道面上的容许作用次数。

道面板厚度设计时，设计基准期内的最大疲劳累计损伤因子 CDF_{max} 应为 $CDF_{design} \pm 5\%$。

2. 累计作用次数

设计基准期内，指定机型 i 主起落架荷载在条带 j 处道面上的累计作用次数 N_{ij} 应按式(7-49)计算：

$$N_{ij} = N_{si}P_{ij} \tag{7-49}$$

式中：N_{si}——设计基准期内，指定机型 i 主起落架荷载在道面上的累计作用次数；

P_{ij}——设计基准期内，指定机型 i 主起落架荷载在条带 j 处道面上的横向作用分布概率，按公式(7-50)计算。

$$P_{ij} = \sum_{k=1}^{K}\left[\int_{D_j-\frac{W}{2}}^{D_j+\frac{W}{2}} \frac{1}{\sigma\sqrt{2\pi}}\exp\left(-\frac{(x-d_i^k)^2}{2\sigma^2}\right)dx\right] \tag{7-50}$$

式中：σ——飞机 i 主起落架轮迹横向偏移分布标准差(m)，按照表 7-44 取值；

D_j——条带 j 的中心线距离道面引导线的距离(m)；

d_i^k——飞机 i 主起落架机轮 k（$k=1,2,\cdots,K$）中心线距离道面滑行引导中心线的距离(m)，其中 K 为主起落架构型中并列横向机轮数量；

W——机型 i 主起落架的轮印(m)，取值为 0.25m。

表 7-44 主起落架轮迹横向偏移分布标准差建议取值

道面区域	跑道（高速）	滑行道（中速）	停机坪（机坪引导线，低速）	快速滑行道（高速）
轮迹横向分布标准差（m）	0.75	0.50	0.00	0.75

3. 容许作用次数

道面板厚度设计时的荷载应力计算结构模型可采用线弹性地基上层间光滑的有限尺寸双层板模型，结构简化模型如图 7-30 所示。

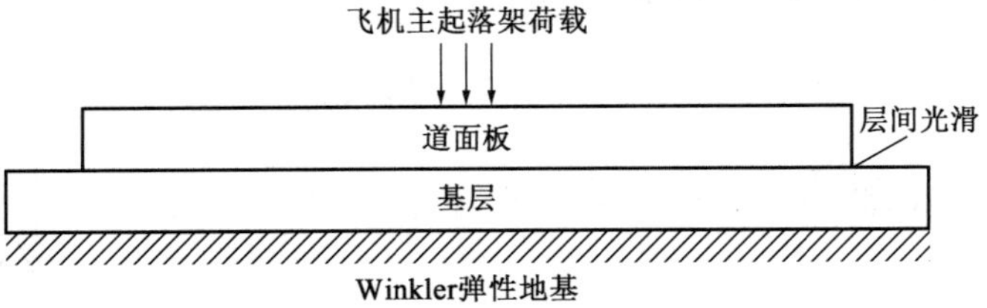

图 7-30 道面板底荷载应力计算的结构简化模型

我国机场水泥混凝土道面结构的基层一般为半刚性或刚性基层，其板体性较强。因此，在有限元分析模型中，将基层和道面板简化为双层板，基层以下结构简化为 Winkler 弹性地基；同时，为保证计算效率和准确性，将基层和道面板简化为有限尺寸结构，道面板的平面尺寸可取为 10m × 10m，并在计算中考虑基层超宽的影响，超宽宽度可取为 0.5m。

指定机型 i 主起落架荷载的容许作用次数N_{ei}，应按照公式(7-51)计算：

$$N_{ei} = 10^{\frac{\mathrm{DF}-B}{A}} \tag{7-51}$$

式中：DF——设计因子，按照公式(7-52)计算；

A、B——回归系数，分别按照公式(7-53)和式(7-54)计算。

$$\mathrm{DF} = \frac{f_{\mathrm{rp}}}{\sigma_{\mathrm{p}i}} \tag{7-52}$$

$$A = \frac{F'_{\mathrm{s}}bd}{(1-\mathrm{SCI}/100)(d-b)+F'_{\mathrm{s}}b} \tag{7-53}$$

$$B = \frac{(1-\mathrm{SCI}/100)(ad-bc)+F'_{\mathrm{s}}bc}{(1-\mathrm{SCI}/100)(d-b)+F'_{\mathrm{s}}b} \tag{7-54}$$

式中：f_{rp}——水泥混凝土的抗弯拉强度；

$\sigma_{\mathrm{p}i}$——指定机型 i 主起落架荷载作用在道面板临界荷位处的板底最大主应力(MPa)；

F'_{s}——考虑基层影响的补偿系数，一般情况下 F'_{s}取值为 1.0；

SCI——道面结构状况指数，新建道面取值为 80；

a、b、c、d——回归系数，$a=1.027$，$b=0.160$，$c=1.100$，$d=0.160$。

指定机型 i 主起落架荷载作用在道面板临界荷位处，板底荷载应力$\sigma_{\mathrm{p}i}$应按照式(7-55)计算：

$$\sigma_{\mathrm{p}i} = (1-\beta)\sigma_{\mathrm{e}i} \tag{7-55}$$

式中：$\sigma_{\mathrm{e}i}$——指定机型 i 主起落架荷载作用在道面板边临界荷位处的板底最大主应力(MPa)；

β——应力折减系数，临界荷位为板中取值为0；临界荷位为板边，则应考虑接缝传荷作用，通常取值为0.25。

笔记

4. 混凝土板厚度计算

普通混凝土板基准设计厚度计算流程可参照图7-31。

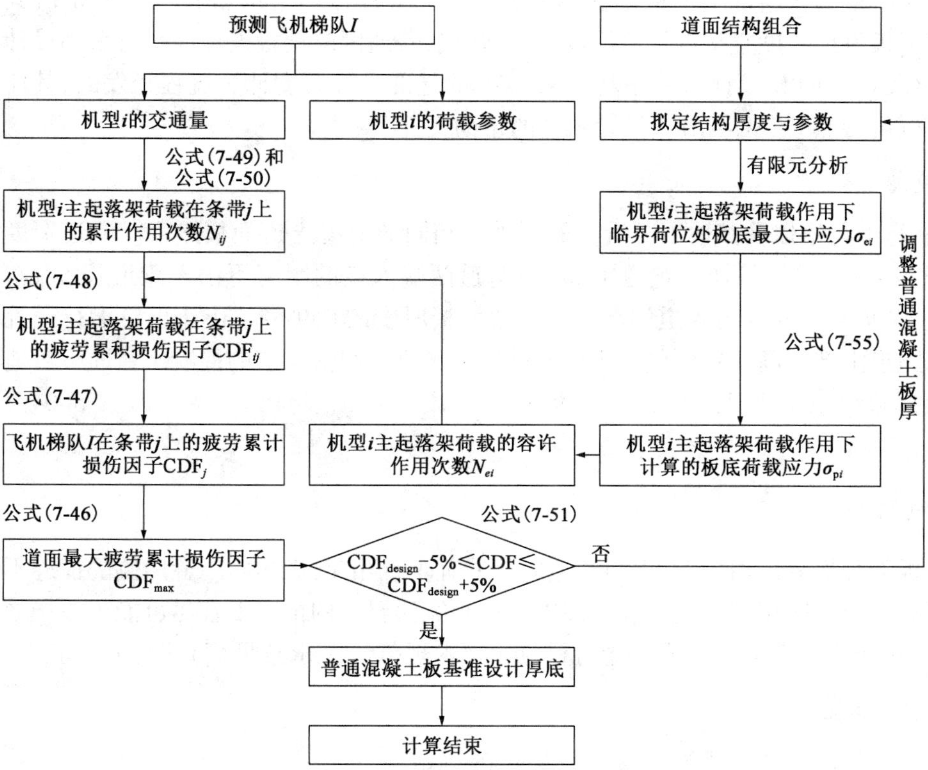

图7-31　普通混凝土板基准设计厚度的计算流程

在设计初始阶段，可根据航空交通量等级、现场试验、工程经验等拟定道面结构厚度和参数。为考虑温度荷载作用和主起落架荷载动态作用效应的影响，应在基准设计厚度的基础上对普通混凝土板厚度进行修正。普通混凝土板基准设计厚度修正应符合以下规定：

(1)航空交通量等级为"特轻""轻"和"中"时，可不对基准设计厚度进行修正。

(2)航空交通量等级为"重"时，可按照式(7-56)对基准设计厚度进行修正。

$$h_s = \gamma\eta h_0 \tag{7-56}$$

式中：h_s——普通混凝土板的计算厚度(mm)；

h_0——按照图7-31所示的计算流程得到的普通混凝土板的基准设计厚度(mm)；

γ——考虑温度应力的修正系数，年平均气温日较差不小于14℃，取值为1～1.05，板厚较大时取低值；年平均气温日较差小于14℃时，取值为1；

η——考虑主起落架荷载动态作用效应影响的修正系数，跑道和快速滑行道取值为1～1.05，预计道基可能有不均匀沉降、道面平整度劣化较快的地区取高值；其他结构部位取值为1。

跑道与快速滑行道的普通混凝土板设计厚度宜根据计算厚度向上取整并增加10mm，其他区域普通混凝土板设计厚度宜根据计算厚度向上取整。普通混凝土板设计厚度可采用设计软件计算确定。CAAC-ARPD设计软件是基于图7-31的基准设计厚度计算流程开发的，其使用方法和计算案例可参照CAAC-ARPD设计软件的帮助文件。

5. 道面板减薄

跑道端部、平行滑行道以及其他主要滑行道可采用相同的混凝土道面板厚度。跑道宽度不小于45m并且设有平行滑行道时，跑道中部（距跑道两端入口的距离不小于跑道长度1/4的范围）的混凝土道面板可减薄至跑道端部混凝土道面板厚度的0.9倍。快速出口滑行道混凝土板厚度可与跑道中部厚度一致。顶推机位前站坪上飞机主起落架前的混凝土道面板可适当减薄。道面板厚度计算按照我国《民用机场水泥混凝土道面设计规范》（MH/T 5004—2025）进行。

五、道面分块设计

水泥混凝土板的分块宜采用矩形，纵向和横向接缝宜垂直相交，纵向施工缝两侧的横缝不应错开。水泥混凝土板横向接缝布置在满足混凝土板长宽比要求的情况下宜尽可能少。接缝材料应符合《民用机场水泥混凝土道面接缝材料应用技术规范》（征求意见稿）的有关规定。

1. 分块与接缝布置

水泥混凝土矩形板的尺寸宜根据板厚参照表7-45确定。

表7-45　板块短边最大尺寸

水泥混凝土板厚度 h（mm）	板块短边最大尺寸（m）
200～260（不含）	4.0
260～320（不含）	4.5
320～400（不含）	5.5
≥400	6.0

跑道和滑行道的纵向接缝布置应符合以下要求：

（1）直线型中心线处宜布置一条纵向接缝。

（2）其他纵向接缝应与直线型中心线平行，水泥混凝土板的纵向接缝布置宜避开关键条带。在其他道面等宽的区域内或道面变宽区域的等宽部分，纵向接缝的间距和形式宜保持一致。

（3）道面变宽区域的加宽部分与等宽部分之间应采用施工缝隔开。加宽板在变宽段起终点处的宽度不应小于1m。

横向接缝宜采用等间距布置,板块的长宽比宜为 1 ~ 1.25。

当纵向施工缝连续长度大于 1 000m,或交接区域两侧道面温度变形方向不一致时,宜设置后浇带。后浇带道面面层应在相邻道面面层施工完成并且经过至少一个夏季后浇筑。钢筋混凝土板的板长可适当增加,但不宜大于板宽的 2 倍。当采用现浇水泥混凝土作为道肩面层时,其分块应视道肩宽度以及相邻道面板的分块尺寸而定,接缝间距宜为 1.5 ~ 3.0m,板的形状宜接近或为正方形。

2. 纵向接缝

纵向施工缝可采用平缝或企口缝形式,各类接缝的设置位置见表 7-46,接缝构造如图 7-32 所示。

表 7-46　纵向接缝类型与设置位置

接缝类型	设置位置
平缝加传力杆型	跑道中间的三条纵向施工缝;航空交通量分级为中、重的滑行道,其中间的三条纵向施工缝
平缝型	仅航空交通量分级为特轻且设有稳定类基层的道面
企口缝加拉杆型	跑道、滑行道或机坪,其临近自由边的一条纵向施工缝
企口缝型	其他道面

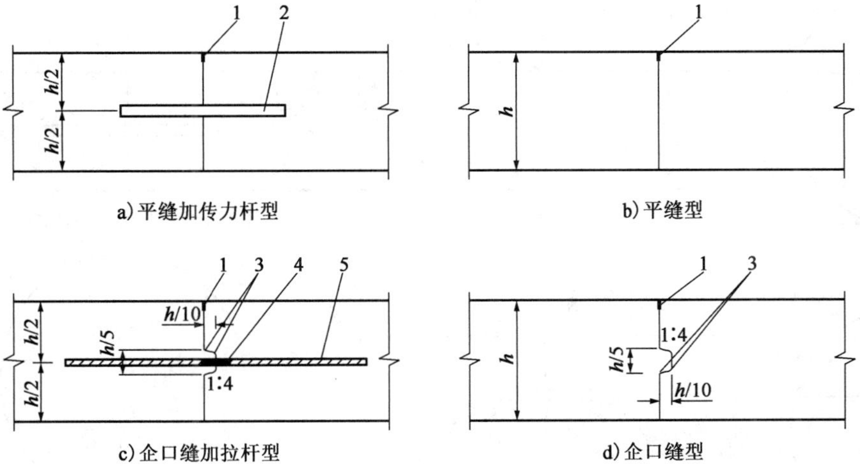

图 7-32　纵向施工缝构造

1-填缝料或预塑嵌缝条;2-传力杆;3-半径 10mm 的圆弧;4-防锈涂料;5-拉杆

拉杆应采用螺纹钢筋并设置在板厚中央。拉杆尺寸及间距可参照表 7-47 选用。最外边的拉杆距接缝或自由边的距离可采用 250 ~ 350mm。

表 7-47　拉杆尺寸及间距

到自由边或未设拉杆纵缝的距离(m)	直径(mm)	最小长度(mm)	最大间距(mm)
4.0	16	1 000	680
4.5	16	1 000	620
5.0	16	1 000	550
5.5	16	1 000	500
6.0	16	1 000	460

传力杆应采用光圆钢筋并设置在板厚中央。传力杆尺寸及间距可参照表 7-48 选用。板最外边的传力杆距接缝或自由边的距离可采用 150 ~ 200mm。传力杆应采用敷涂沥青或喷塑处理。

表 7-48　传力杆尺寸及间距

板厚(mm)	直径(mm)	最小长度(mm)	最大间距(mm)
200 ~ 250	25	450	300
250 ~ 300	30	500	300
300 ~ 350	32	500	350
350 ~ 400	35	500	350
400 ~ 450	38	550	400
450 ~ 500	40	600	400

纵向施工缝缝槽如图 7-33 所示,宽度宜为 8 ~ 10mm,深度宜为 30mm。采用填缝料密封时,槽内应灌塞填缝料,缝槽下部应设置直径不小于 10mm 的垫条,垫条可采用泡沫塑料或性能满足使用要求的其他材料。

3. 横向接缝

横向缩缝应采用假缝形式,如图 7-34 所示。

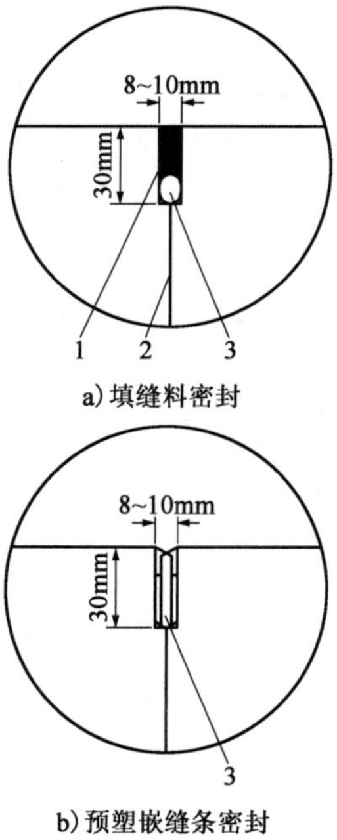

图 7-33　纵向施工缝缝槽

1-填缝料;2-垫条;3-预塑嵌缝条

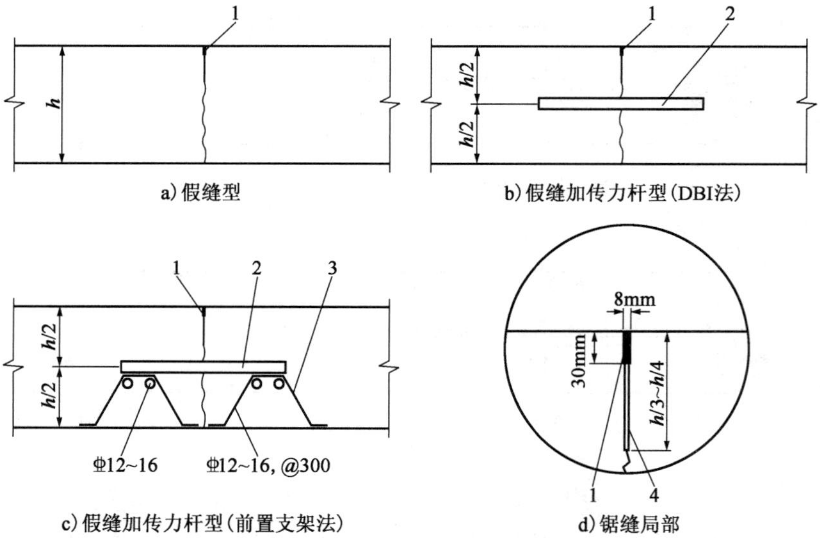

图 7-34　横向接缝构造

1-填缝料;2-传力杆;3-支架钢筋;4-下部锯缝

注:当横向接缝为假缝加传力杆型,或上基层为半刚性基层时,锯缝深度宜取上限。

下列假缝宜采用假缝加传力杆型,构造如图 7-34c) 所示:

(1) 未设胀缝跑道及平行滑行道两端各 100m 范围内的假缝。

(2) 邻近道面自由端的三条假缝。

(3) 紧邻胀缝的三条假缝。

笔记

(4)钢筋混凝土板的假缝。

(5)近机位廊桥活动区的假缝。

(6)航空交通量分级为中、重的跑道接地带、跑道等待位置等关键部位。

浇筑混凝土道面中断时,应设置横向施工缝。其位置应设在横向缩缝处,宜采用平缝加传力杆型,其构造如图 7-32a)所示。

横向缩缝、横向施工缝缝槽如图 7-35 所示,宽度宜为 8～10mm,深度宜为 30mm。采用填缝料密封时,缝槽下部应设置直径不小于 10mm 的垫条,垫条可采用泡沫塑料或性能满足使用要求的其他材料。道面面层的横向缩缝、横向施工缝也可设置倒角,如图 7-36 所示。

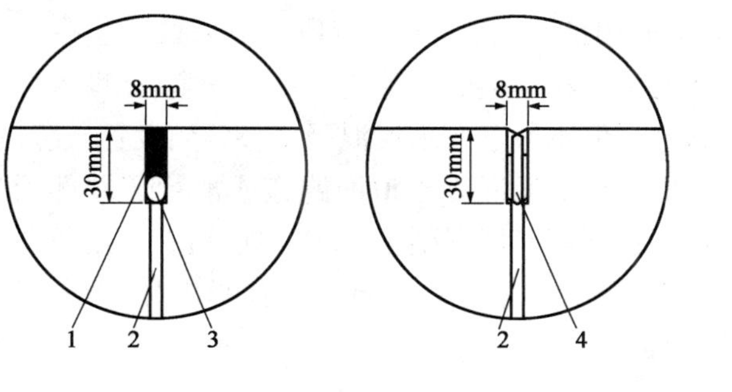

图 7-35　缝槽

1-填缝料;2-下部锯缝;3-垫条;4-预塑嵌缝条

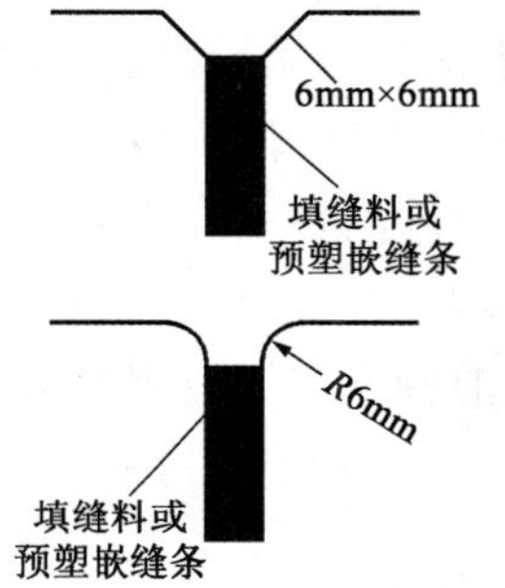

图 7-36　接缝倒角

4. 交接区域接缝

在道面交接、交叉、弯道处及出现错缝时,应采用平缝或胀缝隔开,其构造如图 7-37 所示。交接平缝现浇混凝土板的侧面应平滑,并且粘贴油毡或其他防水隔离材料。传力杆的设置不应妨碍相邻混凝土板的自由伸缩。

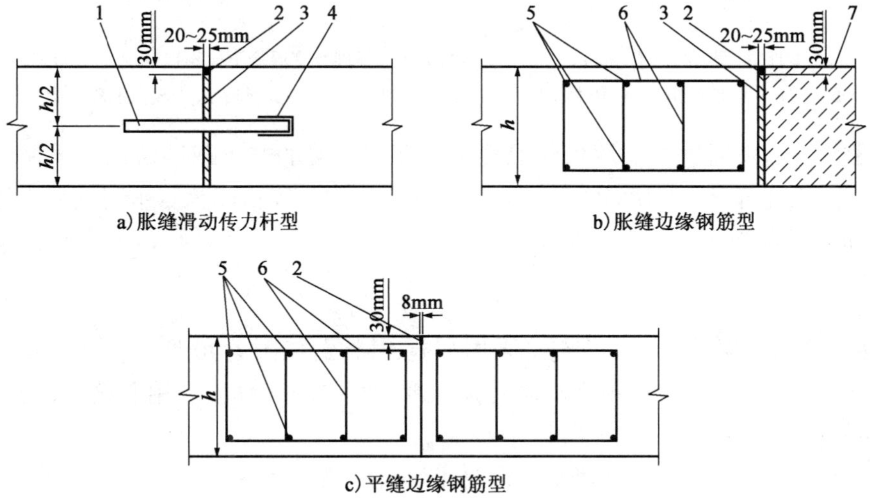

图 7-37　交接平缝、胀缝构造

1-传力杆;2-填缝料或预塑嵌缝条;3-胀缝板;4-长 100mm 套筒(留 30mm 间隙填泡沫塑料、纱头等);5-主筋;6-箍筋;7-道面或其他构筑物

5. 端部处理

水泥混凝土道面与房屋、排水结构等固定构造物相接处，以及有地井等埋地设施的板四周，应设置胀缝。胀缝可采用边缘钢筋型或滑动传力杆型，其构造如图 7-38 所示。

水泥混凝土道面与跑道桥、滑行道桥相接处，桥头设有搭板时，搭板上部的混凝土板宜在搭板边界处设置胀缝。水泥混凝土道面与柔性道面相接时，应设置不小于 3m 长的过渡段。过渡段的道面应采用两种道面呈阶梯状叠合布置，其下面应铺设厚度不小于 200mm 的变厚度混凝土过渡板，如图 7-38 所示，过渡板顶面应设置横向拉槽，保证沥青层与过渡板的良好黏结。过渡板与混凝土面层板相接处的接缝内需要设置拉杆。混凝土面层毗邻该接缝的 1 ~2 条横向接缝应采用胀缝形式。

水泥混凝土道面与采用柔性面层的服务车道相接时，宜设置过渡段。应采取适当措施减少或者防止板块的移位，以保护板块自身以及与板块相连接的其他构筑物的安全，如埋入板块中的地井、管线等设施的安全。所采取的措施包括但不限于在水泥混凝土板四周设置胀缝、在板块下设置地梁以及用预制块铺设道面等。在现有水泥混凝土道面跑道或滑行道端部延长时，宜在端部水泥混凝土道面板侧面植传力杆。在不同厚度混凝土板相接处，可在厚度较薄一侧设置一块或两块厚度渐变的过渡板，如图 7-39 所示。过渡板纵向厚度有变化时，纵向接缝不宜采用企口缝。

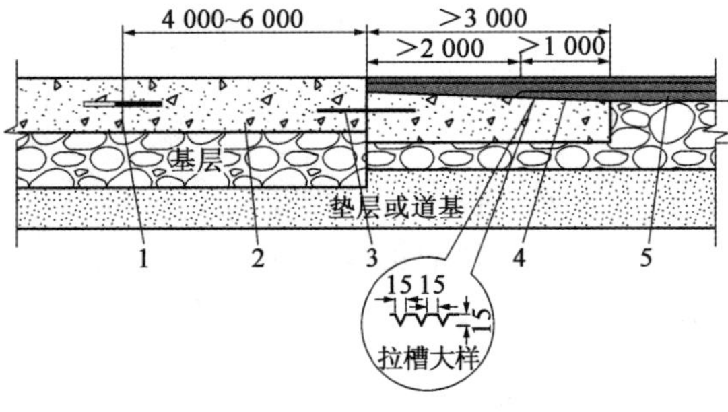

图 7-38　水泥混凝土道面与柔性道面相接(单位:mm)

1-胀缝;2-水泥混凝土道面;3-拉杆;4-玻纤格栅;5-柔性道面

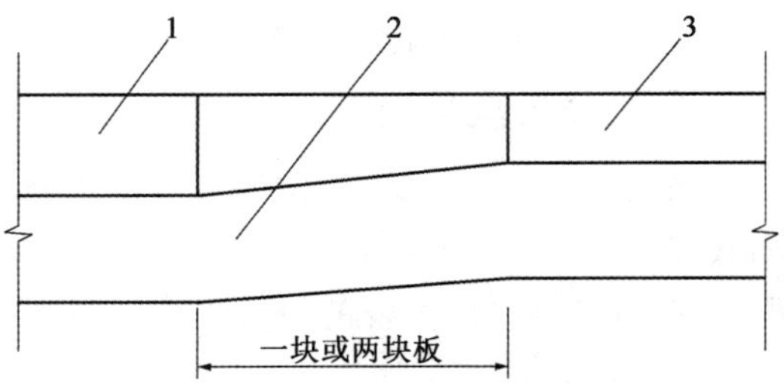

图 7-39　不同厚度混凝土板相接处理

1-较厚混凝土板;2-基(垫)层;3-较薄混凝土板

登机桥固定端等结构物周边与机坪水泥混凝土道面相连接的非承载铺筑面可采用预制块。近年来的实践表明，由于不均匀沉降等原因，机坪固定结构与周边非承重水泥混凝土道面之间易产生错台，而采用预制块有助于过渡变形。

6. 道肩接缝

现浇水泥混凝土道肩面层的纵向施工缝应采用平缝，其构造如图 7-40 所示。

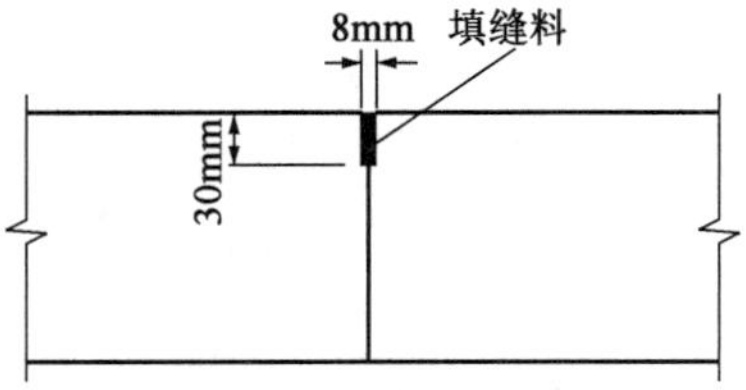

图 7-40　道肩纵向施工缝

现浇水泥混凝土道肩面层的缩缝应采用假缝，其构造如图 7-41 所示。

现浇水泥混凝土道肩胀缝宜与相邻道面板的接缝对齐，其间距宜为 10 ~15m，构造如图 7-42 所示。

道肩面层纵向施工缝、缩缝的填缝料缝槽宽度可采用 8mm，缝槽下部应设置直径不小于 10mm 的垫条。

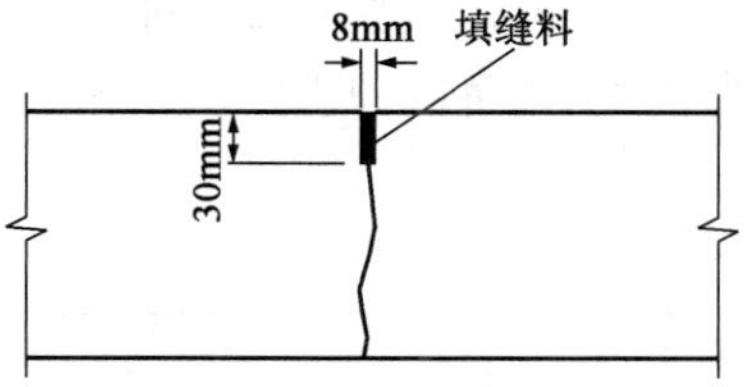

图 7-41　道肩缩缝

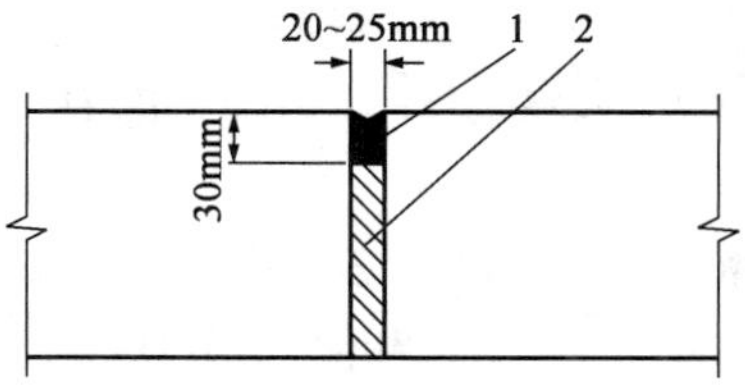

图 7-42　道肩胀缝
1-填缝料;2-胀缝板

第五节　美国 FAA 刚性道面结构设计方法

FAA 机场水泥混凝土道面的主要设计指标是水泥混凝土板底层的最大拉应力,而最大横向应力的确定需要考虑水泥板边缘以及内部荷载条件。而厚度的确定和机场柔性道面相似,通过给定的飞机交通量和轮载,通过有限元分析力学响应,通过计算每一种机型的 CDF 来控制疲劳累计,然后通过对比其力学响应与混凝土的弯拉强度来确定最终厚度。

一、主要结构层

机场水泥混凝土道面的结构从上往下分别为:水泥混凝土板、粒料类稳定基层以及压实或进行特殊处理过的道床。

混凝土面层需要具有一定的纹理来提供抗滑能力,同时兼顾防止水分侵入下部结构层的能力,以及具有相应的强度来支撑飞机的起降行为。混凝土面层材料应满足 P-501 的技术要求。

由于刚性机场道面一般不进行布筋加强或者仅在薄弱部位布筋,因此面层水泥混凝土板底的拉应力完全由混凝土承担,所以水泥混凝土的抗弯拉强度是确定水泥混凝土板厚度的一个重要指标。在道路设计中,水泥混凝土的抗弯拉强度是主要抗弯拉力学行为和破坏模式的特征,需要由试验测得,通常根据 ASTM C78(混凝土弯拉强度标准测试方法)来测量混凝土的抗弯拉强度。

在大多数情况下,FAA 推荐使用抗弯拉强度介于 4.14 ~5.17MPa 之间的混凝土材料。出于经济上的考虑,过高的抗弯拉强度也是不可取的。例如,单纯追求高抗弯拉强度的混凝土,可能要使用不恰当的添加剂。

较低的强度要求可以平衡混凝土混合物的成分以提高性能,但可能会导致道面要求稍厚。这些因素降低了混凝土早期开裂的风险,最大限度地减少了卷曲的翘曲应力,并提高了疲劳性能。

为了确定厚度设计的抗弯拉强度,设计人员需要考虑如下几个因素:行业在特定区域内以特定强度生产混凝土的能力;来自机场先前项目的混凝土抗弯拉强度与水泥含量数据;需要避免高水泥含量,这会影响混凝土的耐久性;是否需要提前开放,要求使用低于 28d 的强度。

基层材料和最小厚度应满足表7-49和表7-50的要求。基层主要是为了给上部机场水泥混凝土道面提供稳定支撑，美国规范中推荐所有的刚性机场道面的基层最小厚度不小于102mm。

表7-49 FAA设计中不同层推荐材料及相应参数

层位	FAA指定的层位材料	刚性道面(MPa)	泊松比
表面层	P-501	30 000	0.35
稳定类基层或底基层	P-401/403	3 000	0.35
	P-306	5 000	0.20
	P-304	3 500	0.20
	P-220	1 700	0.20
	可变稳定刚性层	1 700～5 000	0.20
	可变稳定柔性层	1 000～3 000	0.35
砾料基层或底基层	P-209	程序定义	0.35
	P-208		0.35
	P-219		0.35
	P-211		0.35
	P-154		0.35
	P-207	175～3 500	0.35
道基	道基土	7～350	0.35

表7-50 柔性道面最小厚度

层位	FAA规范要求	飞机在道面上最大质量(kg)		
		<27 215	<45 360	≥45 360
水泥混凝土面层	P-501	150mm	150mm	150mm
排水层	P-307/407	无要求	150mm	150mm
稳定类基层	P-401/403/306/304	无要求	无要求	125mm
基层	P-209/211/207/208/210/213/213/219	无要求	150mm	150mm
底基层	P-154	100mm	考虑最大冻深	
排水层	P-307/407	无要求	150mm	150mm

稳定基层铺设在刚性机场道面基层下方，为重量大于45.359t或者更重的飞机提供良好的起降跑道质量。美国规范推荐设计时选取水泥稳定基层或者沥青稳定类基层。必要时可以设计多层稳定基层来达到预期目的。但是在设计时需要避免在稳定基层内夹杂粒料类基层的情况。

道床材料处于刚性机场道面最下层，必须具有良好的压实度，此部分的设计应当因地制宜，例如，采用开挖或填方的设计来确保道床的力学属性达标。路基参数可应用回弹模量 E 和反应模量 K 来表示，E 和 K 的关系及 K 和CBR的关系为：

$$E = 20.15K^{1.284} \tag{7-57}$$

$$K = 28.6926\text{CBR}^{0.7788} \tag{7-58}$$

笔记

二、设计参数和设计流程

与第六章中美国 FAA 柔性道面设计参数与设计流程相同。

三、混凝土板接缝要求

在机场水泥混凝土道面的服役期限内，温度和湿度的变化均会引起混凝土体积的变化和翘曲，而这会产生极大的应力。使用良好的板间接缝设置将原定尺寸的水泥板分割为一系列的小尺寸板，可以减少这些应力产生的有害效应，同时也减少了随机裂缝的产生。在进行设计时，这些小块的混凝土板块应该尽可能地近似正方形。

混凝土板间接缝的类型是依据其功能进行分类的，大致可分为分隔接缝、胀缩接缝（伸缩缝）以及施工缝，其详细分类见表 7-51。

表 7-51　不同类型接缝用途

种类	描述	纵向连接用途	横向连接用途
A	加厚边缘分隔接缝	道路交界处后期需要进行扩建的无约束结构边缘	道路交界处后期需要进行扩建的无约束结构边缘与其他建筑结构连接的边界
A-1	布筋型分隔接缝	用于大于 230mm 厚的硅酸盐水泥板的 A 类情况	用于大于 230mm 厚的硅酸盐水泥板的 A 类情况
B	铰链式胀缩接缝	小于 230mm 厚的混凝土板；距离无约束边缘 6m 或更近的小于 230mm 厚的混凝土板	仅用于布置张力环的小于 230mm 厚的混凝土板
C	锚固式胀缩接缝	距离无约束边缘 6m 或更近的小于 230mm 厚的混凝土板	应用于水泥混凝土道面端部的最后三条接缝
D	虚式胀缩接缝	除上述情况外的胀缩接缝	除上述情况外的胀缩接缝
E	传力杆施工缝	除需要分隔接缝以外的所有情况	需要持续铺设的路段处
F	对接式施工缝	飞机荷载质量大于 13 610kg 的所有情况	飞机荷载质量大于 13 610kg 的所有情况

竖直的接缝应该被设计用来缩减混凝土宽度的变化，而所有的纵向施工缝都应该设置拉杆，除非此施工缝也被用作分隔缝。对于停机坪，未设置拉杆的接缝可以用作中等级接缝，但是不适用于距离未约束边缘 6m 之内的情况。对于厚度小于 225mm 的狭窄（20m 以下）滑行跑道，并且未设置碎石稳定基层的，需要增设张力环。同时使用横向涨缩接缝作为未约束边缘的最后三条接缝。

分隔接缝(Isolation Joint)(A 型和 A-1 型):分隔接缝一般用在道面毗邻其他结构时或者隔离相交道面情况下,例如滑行跑道和起降跑道之间。A 型接缝是用来增加道面板边厚度的,这种加厚了的边缘将会承受更多的荷载,进而将这些荷载传递给铺设传力杆或者集料嵌挤作用较强的涨缩接缝和施工缝。A-1 型接缝是用来加强所提供相应的荷载承受能力的,一般来说仅仅用在厚度大于 228mm 的道面上,具体考虑的情况如起降跑道的连接处、交叉口或者滑行跑道的出口处。

胀缩接缝(Contraction Joint)(B、C、D 型):胀缩接缝(伸缩缝)一般是用来在温度和湿度改变的情况下,抵消混凝土内部应力设置的。同样也可以抵消由于翘曲作用而产生的较大应力。

施工缝(Construction Joint)(E 和 F 型):施工缝通常应用于两个相邻的混凝土板在不同时间浇筑的情况下。其中 E 型施工缝用在供重量超过 13.61t 的飞机起降的跑道上。

拉杆:对小于 225mm 厚的道面,纵向的无约束边缘长度在 6m 的道路必须设置拉杆来维持混凝土道面的联结。在这种情况下,拉杆并不是作为一种力的传递构件,而是用于维持接缝的间距并且靠集料之间的嵌挤作用来传递荷载。在具体的施工过程中,这些拉杆需要进行预应力处理并且设置在混凝土板中心,而它们的长度和直径则需要根据板厚来具体确定。

传力杆:传力杆是在接缝处传递混凝土道面板之间应力,同时限制这些应力在混凝土板边产生竖向位移的设施。合理设置的传力杆允许混凝土道面板之间发生小量相对位移。在混凝土道面板的端部最后三道接缝处必须设置传力杆。

传力杆尺寸和位置设计:由于传力杆的设置是为了限制剪切和弯曲应力,因此其长度和间距的设置应该满足预防混凝土破坏的需求,一些不同厚度的常用尺寸和间距见表 7-52。传力杆的位置和其稳定性影响着板间接缝的性能,因此传力杆需要纵向结构进行稳固,通常是用基层中延伸出的预埋件来锚固传力杆。

表 7-52 常用尺寸和间距设置

板厚(mm)	直径(mm)	长度(mm)	间距(mm)
152 ~ 178	20	460	305
191 ~ 305	25	460	305
318 ~ 406	30	510	380
419 ~ 508	40	510	460
521 ~ 640	50	610	460

接缝布局和间距:接缝的布局设计需要根据接缝类型来确定,以保证接缝可以很好地发挥其作用。基于整体结构的考虑在接缝布局中至关重要。总的来说,从经济的角度考虑,控制接缝数量和宽度在最小值是必要的。为实现这一点,需要同时控制混凝土板的纵横比在 1∶1.25 之内。接缝布局和间距的影响因素主要是道面内部的轻型锚固装置。

接缝间距:接缝间距受很多因素影响,例如道面总宽度和总厚度,混凝土板内锚固构件的位置和尺寸,混凝土集料的选用以及当地气温的变化范围,基层的约束以及弯曲应力的大小。而依据这些指标的一些推荐值见表 7-53。

笔记

表 7-53　不同类型道面尺寸和最大间距

不同类型道面	水泥混凝土板厚(mm)	最大接缝间距(m)
未铺设稳定类材料底基层	152	3.8
	165～229	4.6
	>229	6.1
铺设稳定类材料底基层	203～254	3.8
	267～330	4.6
	343～406	5.3
	>406	6.1

本章复习思考题

1. 水泥混凝土道面结构的损坏形态主要有哪几种？请简要描述其损坏状态。

2. 请绘制“唧泥”示意图，并简述其产生过程。

3. 某机场道面板厚度 $h = 20\text{cm}$，其弹性模量 $E = 32\ 000\text{MPa}$，泊松比 $\mu = 0.15$，地基反应模量 $K = 120\text{MN/m}^3$；在板中作用圆形均布荷载，圆形均布荷载的面积为 $A = 885\text{cm}^2$，胎压为 $q = 1.27\text{MPa}$。试求板中最大挠度和弯矩。

4. 混凝土道面板长 5m，宽 3.75m，厚 0.22m；混凝土弹性模量 $E = 20\ 000\text{MPa}$，泊松比 $\mu = 0.15$，地基反应模量 $K = 70\text{MN/m}^3$；最大温度梯度 $\Delta t/h = 80℃/\text{m}$。试计算确定板内温度翘曲应力。

5. 请绘制单面坡道面横断面简图，并于图上标注各组成部分。

6. 简述面层、基层、垫层、土基的作用及关系。

7. 简述机场水泥混凝土道面设计主要内容。

8. 简述机场水泥混凝土道面设计一般原则。

9. 简述美国 FAA 刚性道面结构设计理念。

第八章　机场道面结构加铺设计

【本章摘要】 本章主要介绍道面使用性能的常用评价标准以及评价方法、水泥混凝土与沥青道面加铺层结构设计和美国 FAA 道面加铺层设计方法。

【目的】 通过对本章的学习，能够评价机场道面的使用性能，掌握水泥混凝土与沥青道面加铺层结构设计的相关内容。

【要求】 了解如何评价机场道面的使用性能，掌握机场道面强度、平整度与粗糙度等技术指标的测量方法，掌握机场道面常见损害与造成原因；掌握沥青道面加铺层结构设计与水泥混凝土道面加铺层结构设计的原理以及步骤与方法；了解美国 FAA 道面加铺层设计方法与其他常见加铺层设计方法。

机场道面结构加铺层设计指在既有沥青道面、水泥混凝土道面上加铺沥青混凝土或水泥混凝土材料，确定各结构层材料类型，设计加铺结构层厚度。在进行道面加铺层设计之前必须对既有道面损坏状况、道面材料性能、道面结构性能和功能性能进行调查和评价，为加铺设计提供依据。加铺前应对旧道面进行综合评价、对病害进行处治，处治方案应根据病害产生的原因，考虑机场不停航维护的限制、工程的经济性等综合确定。

道面加铺层设计按原道面状况分为功能性加铺和结构性加铺。功能性加铺主要指通过工程措施，提高既有道面某方面的功能性，如恢复道面的表面状况、平整度、抗滑性能等，保障机场道面运营安全；结构性加铺主要针对既有道面结构强度不足问题，即通过结构加铺设计，提高道面结构承载能力。

笔记

第一节　机场道面使用性能评价

一、道面损坏状况调查与评价

道面损坏状况调查和评价是综合反映道面使用性能的手段和方法，具有成本低、可操作性强、结果直观等特点，是道面评价管理工作的重要内容。机场管理机构应建立道面损坏状况数据库，作为道面损坏性能发展趋势预估的依据。道面损坏状况调查前应对调查人员进行技术培训，确保调查的准确性和可靠性。

1. 道面损坏状况调查

道面损坏状况调查应根据具体情况采取全面调查或抽样调查的形式。对道面（特别是跑道、滑行道区域）进行加铺设计时，应进行全面调查，掌握道面病害发生的类型、数量和位置，分析病害产生的原因，为加铺设计提供科学依据。

旧道面损坏状况调查应优先采用自动检测设备进行，在不具备自动检测设备的情况下，可采用现场目视调查方法，道面损坏类型见表 8-1。

表 8-1　道面损坏类型

旧道面类型	损坏类型	
水泥混凝土道面	裂缝类病害	纵向、横向和斜向裂缝，角隅断裂，破碎板或交叉裂缝，胀裂
	接缝位置病害	填缝料损坏、沉陷或错台
	补丁再次损坏	小补丁、大补丁和开挖补块
沥青道面	裂缝类病害	龟裂，不规则裂缝，纵向、横向裂缝，反射裂缝
	坑槽和松散类病害	松散和老化、喷气烧蚀、滑移裂缝、油料腐蚀
	变形类病害	轮辙、沉陷、隆起、搓板、推挤
	补丁再次损坏	补丁和开挖补块

道面损坏状况调查前，应依据使用功能、结构差异及飞机荷载特征等因素，按照“部位”“区块”两个层次对评价区域进行划分，细致的划分原则和规定可参考《民用机场道面评价管理技术规范》（MH/T 5024—2019）中的有关规定。通过损坏调查，应确定损坏调查的区块，并量测调查区块的面积。

道面损坏状况调查中的病害宜采用移动终端设备进行定位，不具备条件时可采用现场位置标识方法。传统道面损坏状况调查主要采用徒步目视调查、摄影摄像和纸质记录方式，在损坏位置确定方面效率较低。随着实时高精度 GPS 和移动互联网技术的发展，基于高精度定位的移动终端方案在解决现场定位、图像和数据采集等方面具有较强的优势，应用前景广泛。道面损坏状况调查方法应参照《民用机场道面现场测试规程》（MH/T 5110—2015）的有关规定执行。

2. 道面损坏等级评定

道面损坏等级评价指标应采用道面状况指数(Pavement Condition Index,PCI),并参照表 8-2 的标准进行评定。

表 8-2 道面损坏等级评定标准

道面损坏等级	优	良	中	次	差
PCI 范围	PCI≥85	70≤PCI<85	55≤PCI<70	40≤PCI<55	PCI<40

为了更好地评价道面的结构完好程度,在 PCI 的基础上,采用道面结构状况指数(Structural Condition Index,SCI)作为道面结构损坏等级的评定指标,并参照表 8-3 的标准进行评定。

表 8-3 道面结构损坏等级评定标准

结构承载能力	满足	不满足
SCI 范围	SCI≥80	SCI<80

统计资料表明,在设计年限内道面使用性能正常衰减的情况下,SCI 值一般不会低于 80,如果 SCI 小于 80,则道面表现出比较严重的结构性损坏,需要采取结构补强或修复措施。因此将 80 作为道面结构损坏等级评定的临界值。

道面 PCI 和 SCI 计算应参照《民用机场道面评价管理技术规范》(MH/T 5024—2019)有关规定执行,对抽样调查得到的道面损坏等级评定结果有疑义时,应增加调查样本数量。

3. 道面损坏状况分析

道面损坏状况分析应参照以下要求,统计道面损坏的类型及数量,分析道面损坏的分布特征及成因。

(1)以道面"区块"为基本单位统计道面损坏发生的频次,分析损坏量及分布密度。

(2)针对道面损坏类型,应按不同损坏程度统计道面损坏长度、面积或数量,计算道面损坏总量。

(3)确定道面主导损坏类型(即在 PCI 计算过程中,PCI 折减值占比最高所对应的损坏类型),并结合机场实际情况和工程经验分析道面损坏成因。

道面结构性损坏分析应结合道面结构及材料测试结果,根据结构性损坏类型的分布特征进行。道面损坏状况可间接反映道面结构性能,有必要进行结构性能状况测试和评价,以便及时进行预防和处治。当出现以下情况时,应进行道面结构性损坏分析:

(1)水泥混凝土道面出现严重的唧泥、错台等现象时,应分析板底脱空状况,判断唧泥、错台产生的原因。

(2)水泥混凝土道面出现纵向、横向和斜向裂缝,角隅断裂,破碎板或交叉裂缝等断裂类损坏,且损坏程度为"严重"时,应评价道面的结构承载能力,分析断板原因。

(3)沥青道面(或上面层为沥青道面的复合道面)出现大面积松散和老化或者裂缝时,应对沥青混合料的水稳定性、抗剥落性能、老化程度等做进一步的性能分析与评价。

(4)沥青道面(或上面层为沥青道面的复合道面)轮迹覆盖区域出现轮辙、泛油等现象时,应进行摩擦系数的测试,并对沥青混合料的高温稳定性进行分析与评价。

此外,水泥混凝土道面应定期分析填缝料失效情况,如填缝料出现脆裂、挤出、明显老化与板边脱离等情况,或者存在缝内长草、填缝料不足或缺失、接缝周边唧泥等现象。水泥混凝土道面填缝料失效时,一方面,地表水容易渗入,并可能造成基层冲刷,导致板底支撑不良;另一方面,道面上的硬粒容易进入接缝缝隙,引起接缝破碎,对道面使用性能影响较大。对填缝料失效情况进行分析和描述,有利于机场定期进行更新维护,并适时开展预防性养护。

机场管理单位应积累道面 PCI 数据,建立相应的 PCI 历时曲线,计算 PCI 的变化速率,对 PCI 衰变规律进行分析,以了解并重点关注道面损坏快速发展阶段。

4. 道面面层材料性能评价

道面面层材料性能测试应包括旧水泥混凝土道面板弯拉强度和旧沥青道面混合料性能参数等内容,试件宜采用随机抽样的原则进行现场取样。

面层材料性能试验具有准确、直观的优点,但是由于现场取样对道面有损伤,对机场正常运行有影响,因此取样位置应尽量选在轮迹范围以外区域,且不宜太多。以下情况应进行面层材料的性能试验与评价:沥青道面出现大面积的松散、裂缝或者普遍出现轮辙情况时;水泥混凝土道面出现大面积断板情况时。

(1)沥青混合料性能试验与评价。

沥青道面现场芯样性能试验测定的技术指标主要为沥青混合料的沥青含量、孔隙率、矿料级配、冻融劈裂比、肯塔堡飞散率,以及芯样中回收沥青的基本性能、PG 分级等。试验方法应按照《公路工程沥青及沥青混合料试验规程》(JTG E20—2011)有关规定执行。

(2)水泥混凝土性能试验与评价。

水泥混凝土性能试验测定的技术指标主要为水泥混凝土芯样的厚度和劈裂强度。面层厚度应采用现场水泥混凝土芯样高度的平均值,用于厚度复核的现场芯样应确认已经取芯到下一结构层顶部;芯样高度量测时应采用钢板尺或卡尺,沿圆周对称的十字方向量取 4 个位置,取其平均值作为该点测试的高度。

水泥混凝土道面芯样劈裂强度试验可参照《公路工程水泥及水泥混凝土试验规程》(JTG 3420—2020)有关规定执行。宜采用式(8-1)推算水泥混凝土的弯拉强度。

$$f_r = 1.868 \times f_{sp}^{0.871} \tag{8-1}$$

式中:f_r——水泥混凝土道面芯样的弯拉强度(MPa);

f_{sp}——水泥混凝土道面芯样的劈裂强度(MPa)。

二、道面结构性能评价与测试

1. 道面结构性能评价

道面结构性能评价是判定道面是否需要实施加铺或重建的决策依据。以下情况应进行道面结构性能测试与评价:

(1)道面损坏等级处于“中”及“中”以下,或者 SCI≤80。

(2)道面实际承受的荷载等级较设计荷载发生了显著变化。

(3)计划实施道面结构补强,需要掌握旧道面的补强设计参数。

(4)需要进行机场规划、改扩建以及制定运行策略等宏观决策。

道面结构性能评价应重点分析道面结构对于预测航空交通量的适应程度,包括道面结构评价参数确定和道面结构承载能力分析两方面。由于水泥混凝土道面和沥青道面的损坏模式和设计指标不同,结构厚度计算方法也不同,因此两者的结构性能评价应采用不同的方法。复合道面应根据加铺层的形式和旧道面的性状,将其等效成为水泥混凝土道面或者沥青道面进行结构性能评价。

道面结构性能评价应采用 ACR-PCR 评价法或者道面设计厚度复核法。

ACR-PCR 评价法作为国际民航组织(ICAO)推荐的机场道面结构性能评价方法,可评价道面结构能否满足不同机型荷载要求。

此外,由于机场水泥混凝土道面脱空引起的板块断裂已成为我国民用机场道面结构破坏的主要模式之一,因此针对水泥混凝土道面板底脱空和接缝传荷能力的评价,也是道面结构承载能力评价的重要内容。

2. 道面结构性能测试

道面结构性能测试应选择跑道、滑行道和停机坪道面中飞机轮载主要覆盖的区域,并按照《民用机场道面现场测试规程》(MH/T 5110—2015)的有关规定,采用相应的道面结构性能测试方法进行,具体见表 8-4。

表 8-4 道面结构性能测试方法

测试方法	用途	特点	备注
重型落锤式弯沉测试	反演道基和道面各结构层模量,判定水泥混凝土道面是否脱空	最主要的方法、原位测试、速度快、不破坏道面结构等	采用重型落锤,以确保厚度较大的机场道面结构能够得到充分的响应量
探地雷达测试	道面面层厚度复核,道面结构隐性缺陷探测	效率高	可识别道面隐性缺陷,如水泥混凝土道面板底脱空情况、水泥混凝土道面传力杆/拉杆及钢筋网片布设异常的情况、沥青道面层间是否存留积水的情况、基层及道基是否存在较显著的不密实情况
道面有损检测(如钻芯测强法、探坑法)	确定各结构层的强度	可靠性最高,但损伤道面结构,且效率较低	当竣工资料缺失时,采用此方法

3. 道面结构性能评价参数

水泥混凝土道面和沥青道面的结构性能评价参数有所不同,具体参数见表 8-5。

表 8-5　水泥混凝土道面和沥青道面结构性能评价参数

道面类型	道面结构性能评价参数
水泥混凝土道面	面层有效厚度 h_e、道面板弹性模量 E_r、弯拉强度 f_r、基层顶面反应模量 k、道面接缝的弯沉比传递系数LTE_δ
沥青道面	面层有效厚度 h_e、面层弹性模量E_i、基层(垫层)的厚度h_j、弹性模量E_j、道基顶面的加州承载比 CBR 或者道基顶面回弹模量E_0

注:由于道面使用过程中产生的各种损坏降低了其结构承载能力,在道面结构性能评价中不宜直接采用道面实际厚度作为评价参数,而应考虑损坏的影响,对旧道面厚度合理折减,选择面层有效厚度h_e作为评价参数。

笔记

道面结构性能评价参数应根据现场测试结果,结合已有技术资料分析,由具有工程经验的技术人员确定。通过试验确定道面结构性能评价参数时,应按照95%保证率取值。

(1)水泥混凝土道面结构性能评价参数

①水泥混凝土道面面层有效厚度h_e。

水泥混凝土道面面层有效厚度h_e可按式(8-2)计算:

$$h_e = C_R h \tag{8-2}$$

式中:h_e——水泥混凝土道面面层有效厚度(mm);

C_R——水泥混凝土面层厚度损坏折减系数,可根据道面损坏等级,结合技术人员的工程经验,参考表8-6确定;

h——水泥混凝土面层的实际厚度(mm),可通过竣工资料查阅、探地雷达测试或者现场钻取芯样确定。

表 8-6　水泥混凝土道面面层厚度损坏折减系数C_R取值范围

道面损坏等级	PCI≥85	70≤PCI＜85	55≤PCI＜70	PCI＜55
C_R取值范围	1.00	0.75～1.00	0.50～0.75	0.35～0.50

注:对于各损坏等级,PCI 大时C_R取高值,PCI 小时C_R取低值。

②加铺沥青道面的有效厚度h_e。

水泥混凝土道面上加铺沥青道面的有效厚度h_e的计算应符合下列规定:

a)当沥青加铺层的厚度等于或小于旧水泥混凝土道面厚度时,有效厚度h_e按式(8-3)进行当量换算:

$$h_e = (0.4\, C_F h_F + C_R h_R)/F \tag{8-3}$$

式中:h_e——复合道面的有效厚度(mm);

C_F——沥青道面面层厚度损坏折减系数,按照表8-7取值;

h_F——沥青加铺层的实际厚度(mm);

C_R——水泥混凝土道面厚度损坏折减系数,宜根据加铺设计资料推断原水泥混凝土道面损坏等级,按照表8-6取值;

h_R——原有水泥混凝土道面面层的实际厚度(mm);

F——控制原道面开裂程度的系数,按式(8-4)进行确定。

$$F=(0.08534\times n_s/100-0.3594\times k_0+106.2946)/100 \tag{8-4}$$

式中：n_s——机场各运行机型的年起飞总架次（不考虑 A 类和 B 类机型）；

k_0——旧道面道基顶面反应模量（MN/m^3）。

表 8-7　沥青道面面层厚度损坏折减系数C_F 取值范围

道面状况指数	PCI≥90	85≤PCI<90	PCI<85
C_F取值范围	0.95～1.00	0.90～0.95	0.90～0.85

注：对于各损坏等级，PCI 大时C_F取高值，PCI 小时C_F取低值。

b）当沥青加铺层的厚度大于旧水泥混凝土道面面层厚度时，有效厚度h_e按式（8-5）进行当量换算：

$$h_e=C_Fh_F+\alpha C_Rh_R \tag{8-5}$$

式中：h_e——复合道面的有效厚度（mm）；

C_F——沥青道面面层厚度损坏折减系数，按照表 8-7 取值；

h_F——沥青加铺层的实际厚度（mm）；

C_R——水泥混凝土道面厚度损坏折减系数，宜根据加铺设计资料推断原水泥混凝土道面损坏等级，按照表 8-6 取值；

h_R——原有水泥混凝土道面面层的实际厚度（mm）；

α——水泥混凝土道面的材料当量厚度换算系数，建议取值为 2.0。

c）加铺水泥混凝土道面的有效厚度h_e。

水泥混凝土道面上加铺水泥混凝土道面的有效厚度h_e的计算采用《民用机场水泥混凝土道面设计规范》（MH/T 5004—2025）中隔离式水泥混凝土道面补强设计中水泥混凝土加铺层的计算公式。为考虑损坏的影响，增加了加铺层厚度折减系数C_R；采用隔离式水泥混凝土加铺层厚度计算公式，主要考虑在设计阶段按照部分结合式考虑的道面在运营阶段板和板之间的层间结合状况普遍偏向于隔离式的状态。无论隔离层厚薄，其厚度均不计入道面有效厚度。加铺水泥混凝土道面的有效厚度h_e具体按式（8-6）进行确定：

$$h_e=\sqrt{(C_{R1}h_{R1})^2+C_{R2}h_{R2}^2} \tag{8-6}$$

式中：h_e——复合道面的有效厚度（mm）；

C_{R1}——水泥混凝土加铺层厚度的损坏折减系数，按照表 8-6 取值；

h_{R1}——水泥混凝土加铺层的实际厚度（mm）；

C_{R2}——原有水泥混凝土道面面层厚度损坏折减系数，宜根据加铺设计资料推断原水泥混凝土道面损坏等级，按照表 8-6 取值，如资料缺失，建议取值为 0.75；

h_{R2}——原有水泥混凝土道面面层的实际厚度（mm）。

d）道面基层顶面反应模量 k。

水泥混凝土道面基层顶面的反应模量 k 宜根据现场测试结果，按照下列方法确定：

根据 HWD 弯沉盆数据反演确定：宜采用基于弯沉盆面积指数的结构参数反演方法计算水泥混凝土的弹性模量E_r和基层顶面的反应模量 k。弯沉盆面积指数法的技术要求参照《民用机场道面评价管理技术规范》（MH/T 5024—2019）附录 C，可采用与之配套的“机场道面结构参数反演分析程序”进行参数计算。

笔记

采用现场开挖试坑后进行原位承载板试验确定；试验方法参照《民用机场道面现场测试规程》(MH/T 5110—2015)的有关规定执行。

e)弯拉强度f_r与弹性模量E_r。

水泥混凝土板的弯拉强度f_r与弹性模量E_r宜采用现场钻芯测强法确定的水泥混凝土劈裂强度进行推算，水泥混凝土板的弯拉强度f_r可按公式(8-1)计算，弹性模量E_r可按式(8-7)计算：

$$E_r = \frac{10 f_r}{0.96 + 0.0915 f_r} \tag{8-7}$$

式中：f_r——水泥混凝土板的弯拉强度(MPa)；

E_r——水泥混凝土板的弹性模量(GPa)。

f)弯沉比传递系数LTE_δ。

水泥混凝土道面接缝的弯沉比传递系数LTE_δ应根据 FWD 板边中点跨缝测量的结果，按式(8-8)计算：

$$LTE_\delta = \frac{D_{unload}}{D_{load}} \tag{8-8}$$

式中：LTE_δ——弯沉比传递系数(%)；

D_{unload}——未受荷板距离接缝 150mm 位置处传感器的实测弯沉(μm)；

D_{load}——受荷板距离接缝 150mm 位置处传感器的实测弯沉(μm)。

计算得到弯沉比传递系数 LTE_δ后，按式(8-9)将弯沉比传递系数 LTE_δ换算成为应力比传递系数 LTE_σ后，按式(8-10)计算应力折减率 LT：

$$LTE_\sigma = \frac{[10.14(a/l)]LTE_\delta - [4.3(a/l) + 3.98]LTE_\delta^2}{21.03 + [5.74(a/l) - 20.98]LTE_\delta} \tag{8-9}$$

$$LT = \frac{LTE_\sigma}{1 + LTE_\sigma} \tag{8-10}$$

式中：LTE_σ——应力比传递系数；

LT——板边应力折减率；

a——测试承载板的当量正方形边长的一半，采用 $\varphi = 300$mm 承载板时，$a = 132.9$mm；

l——道面结构的相对刚度半径(mm)。

当水泥混凝土道面板接缝的传荷能力下降时，板边荷载应力将增大，因此在水泥混凝土道面结构承载能力评价中应考虑接缝传荷能力。接缝传荷能力由未承受荷载板与承受荷载板边缘的荷载比、应力比或弯沉比来表征。由于弯沉便于现场测定，因而常用于评价接缝传荷能力。

(2)沥青道面结构性能评价参数。

①沥青道面面层的有效厚度h_e。

沥青道面面层的有效厚度h_e可按式(8-11)计算：

$$h_e = C_F h \tag{8-11}$$

式中：h_e——沥青道面面层的有效厚度(mm)；

C_F——沥青道面面层厚度损坏折减系数，可根据道面损坏等级，结合技术人员的工程经验，参考表8-7确定；

h——沥青道面面层的实际厚度(mm)，可通过竣工资料查阅、探地雷达测试或者现场钻取芯样确定。

②道基顶面加州承载比CBR。

沥青道面道基顶面加州承载比CBR可通过HWD弯沉盆数据推算。如果具备现场开挖试坑的条件，应通过道基顶面现场CBR试验确定，也可根据道基的土组类型进行估算。

a)根据HWD弯沉盆数据，参照《民用机场道面评价管理技术规范》(MH/T 5024—2019)附录C计算道基顶面回弹模量E_0，道基CBR值应按式(8-12)计算：

$$CBR = 1/\alpha \times E_0 \tag{8-12}$$

式中：α——回归系数，取值范围为5~20，估算时可取为10。

b)根据道基的土组类型估算CBR时，宜参照表8-8并结合工程经验取值。

表8-8 常见道基CBR取值范围

道基的土组类型	CBR(%)
均匀颗粒的砾石或砾石质砂	25~50
粉质砾石，砾石-砂-粉土混合料	40~80
黏土质砾石，砾石-砂-黏土混合料；级配良好砂，砾石质砂，粉质砂，砂-粉土混合料	20~40
级配不良砂，砾石质砂	15~25
黏土质砂，砂-黏土混合料	10~20
粉土，砂质粉土，砾石质粉土，贫黏土，砂质黏土，砾石质黏土，粉质黏土	5~15
有机质粉土，贫有机质黏土，云母质黏土或硅藻土	4~8
肥有机质黏土，肥黏土	3~5

③基层和垫层的弹性模量。

沥青道面基层和垫层的厚度应通过竣工资料查阅、探地雷达测试或现场钻取芯样确定，沥青道面基层和垫层的弹性模量可参照表8-9取值。

表8-9 沥青道面基层和垫层材料弹性模量建议取值

基层材料类型	弹性模量(MPa)	基层材料类型	弹性模量(MPa)
水泥稳定类基层	3 000~4 200	沥青稳定类基层	1 000~1 400
石灰粉煤灰稳定基层	2 200~2 800	贫混凝土基层	15 000~25 000
粒料类基层	150~280	碾压混凝土基层	20 000~30 000

④面层的弹性模量。

沥青面层的弹性模量宜参照表8-10取值。

表 8-10　沥青面层材料弹性模量建议取值

类型	弹性模量(MPa)		泊松比
	基质沥青	改性沥青	
密级配细粒式沥青混合料	1 200 ~ 1 600	1 400 ~ 2 400	0.25 ~ 0.30
密级配中粒式沥青混合料	1 000 ~ 1 400	1 200 ~ 2 200	
密级配粗粒式沥青混合料	800 ~ 1 200	1 000 ~ 2 000	
沥青玛蹄脂碎石混合料	—	1 200 ~ 1 600	

4. 道面结构承载能力分析 ACR-PCR 评价体系

ACR-PCR(Aircraft Classification Rating-Pavement Classification Rating)评价方法作为国际民航组织(International Civil Aviation Organization,ICAO)新提出的机场道面结构性能评价方法,充分考虑道面结构的力学响应进行道面结构评价。PCR 的估计是通过将使用道面的飞机交通混合转换为等效的最大允许毛重(Maximum Allowable Gross Weight,MAGW)飞机,然后在评估的道面上产生 CDF = 1.0 的道基。首先,计算交通组合中每架飞机在其运行重量下的 ACR,并记录最大 ACR 飞机。然后,确定飞机混合物的最大 CDF 道基,将对最大 CDF 道基贡献最大的飞机视为关键飞机。对关键飞机的年起飞量进行修改,直到最大飞机 CDF 道基等于总 CDF 道基。调整临界飞机重量,使该年起飞次数的最大基准密度为 1.0。这是关键飞机的最大允许总重(MAGW),在此之后确定关键飞机的 ACR,得到的值为 PCR。

三、道面功能性能测试与评价

道面功能性能测试与评价应包括道面抗滑性能、平整度和排水性能等,评价结果应作为道面功能性能整治工程的技术依据。

1. 道面抗滑性能测试与评价

道面抗滑性能测试与评价应针对跑道和快速出口滑行道布设测线,测线应沿飞机轮迹带方向布置,采用道面摩擦系数作为评价指标,道面构造深度作为参考依据。

道面摩擦系数测试应在标准湿态条件下进行,实测摩擦系数应按 100m 分段平均,取分段平均的最低值作为抗滑性能的评价指标,评价标准应参照表 8-11 评定。

表 8-11　道面摩擦系数评价标准

测试仪器	测试轮胎		测试速度(km/h)	道面抗滑能力等级		
	类型	压力(kPa)		好	中	差
Mu 仪拖车	A	70	65	≥0.52	0.42 ~ 0.52	≤0.42
	A	70	95	≥0.38	0.26 ~ 0.38	≤0.26

续上表

测试仪器	测试轮胎		测试速度(km/h)	道面抗滑能力等级		
	类型	压力(kPa)		好	中	差
滑溜仪拖车	B	210	65	≥0.60	0.50~0.60	≤0.50
	B	210	95	≥0.47	0.34~0.47	≤0.34
表面摩阻测试车	B	210	65	≥0.60	0.50~0.60	≤0.50
	B	210	95	≥0.47	0.34~0.47	≤0.34
跑道摩阻测试车	B	210	65	≥0.60	0.50~0.60	≤0.50
	B	210	95	≥0.54	0.41~0.54	≤0.41
TATRA 摩阻测试车	B	210	65	≥0.57	0.48~0.57	≤0.48
	B	210	95	≥0.52	0.42~0.52	≤0.42
抗滑测试仪拖车	C	140	65	≥0.53	0.43~0.53	≤0.43
	C	140	95	≥0.36	0.24~0.36	≤0.24

注:测试轮胎类型 A、B、C 的划分,参见《国际民用航空公约　附件 14—机场》附录 A。

道面构造深度的测量方法较多,如铺砂法、填油法、立体摄影法、水流量测法等。这里宜采用铺砂法,测试方法可按《民用机场道面现场测试规程》(MH/T 5110—2015)有关规定执行。道面构造深度以测试区域内的算术平均值表示,必要时提供标准差和变异系数。评价标准可按表 8-12 执行。

表 8-12　道面构造深度等级标准

抗滑性能等级	好	中	差
构造深度(mm)	≥1.0	0.6~1.0	<0.6

2. 道面平整度测试与评价

跑道和快速出口滑行道的平整度评价指标应采用波音平整度指数(BBI)或者国际平整度指数(IRI);不具备测试条件时,可采用三米直尺法进行评价。其他区域的平整度也采用三米直尺法进行评价。

(1)波音平整度指数(BBI)或者国际平整度指数(IRI)。

机场道面平整度是机场道面表面相对理想平面的竖向偏差,会显著影响飞机动力特性和行驶质量,加速飞机构件的疲劳损坏。目前国际上没有统一的机场道面平整度评价方法,我国多以国际平整度指数(IRI)作为评价指标。IRI 指标来源于标准 1/4 车模型,但飞机和汽车在速度、轮距和悬挂缓冲系统等诸多方面存在差异,两者的动力学响应特性区别较大,故采用波音平整度指数(BBI)较为合理。

波音平整度指数(BBI)和国际平整度指数(IRI)之间具有显著的相关性,回归参数和行驶速度有关,可根据现场实测数据进行回归标定。垂直滑行道、平行滑行道、机坪滑行通道等位置由于飞机通行速度慢,道面不平整对飞机的影响很小,因此不必将道面平整度作为其道面的功能性能。

用于计算波音平整度指数(BBI)的道面纵断面相对高程宜采用纵断面相对高程自动采集设备量测,数据现场采集方法及 BBI 计算可参照《民用机场道面评价管理技术规范》(MH/T 5024—2019)执行。

国际平整度指数(IRI)可通过激光平整度仪自动测试并计算。测试时应沿各区域的轮迹带布设测线。以调查区域内 IRI 的算术平均值进行分段评价，评价标准可按表 8-13 执行。

表 8-13　跑道和快滑道平整度等级评价标准(IRI 指标)

评价标准	优	良	中	次
沥青道面(m/km)	<2.3	2.3～3.5	3.5～4.3	>4.3
水泥混凝土道面(m/km)	<2.5	2.5～3.5	3.5～4.3	>4.3

(2)三米直尺法。

三米直尺法应以 3m 直尺下最大间隙(R)的平均值和最大间隙大于 5mm 所占百分比作为评价指标；对于水泥混凝土道面，还应包括邻板差的平均值和邻板差大于 5mm 所占百分比。三米直尺法评价道面平整度的标准参照表 8-14 执行。

表 8-14　道面平整度等级评价标准(三米直尺法)

评价等级	三米直尺下最大间隙(R)		水泥混凝土道面邻板差	
	平均值(mm)	大于 5mm(%)	平均值(mm)	大于 5mm(%)
好	<3.0	<10	<2.0	<5
中	3.0～50	10～20	2.0～4.0	5～20
差	>5.0	>20	>4.0	>20

注："好"和"中"等级要求所有指标全部合格，否则应判属为低一等级。

(3)高程测量法。

跑道由于不均匀沉降等原因导致的纵坡变化应满足表 8-15 规定的标准。

表 8-15　道面平整度等级评价标准(高程测量法)

飞行区指标 I	4	3	2	1
相邻两个纵坡的变化(%)	1.5	1.5	2.0	2.0
变坡曲线的最小曲率半径(m)	30 000	15 000	7 500	7 500
误差限(%)	0.1	0.2	0.4	0.4

3. 道面排水性能测试与评价

机场道面排水性能应通过道面坡度、积水点数量与面积、积水深度等进行评价。

道面坡度应通过高程测量确定，跑道与滑行道的横坡应满足表 8-16 的标准，停机坪的坡度宜介于 0.4%～0.8%之间。

表 8-16　跑道与滑行道横坡坡度标准

飞行区指标Ⅱ	A	B	C	D	E	F
横坡坡度(%)	1.0～2.0	1.0～2.0	1.0～1.5	1.0～1.5	1.0～1.5	1.0～1.5

积水点调查的评价结果应以调查区域内积水点个数、积水深度和面积表示，宜采用高程法或目测法，并参照以下规定执行：

(1)高程法是通过高程测量,绘制道面等高线图,确定积水点的坐标,计算积水面积和最大积水深度。

(2)目测法应在雨后通过目测,确定积水点的位置,量测积水面积和深度。

第二节 既有沥青道面加铺层结构设计

在沥青道面损坏严重或平整度较差、抗滑性能不好而需采取过量的养护工作才能维持要求的服务水平时;或者交通量增长大大超过原设计预测,现有沥青道面结构已严重不适应时,须考虑采取改建措施,在原有沥青道面上铺设加铺层。旧沥青面层上的加铺层可选用沥青混凝土和水泥混凝土两种形式。

道面加铺层设计按原道面状况分为改善原道面表面状况的罩面设计和增强原道面承载力的补强设计。若原道面的结构未损坏,且能够满足使用机型的承载力要求,而道面的表面状况需要改善,则只需进行罩面设计。若原道面的结构已损坏,或者道面结构不能满足预计使用机型的承载力要求,不论其道面的表面特征如何,必须进行补强设计。结构性补强应根据旧道面性能评价结果、航空交通量预测结果、旧道面地势、施工条件等拟定沥青加铺层的结构组合,必须进行加铺层结构厚度的计算;功能性加铺须满足最小加铺厚度的要求。

一、加铺前处治

1. 整体性处治

旧道面面层为沥青层时,病害区域的整体性处治宜采用铣刨重铺方案。铣刨深度视旧道面病害的影响深度而定,铣刨后重新摊铺沥青混合料。沥青道面整体性处治一般只考虑上面层的铣刨重铺,当道面沥青混合料材料性能测试结果已经无法满足使用性能时,宜进行中、下面层的整体性处治。病害区域整体性处治的技术判定指标与标准见表8-17。

表8-17 病害区域整体性处治的技术判定指标与标准

指标	判定标准
SCI	<80
PCI	<55
修补面积率	≥30%
轮辙	轮辙长度比率≥30%且轮辙平均深度≥15mm

注:①各项技术指标中有一项满足,宜实施整体性处治方案。
②病害区域是指道面调查时的道面范围。

2. 局部处治

旧沥青道面局部处治应符合下列规定:

(1)中等或者严重程度的裂缝应进行灌缝处理。

(2)小面积的坑槽、松散、隆起、严重泛油、喷气烧蚀等病害宜采用热拌沥青混合料进行局部处治。

笔记

二、沥青加铺层结构设计

1. 沥青加铺层厚度计算

旧沥青道面上加铺沥青道面时，宜根据弹性层状力学体系对沥青加铺层厚度计算结果进行验算与复核。旧沥青道面上的沥青加铺层结构厚度按式(8-13)计算。

$$t_j = h - C_0 h_e \tag{8-13}$$

式中：t_j——沥青加铺层的厚度(cm)；

h——根据加铺工程设计期以及设计航空交通量计算得到的新建沥青道面的结构厚度(cm)；

h_e——旧沥青道面厚度(cm)；

C_0——旧沥青道面损坏折减系数，取值范围为0.85～1.00，设计取值见表8-18。

表8-18　旧沥青道面损坏折减系数C_0参考取值

道面状况	旧沥青道面损坏折减系数C_0
PCI≥90	0.95～1.00
85≤PCI＜90	0.90～0.95
55≤PCI＜85	0.85～0.90

2. 沥青混合料要求

沥青加铺层可采用一层或多层结构加铺，不停航施工条件下不宜超过3层。各面层结构采用的沥青混合料如下：

(1)道面上面层沥青混合料宜采用SMA-13、SMA-16、AC-16，道面中、下面层沥青混合料宜采用AC-16、AC-20、AC-25、SMA-13、SMA-16。

(2)道肩上面层沥青混合料宜采用AC-10、AC-13，道肩中、下面层沥青混合料宜采用AC-10、AC-13、AC-16、AC-20。

(3)中、下面层采用密级配沥青混凝土时，为增强平行滑行道、跑道端部等位置的抗车辙能力，推荐采用SBS改性沥青、湖沥青复合改性沥青、掺加抗车辙剂、高模量剂等技术手段，并选择粗型级配，提高其高温稳定性。

(4)不停航条件下加铺方案中不宜采用过多的沥青混合料类型和规格。因为施工时间紧张，若采用过多的沥青混合料类型和规格，不利于施工。

三、加铺层厚度要求

旧道面上面层为沥青道面时，沥青加铺层最小控制厚度不小于50mm；旧道面为水泥混凝土道面时，沥青加铺层最小控制厚度不小于110mm，沥青加铺层层数宜不少于2层。道面单层沥青混合料的最小厚度宜符合表8-19的规定。

表 8-19 不同类型沥青道面结构层的最小厚度（单位：mm）

沥青混合料类型	集料粒径最大公称粒径（mm）			
	13.2	16.0	19.0	26.5
密级配沥青混合料	—	50	60	75
沥青玛蹄脂碎石混合料	40	50	—	—

四、功能层要求

功能层的主要目的在于增加加铺结构层之间以及与旧道面之间的层间结合能力，同时旧水泥混凝土道面功能层还具有防水、防反射裂缝、应力吸收等功能。各个结构层之间应设置功能层：

(1)沥青结构层之间（包括旧沥青面层与加铺层之间）应喷洒热沥青或乳化沥青，洒布量应通过试验确定；采用乳化沥青时，应充分考虑破乳时间对不停航施工的影响。

(2)在旧水泥混凝土道面上加铺沥青层时，可采用以下措施：

①采用无规聚丙烯（APP）改性沥青油毡铺贴接缝、裂缝和切缝；

②设置同步碎石封层；

③设置应力吸收层。

(3)设置 APP 改性沥青油毡时，旧水泥混凝土道面应平整、清洁、干燥。油毡或者土工合成材料与水泥混凝土道面应良好黏结。

五、不停航沥青加铺设计措施

不停航沥青加铺措施应包括：临时加铺设计、临时接坡设计、接坡过渡段设计等。当道肩宽度不满足机械摊铺最小宽度时，可与道面加铺层最外一幅统一施工。

1. 临时加铺设计

铣刨原有的沥青面层时，应根据铣刨深度和施工机具能力合理设置加铺层层数和厚度。当停航时间过短且铣刨深度较大时，可临时采用中面层材料摊铺至上面层；待施工条件具备后，再按照上面层设计厚度铣刨临时面层并进行重新摊铺。

2. 临时接坡设计

宜在道面和道肩交接的位置设置横向临时接坡，临时接坡应设置在道肩范围内，横向坡度宜不大于 1∶2。

3. 接坡过渡段设计

(1)在每次摊铺长度的末端，应在全幅宽度范围内做接坡过渡段设计。

(2)接坡过渡段纵坡坡度应小于 1.0%。

(3)接坡过渡段的坡脚应采取铣刨成槽的方式嵌入已有结构，铣刨深度应不小于 4cm。

笔记

第三节　既有水泥混凝土道面加铺层结构设计

在水泥混凝土道面损坏严重或抗滑性能较差、平整度不好导致养护工作量过大；或交通量增长大大超过原设计预测，现有水泥混凝土道面结构已严重不适应时，须考虑采取改建措施，在原有水泥混凝土道面上铺设加铺层。旧水泥混凝土面层上的加铺层可选用沥青混凝土和水泥混凝土两种形式。

旧道面上加铺层设计前，应收集现有道面设计、施工、竣工及维护等有关资料，调查或者检测道面结构、土基及基层顶面反应模量、混凝土弯拉强度、板的接缝类型、道面坡度及平整度、道面混凝土板脱空情况等。对于旧混凝土板，应逐块查看并记录损坏情况，分析损坏原因。

一、加铺前处治

1. 整体性处治

旧道面面层为水泥混凝土时，有以下情况之一时应进行道面基础注浆：

(1)板块脱空率大于50%。

(2)道基顶面反应模量k_0小于40MN/m^3。

(3)基层为碎石或者块石基础，经现场取芯确认基层中土石混填现象严重或者存在积水情况。

道面基础注浆的主要目的在于减少旧水泥混凝土道面板底脱空现象，延缓沥青加铺道面反射裂缝的进程，提高旧道面基础的反应模量。在进行水泥混凝土道面基础注浆设计前，应进行试验段试注，以确定注浆层位、浆液强度及配比、单孔设计注浆量等设计参数，并符合以下规定：

(1)无机结合料稳定类基层道面的注浆位置宜在基层以下，粒料类基层的注浆位置宜在面层以下。

(2)注浆浆液宜采用水泥净浆，7d抗压强度应不小于8MPa，28d抗压强度应不小于15MPa，水灰比宜控制在0.50～0.80。

(3)单孔注浆量应根据现场试验段的结果确定。

(4)平均注浆压力宜不大于0.5MPa，峰值注浆压力宜不大于1.5MPa；板块抬升量大于5mm时应停止注浆。

(5)注浆孔封孔材料宜采用速凝水泥砂浆，封孔材料厚度宜不小于150mm。

(6)当采用其他类型浆液时，应通过现场试验确定。

不同类型的基础可注性差异很大，注浆工程的实施效果取决于注浆后旧道面基础强度和道面基础强度均匀性的提高程度，由原位注浆前后动态弯沉值的对比结果来评价注浆处治效果，测试时间宜在注浆完成后14d进行，宜将注浆前后弯沉减少幅度作为评价指标，并根据试验段实测数据确定。

2. 局部性处治

加铺前宜进行除胶、除漆处理。水泥混凝土道面的局部处治包括：

(1)更换破碎板。

(2)修补破损边角、裂缝等病害。

(3)剔除接缝中失效的填缝材料和杂物并重新灌缝。旧水泥混凝土道面填缝材料的损坏率大于70%时，应对该区域的填缝材料进行整体更换。

(4)研磨大于10mm的错台。

助航灯光管线预埋应在沥青混合料摊铺前完成，并采取防反射裂缝措施，不应在摊铺后的沥青道面切槽敷设。助航灯具底座位置应符合以下规定：

(1)旧道面为水泥混凝土时，设置在水泥混凝土道面顶面下150mm。

(2)旧道面为沥青道面时，设置在旧沥青道面的无机结合料基层顶面下150mm。

二、沥青加铺层结构设计

1. 沥青加铺层厚度计算

旧水泥混凝土道面上加铺沥青道面时，宜根据弹性地基板理论对沥青加铺层厚度计算结果进行验算与复核。旧水泥混凝土道面上的沥青加铺层结构厚度按式(8-14)计算。

$$t_j = 2.5(Fh - C_b h_e) \tag{8-14}$$

式中：t_j——沥青加铺层的厚度(cm)；

F——控制旧水泥混凝土道面开裂程度的系数，为年起飞架次和道基反应模量k_0的函数，计算公式参见式(8-15)，也可根据图8-1进行选取。根据公式或者图表F取值大于1.0时，按照$F=1.0$取值；

h——按照新建水泥混凝土道面确定的厚度(cm)，计算方法见《民用机场水泥混凝土道面设计规范》(MH/T 5004—2025)；设计参数根据旧水泥混凝土道面实际弯拉强度、道基顶面反应模量、加铺工程设计期、设计起降架次确定；

C_b——旧水泥混凝土道面损坏折减系数，取值范围为0.75～1.00，设计取值参考表8-20；

h_e——旧水泥混凝土道面厚度(cm)。

$$F = (0.08534 \times n_s/100 - 0.3594 \times k_0 + 106.2946)/100 \tag{8-15}$$

式中：F——控制旧水泥混凝土道面开裂程度的系数；

n_s——C类及以上各类飞机的年起飞总架次；

k_0——旧道面道基顶面反应模量(MN/m^3)。

表8-20　旧水泥混凝土道面损坏折减系数C_b参考取值

道面结构状况指数	旧水泥混凝土道面损坏折减系数C_b
PCI≥85	1.00
75≤PCI<85	0.95
PCI<75	0.75～0.95

笔记

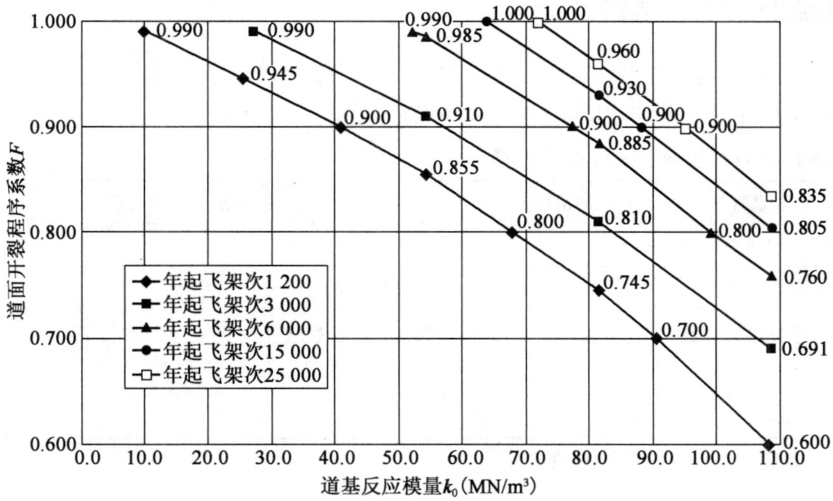

图 8-1　控制旧水泥混凝土道面开裂程度的系数取值

旧水泥混凝土道面上再次加铺沥青道面时,应根据沥青加铺层厚度的情况考虑再次加铺沥青道面的厚度计算方法:

(1)当沥青加铺层厚度大于或等于旧水泥混凝土道面厚度时,沥青加铺层结构厚度按照旧沥青道面上的沥青加铺层结构厚度确定方法进行计算,计算时应将旧水泥混凝土道面作为高质量的基层材料,实际加铺厚度为计算加铺厚度减去旧沥青加铺道面的折减厚度。

(2)当沥青加铺层厚度小于旧水泥混凝土道面厚度时,沥青加铺层结构厚度按照旧水泥混凝土道面上的沥青加铺层结构厚度确定方法计算,实际加铺厚度为计算加铺厚度减去旧沥青加铺道面的折减厚度。

2. 材料设计参数要求

结构复核时的材料设计参数取值参照以下规定:

(1)道基顶面的反应模量通过现场落锤式弯沉仪测试结果反演确定,并按照95%保证率取值。

(2)旧水泥混凝土道面上加铺沥青道面时,旧水泥混凝土道面设计弯拉强度宜根据现场取芯测试试件的劈裂强度根据式(8-16)推算,并按照95%保证率取值。

$$f_r = 1.87 \times f_{sp}^{0.87} \tag{8-16}$$

式中:f_r——旧水泥混凝土道面的弯拉强度(MPa);

f_{sp}——旧水泥混凝土道面的劈裂强度(MPa)。

(3)沥青加铺层所采用的20℃抗压回弹模量、粒料层所应采用的回弹模量、无机结合料稳定类基层材料的模量等参数取值,可参照《民用机场沥青道面设计规范》(MH/T 5010—2025)并根据试验结果和工程经验确定。

三、水泥混凝土加铺层结构设计

加铺层结构形式包括部分结合式和隔离式两种。旧道面损坏等级和旧混凝土板厚度折减系数 C,可根据旧道面混凝土板的损坏状况按表 8-21 采用。

表 8-21　旧道面损坏等级和旧混凝土板折减系数 C

旧道面混凝土板的损坏状况	旧道面损坏等级	C
道面混凝土板完整,无构造裂缝,PCI≥85	优	1.0
板面、板角或接缝处有初期裂缝,并处于不发展状态,可修复,70≤PCI＜85	良	0.75
部分板面、板角或接缝处于破坏状态,并有发展趋势,但板大部分处于良好状态,55≤PCI＜70	中	0.5
大部分板出现结构性破坏,难以继续使用,PCI＜55	差	0.35

注:PCI 为道面损坏状况指数,根据道面检测成果确定。

1. 部分结合式

当旧混凝土道面的损坏等级为优级,且加铺层的接缝布置均与旧道面一致时,可采用部分结合式加铺层。部分结合式加铺层厚度按式(8-17)计算确定,但当飞行区指标Ⅱ为 C、D、E、F 时,其最小厚度不宜小于 200mm。

$$h_c = \sqrt[1.4]{h_f^{1.4} - Ch_e^{1.4}} \tag{8-17}$$

式中:h_c——加铺层厚度(mm);

h_f——与加铺层设计强度相同的当量单层混凝土板厚(mm);

h_e——旧混凝土板厚(mm);

C——旧混凝土板厚度折减系数,按表 8-21 选用。

当采用部分结合式加铺层时,应先对旧道面表面进行仔细清理,包括板面上的油污、油漆标志、飞机轮印附着物及板边角剥落碎块等,清除接缝内杂物后重新灌缝。

2. 隔离式

当旧混凝土道面的损坏等级为良、中、差级,或接缝布置、道面坡度与加铺层不一致时,应采用隔离式加铺层。隔离式加铺层的厚度按式(8-18)计算确定,但当飞行区指标Ⅱ为 C、D 时,其最小厚度不宜小于 220mm;当飞行区指标Ⅱ为 E、F 时,不宜小于 240mm。

$$h_c = \sqrt{h_f^2 - Ch_e^2} \tag{8-18}$$

当采用隔离式加铺层时,应采用稳定性较好的材料,如砂粒式或细粒式沥青混凝土、土工布、土工膜等,不得选用砂砾或碎石等松散粒料。沥青混凝土隔离层的厚度可为 20～40mm。

3. 加铺层补强与接缝构造要求

此外,当旧道面混凝土板有错台、脱空、板块活动和唧泥等现象时,应在加铺前予以修复。企口断缝、传力杆、拉杆等失效处,可按《民用机场水泥混凝土道面设计规范》(MH/T 5004—2025)第 8.2.4 条的规定对加铺层进行补强。

加铺层的接缝构造,应符合《民用机场水泥混凝土道面设计规范》(MH/T 5004—2025)接缝设计的有关规定。部分结合式加铺层的接缝应与旧混凝土板的接缝对齐。

笔记

本章复习思考题

1. 机场道面的使用性能有哪些评价指标？如何测试这些指标？

2. 如何判断机场道面已达到或接近使用寿命？

3. 简述机场沥青混凝土道面的损害原因。

4. 机场道面强度常见评定方法有哪些？

5. 沥青道面加铺层与水泥混凝土道面加铺层各有哪些优缺点？

6. 确定沥青道面与水泥混凝土道面的加铺厚度的方法有哪些，这些方法各有什么优缺点？

7. 旧水泥机场跑道加铺沥青层的常见机场道面结构及其铺装方法有哪些？

8. 机场道面加铺层常用材料有哪些？

9. 请简述美国 FAA 旧道面加铺结构层设计的基本原理。

参 考 文 献

[1] 中国民用航空局. 民用机场水泥混凝土道面设计规范:MH/T 5004—2025[S]. 北京:中国民航出版社有限公司,2025.

[2] 中国民用航空局. 民用机场沥青道面设计规范:MH/T 5010—2025[S]. 北京:中国民航出版社有限公司,2025.

[3] 中国民用航空局. 民用机场沥青混凝土道面维护技术规范:MH/T 5085—2025[S]. 北京:中国民航出版社有限公司,2025.

[4] 中国民用航空局. 民用机场水泥混凝土道面维护技术规范:MH/T 5084—2025[S]. 北京:中国民航出版社有限公司,2025.

[5] 中国民用航空局. 民用机场飞行区技术标准:MH/T 5001—2021 [S]. 北京:中国民航出版社有限公司,2021.

[6] 游庆龙. 机场沥青道面结构三维非线性力学响应研究[D]. 上海:同济大学, 2011.

[7] 中华人民共和国交通运输部. 公路水泥混凝土路面设计规范:JTG D40—2023[S]. 北京:人民交通出版社股份有限公司, 2023.

[8] 中国民用航空局. 民用机场岩土工程设计规范:MH/T 5027—2013[S]. 北京:中国民用航空局,2013.

[9] 中国民用航空局. 民用机场飞行区场道工程质量检验评定标准:MH 5007—2017[S]. 北京:中国民用航空局,2017.

[10] 中国民用航空局. 民用机场道面现场测试规程:MH/T 5110—2015[S]. 北京:中国民用航空局,2015.

[11] 中国民用航空局. 民用机场道面评价管理技术规范:MH/5024—2019[S]. 北京:中国民用航空局, 2019.

[12] 翁兴中. 机场道面设计[M]. 3 版. 北京:人民交通出版社股份有限公司, 2017.

[13] 姚祖康. 沥青路面结构设计[M]. 北京:人民交通出版社, 2011.

[14] 姚祖康. 水泥混凝土路面设计[M]. 合肥:安徽科学技术出版社, 1999.